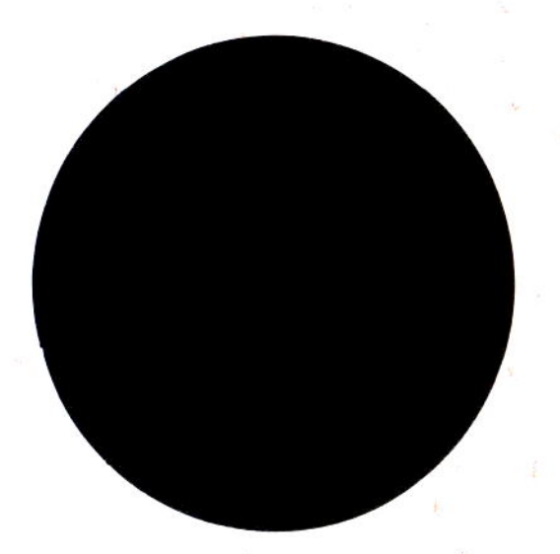

谨以此书

致敬 为我国改革开放和科技创新作出卓越贡献的一代又一代中国科学院人！

致敬 所有关心支持中国科学院和中国科技事业改革创新发展的人们！

礼赞 岁月峥嵘、成就辉煌的改革开放四十年！

礼赞 波澜壮阔、气象万千的改革开放新时代！

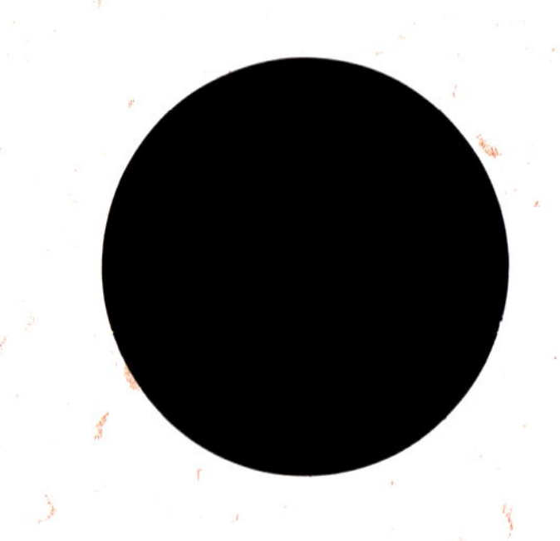

中國科學院改革開放四十年

40 Years of the Chinese Academy of Sciences Since Reform and Opening-up

中国科学院　编

科　学　出　版　社
北　京

内容简介

本书以中国科学院改革开放四十年来的历史进程为线索，在系统回顾不同阶段发展历程的基础上，全面反映了中国科学院改革开放四十年来改革创新发展取得的一系列重大进展和成就，分析总结了基本经验，提出了面向未来改革创新发展的主要思路，并重点介绍了改革开放四十年来中科院取得的40项标志性重大科技成果。

本书可为国家相关部门、地方政府制定科技创新政策提供参考，为科研机构、大学、企业等创新单元的改革与发展提供借鉴，为国内外相关领域研究的专家学者提供参考。

图书在版编目（CIP）数据

中国科学院改革开放四十年 / 中国科学院编. -- 北京：科学出版社, 2019.1
ISBN 978-7-03-062492-5

Ⅰ. ①中… Ⅱ. ①中… Ⅲ. ①中国科学院－科技发展－成就 Ⅳ. ①G322.21

中国版本图书馆CIP数据核字（2019）第206783号

责任编辑：侯俊琳　牛　玲 / 责任校对：邹慧卿
责任印制：师艳茹 / 书籍设计：北京美光设计制版有限公司

科学出版社 出版
北京东黄城根北街16号
邮政编码：100717
http://www.sciencep.com

中国科学院印刷厂 印刷

科学出版社发行　各地新华书店经销

*

2019年1月第　一　版　开本：787×1092　1/16
2019年1月第一次印刷　印张：21 3/4
字数：340 000

定价：198.00元

序　言

白春礼

一

习近平总书记指出：改革开放是决定当代中国命运的关键一招，也是决定实现“两个一百年”奋斗目标、实现中华民族伟大复兴的关键一招。2018年是改革开放四十周年。四十年来，我国经济社会发生了翻天覆地的历史性变化，取得了前所未有的历史性成就；我国科技事业也从以跟踪为主迈向跟跑、并跑、领跑并存的新时代，实现整体创新能力的历史性跃升，取得举世瞩目的历史性成就。

四十年来，党中央根据党和国家在不同历史时期的改革发展战略和目标任务要求，不断丰富和提升国家科技创新战略。从“科学的春天”到科学技术是第一生产力，从实施科教兴国、人才强国战略，到提高自主创新能力、建设创新型国家，我国科学技术事业持续蓬勃发展，创新能力稳步提升。党的十八大以来，以习近平同志为核心的党中央把创新摆在国家发展全局的核心位置，作出了深入实施创新驱动发展战略、建设世界科技强国的重大战略部署。我国科技创新正在加速实现历史性跨越，成为引领发展的第一动力，成为重塑全球创新格局的强大正能量。

我国科技创新是在改革开放的时代洪流中破浪前行的。改革开放对科技发展起到了十分重要的促进作用，正是由于改革开放，我国基础薄弱的科技事业在经历“文化大革命”后，得以迅速恢复和发展，并在新的历史起点和时代环境下，迸发出蓬勃生机和持久活力，取得了长足进步。同时，科技事业的改革开放也是我国改革开放不可或缺的重要组成部分，在一些方面还成为改革开放的先声，引领和带动了其他领域的改革开放。

四十年来，中国科学院坚持与祖国同行，与科学共进，始终发挥我国科技事业的“火车头”和“国家队”作用。改革开放初期，中国科学院率先拨乱反正，参与筹备全国科学大会，引领中国科技事业恢复与发展；20世纪八九十年代，率先进行科技体制改革，进军国民经济和社会发展主战场；世纪之交，开展知识创新工程试点，引领国家创新体系建设。党的十八大以来，中国科学院迈入改革创新发展新时代，认真贯彻落实习近平总书记提出的“三个面向”“四个率先”要求，实施“率先行动”计划，全面深化改革，扩大开放合作，在加快建设创新型国家和世界科技强国进程中发挥了骨干引领和示范带动作用。

四十年来，中国科学院敢为人先、不断创新，一直走在改革开放的最前沿，创造了我国科技领域改革开放的许多“第一”。例如，率先设立面向全国的科学基金，首倡设立国家“863计划”；创办新中国第一所研究生院，率先实行学位制，培养出我国第一个理学博士、工学博士、女博士和双学位博士；率先建立博士后制度，招收我国第一位博士后研究人员；率先实施“百人计划”，开创我国人才培养引进计划先河；率先开放研究所和实验室，建成我国第一个国家重点实验室；建成我国第一个国家重大科技基础设施，建成我国第一个国家级野外台站；创办我国（不含港澳台地区）第一个科技工业园区，创办中关村第一家民办科技实业机构；率先探索建设国家创新体系，首倡设立中国工程院；率先实施科技“走出去”战略，实现中国科研机构在海外设立分支机构零的突破，倡议成立由我国发起的首个综合性国际科教组织等。

四十年来，中国科学院以“创新科技、服务国家、造福人民”为己任，组织广大科研人员攻坚克难、勇攀高峰，产出了一批举世瞩目的重大科技成果，为我国经济发展、社会进步和国家安全作出了重大创新贡献。面向世界科技前沿，在高温超导、量子通信、中微子振荡、先进核能、激光物理、干细胞与再生医学、合成生物学、脑科学与人工智能、纳米科技等前沿领域跻身国际先进或领先行列，化学、物理、材料、数学、地学等主流学科进入世界前列。面向国家重大需求，在深空、深海、深地、信息技术、网络空间安全和国防科技创新等重大战略领域，突破了一批关键核心技术，有力支撑了国家重大工程实施和抢占全球创新发展战略制高点。面向国民经济主战场，在机器人与智能制造、新材料、新药创制、煤炭清洁高效利用、农业科技创新、资源生态环境、防灾减灾等方面，一批重大科技成果和转化示范工程落地生根，取得显著经济和社会效益。同时，还高质量完成了一批国家重大科技基础设施建设任务，为提升我国科技创新能力奠定了坚实的物质技术基础。

四十年来，中国科学院坚持“人才是第一资源”理念和“人才强院”战略，把凝聚和培养造就创新人才摆在核心位置，着力建设国家创新人才高地。以人才发展战略为引领，以人才计划为牵引，以人才发展体制机制改革为核心，实施人才培养引进系统工程和国际人才计划，建成了一支具有全球视野和国际水平的战略科学家队伍、一支以院士为代表的科技领军人才队伍、一支充满创新活力的青年人才队伍和一批高水平创新团队，各类人才队伍协调发展，人才队伍结构不断优化。同时，立足创新实践，依托重大科技任务和高水平科技创新基地等，提升人才队伍创新能力和水平，涌现出我国自然科学主要领域的一大批科技领军人才和活跃在国际科技前沿的科研骨干，为国家创新人才队伍和创新体系建设作出了重大贡献。

四十年来，中国科学院坚持科研与教育并举，探索中国特色的科教融合培养创新人才之路，在我国研究生教育改革与发展中起到了示范带动作用。作为我国教育事业改革开放的先行者，率先提出并实施了一系列富有前瞻性和创新性的重大改革举措，着力构建质量优异、特色鲜明的科教融合协同育人新模式。以院属高校为核心，依托百余家科研院所，培养出大批高质量、高层次创新创业人才，其中博士近 9 万人、硕士 12 万人，他们活跃在我国科技、教育、经济、国防等重要领域，不少人成长为领军人才和中坚力量。中国科学院为我国高等教育的改革与发展作出了开拓性、引领性重大贡献，在世界高等教育领域也有重要影响和独特优势。

四十年来，中国科学院不断加强学部和院士队伍建设，发挥国家科学技术最高咨询机构的引领作用，着力建设国家科学思想库和高水平科技智库。在团结凝聚广大院士献身科学、勇攀高峰的同时，积极组织院士群体持续研判世界科学技术发展前沿趋势，围绕党和国家中心工作组织开展相关战略研究和咨询服务，产出一批有重大影响的智库成果，为科教兴国战略、人才强国战略、创新驱动发展战略和党中央、国务院一系列重大决策提供了重要科学思想和科学依据。中国科学院和学部还持续弘扬科学精神，传播科学思想，推动科学普及，倡导科学严谨、求真务实、追求卓越、激励创新的创新文化，为我国加强科研道德和学风建设、优化创新生态系统起到了明德楷模和示范带动作用。

中国科学院四十年来改革创新发展取得的成就，是我国改革开放历史性变革的精彩缩影，是我国科技发展历史性成就的生动体现。2013 年 7 月 17 日，习近平总书记视察中国科学院时，称赞中国科学院是一支党、国家、人民可以依靠、可以信赖的国家战略科技力量。这是对中国科学院建院六十多年，特别是改革开放四十年来的历史地位和创新贡献的充分肯定，也是对广大科研人员的热情鼓励和殷切期望。这些成就的取得，是在党中央、国务院正确领导下，在海内外科技界和社会各界关心支持下，广大科研人员锐意进取、协同创新的结果，生动体现了我国快速发展的科技实力和创新能力，彰显了世界科技发展的中国贡献，显著提振了我国科技界的创新自信，激发了全社

会的创新热情，开辟了我国建设世界科技强国的广阔前景。

回顾四十年来中国科学院改革创新发展的历程，我们深刻体会到：必须坚持党对科技事业的领导，坚持科技报国、创新为民，确保科技创新沿着正确方向不断前进；必须坚持以提升自主创新能力为中心，发挥国家战略科技力量的建制化优势和不可替代作用；必须坚持以人为本，把尊重人才、关心人才、依靠人才、凝聚人才、培养人才、激发人才创新活力作为建设创新人才高地的根本任务；必须坚持改革创新、敢为人先，立足国情、遵循规律，勇当国家科技体制改革的先行者；必须坚持走开放合作道路，主动融入全球创新网络，全方位加强国际交流合作和国内协同创新；必须继承优良传统，弘扬创新文化，牢固树立"创新科技、服务国家、造福人民"的科技价值观，建设良好创新生态系统。

在充分肯定成绩的同时，我们也清醒地认识到，与党和国家创新发展的目标和要求相比，与日新月异的世界科技前沿和国际先进水平相比，与全国人民和社会各界的期望相比，我国科技创新还存在很大差距，特别是基础科学研究和原始创新能力薄弱，高端科技供给能力不强，一些重大创新领域关键核心技术受制于人的被动局面尚未根本改变；科技创新对建设现代化经济体系和高质量发展的战略支撑作用发挥不够，科技体制机制改革任重道远；人才队伍结构性矛盾突出，科技领军人才、优秀青年人才和高水平创新团队不足，人才发展激励保障机制不健全；创新价值导向、科技评价制度、创新生态环境不适应科技发展要求的问题还很突出，优良学风和创新文化建设任务艰巨繁重。这些问题需要通过进一步改革开放持续努力加以解决。

四

回望过去，是为了更好地走向未来。我们总结改革开放四十年来的成就和经验，就是要从历史中汲取力量，从传统中提取养分，进一步弘扬改革开放的时代精神，以习近平新时代中国特色社会主义思想为指引，坚持和全面加强党对科技事业的领导，把广大科技工作者的思想和行动统一到以习近平同志为核心的党中央决策部署和要求上来，凝聚到加快建设创新型国家和世界科技强国的宏伟事业中来，深入实施“率先行动”计划，不断出创新成果、出创新人才、出创新思想，全面实现“四个率先”目标，为我国早日建成世界科技强国和全面建成社会主义现代化强国，作出国家战略科技力量应有的重大创新贡献。

——紧紧围绕社会主义现代化强国建设，在实施创新驱动发展战略和建设世界科技强国中，进一步发挥国家战略科技力量的骨干引领和示范带动作用。坚持目标导向、问题导向、需求导向，强化以人民为中心的科技创新理念，围绕人民对美好生活向往的需要，提升科技供给的质量和数量，使科技创新成果更好地服务于经济社会发展，服务于社会主义现代化强国建设。在基本实现“四个率先”目标基础上，围绕国家“两步走”发展战略，系统研究制定中长期科技发展规划，着眼全球新一轮科技革命和产业变革的战略方向，准确把握世界科技发展的新趋势和新特征，前瞻研究并提出对创新驱动发展具有全局性、引领性和标志性意义的重大科技任务，引领带动我国早日跻身创新型国家前列和世界科技强国。

——瞄准我国科技创新短板，着力突破关键核心技术“卡脖子”问题，切实增强科技供给能力，支撑现代化经济体系建设和高质量发展。要从国家长远发展和战略利益的高度出发，在瞄准世界科技前沿的同时，更加聚焦国家重大战略需求，更多面向国民经济主战场，找准和解决制约国家战略利益和经济社会高质量发展的重大问题、关键问题、核心问题，明确科技创新的主攻方向和战略重点，协力攻关，务求突破。加强前瞻性基础研究，努力补齐原始创新能力弱、原创理论成果少的短板；加强应用基础研究，努力补齐关键共性技术、颠覆性技术、产业核心技术受制于人的短板；提高科技成果转移转化效率，努力补齐科技供给能力弱、对现代化经济体系支撑不足的短板。从创新系统工程的高度抓好科技创新，从源头上解决高技术和工业化可持续发展的问题，为建设科技强国、质量强国、航天强国、网络强国、交通强国、数字中国、智慧社会提供有力科技支撑。

——深刻认识国际形势和世界科技创新战略格局深刻变化，以全球视野谋划和推进科技创新，进一步加强开放合作和协同创新。当今世界正处在新的大发展大变革大调整之中。全球经济增长放缓，通过加快科技创新获得新的增长点，成为世界各国寻求实现新一轮经济繁荣的战略选择。新一轮科技革命和产业变革蓬勃兴起，正在重塑全球经济和产业、文化和政治格局。科技创新呈现一系列新趋势、新特征，新技术、新产业、新模式不断涌现，交流合作更加广泛，国际竞争更加激烈。要准确把握世界大势，抢抓历史机遇，高举科学合作大旗，拓展合作渠道，创新合作方式，加快科技“走出去”“引进来”步伐，强化国内外交流合作和协同创新，抢占科技创新战略制高点。同时，深入实施国际化推进战略，深度融入全球创新网络，积极参与全球创新治理，与国际科技界携手应对人类共同挑战，协力推动构建人类命运共同体，为世界科技发展和人类文明进步不断作出新贡献。

——加快创新人才高地建设，努力建设一支政治过硬、业务精湛、作风优良、适应建设科技强国要求的创新人才队伍。科技创新，以人为本。要始终把人才工作放在科技创新最重要、最核心的位置，遵循科研工作和人才成长规律，深化人才发展体制机制改革，在人才培养、流动、使用、评价、激励等环节上，不断完善机制、创新制度，关心关爱科研人员，信任依靠科研人员，尊重科研人员的主体地位和首创精神，形成创新人才不断涌现、创新思想充分涌流、创新成果持续产出的生动局面。着力解决人才结构性不足的矛盾，在一些重大项目、重大工程、重点学科和关键核心技术领域，大力培育具有国际水平的战略科技人才、科技领军人才、青年科技人才和高水平创新团队，尤其要大力培养和引进在一些重大创新领域能够改变国际竞争格局的战略科学家和实现颠覆性创新的高水平人才。创造更多机会，让优秀年轻人才在国家创新发展中施展才华、贡献力量。坚持立德树人，深入推进科教融合，加快建设世界一流大学和一流学科，培养国家发展急需、能够担当民族复兴重任的高素质创新创业人才。

——坚持科技创新、制度创新双轮驱动，全面深化体制机制改革，进一步引领带动国家创新体系和区域创新高地建设。科技领域是最需要不断深化改革的领域。面临改革深水区和攻坚期，要以更大勇气、决心和毅力深化科技体制改革，敢于涉险滩、啃硬骨头，着力破解束缚科技发展的瓶颈和问题，打破“创新孤岛”，拆除“创新藩篱”，推动科技和经济深度融合，打通从科技强到产业强、经济强、国家强的通道。准确把握国家战略科技力量定位，加大创新力量和社会资源整合力度，积极参与建设国家科技创新中心和共建综合性国家科学中心，积极承担国家实验室和国家重大科技基础设施等建设任务。深入推进研究所分类改革，建立健全符合科技创新规律的现代科研院所治理体系，着力破除深层次体制机制障碍和利益壁垒，最大限度地激发机构、人才、装置、资金、项目等创新要素的活力。落实科技领域“放管服”改革，统筹推进科技资源配置、科技评价和激励机制等改革，进一步扩大科研院所和领衔科学家的自主权，优化科研管理，提升科研绩效，为科技创新提供良好的体制机制和制度保障。

——加强党建和创新文化建设，构建完善充满活力、包容兼蓄、和谐有序、开放互动的创新生态系统。坚持党要管党、全面从严治党，全面推进党建工作和党风廉政建设。加强对广大科技工作者的政治引领和思想武装，引导和激励科技工作者继承“科学、民主、爱国、奉献”的优良传统，弘扬“唯实、求真、协力、创新”的院风，秉持科学精神和专业主义，更加自觉践行社会主义核心价值观和“创新科技、服务国家、造福人民”的科技价值观，把个人理想自觉融入国家发展和民族复兴伟业。坚定创新自信，追求真理，勇攀高峰，敢于质疑现有理论和学术权威，勇于开拓新方向、拓展新领域，力戒“跟班式”研究和急功近利等不良现象。营造鼓励探索、宽容失败、追求卓越、敢于创新、善于合作的学术文化氛围，让科研人员能够安心致研、潜心创新。加强学术道德和科研诚信建设，弘扬科学精神和优良学风，营造风清气正的创新环境，厚植有利于科技创新跨越和可持续发展的文化沃土。

四十年改革开放谱写出国家和民族发展的壮丽史诗，进入新时代，改革开放再出发，必将铸就中华民族伟大复兴的辉煌伟业。让我们更加紧密地团结在以习近平同志为核心的党中央周围，牢固树立“四个意识”，切实增强“四个自信”，坚定不移推进改革开放，以更加崭新的面貌、更加昂扬的斗志，深入实施“率先行动”计划，不断开创新时代中国科学院改革创新发展新局面，为建设创新型国家和世界科技强国、实现中华民族伟大复兴中国梦而努力奋斗。

（作者为中国科学院院长、党组书记，
中国科学院学部主席团执行主席）

目　录

序　　言　/ i

第一篇　改革创新发展历程

第 一 章　率先拨乱反正，迎来“科学的春天”（1977—1980 年）/ 2

第 二 章　积极全面探索，带动国家科技体制改革（1981—1997 年）/ 15

第 三 章　实施知识创新工程，引领国家创新体系建设（1998—2010 年）/ 31

第 四 章　实施“率先行动”计划，迈入改革创新发展新时代（2011 年至今）/ 44

第二篇　主要改革创新发展成就

第 五 章　科技布局与创新能力建设 / 64

第 六 章　重大科技创新成果 / 95

第 七 章　学部与科学思想库建设 / 103

第 八 章　创新人才队伍建设 / 118
第 九 章　科教融合与教育改革发展 / 135
第 十 章　知识产权与科技成果转化 / 151
第十一章　对外开放与交流合作 / 168
第十二章　党建工作与创新文化建设 / 183

第三篇　基本经验与展望

第十三章　四十年改革开放的基本经验 / 194
第十四章　面向未来的改革创新发展思路 / 205

附 录 一　40 项标志性重大科技成果 / 215
附 录 二　中国科学院改革开放四十年大事记 / 289

后　　记　/ 329

第一篇

改革创新发展历程

改革开放四十年，是我国经济社会发生历史性巨变、取得举世瞩目伟大成就的四十年，是我国科技事业蓬勃发展、创新能力快速提升的四十年。四十年来，中国科学院始终牢记使命，与祖国同行，与科学共进，勇立时代潮头，不断改革创新，是我国改革开放历史性变革的精彩缩影，是我国科技事业取得历史性成就的生动体现。

第一章

率先拨乱反正，迎来“科学的春天”

(1977—1980 年)

中国科学院（简称中科院）伴随着中华人民共和国的成立而诞生，成立于 1949 年 11 月 1 日，郭沫若为首任院长。建院初期，中科院在原中央研究院、北平研究院和其他研究机构的基础上，凝聚海内外优秀科学家，迅速整合、组建了一批研究机构；1955 年建立了中国科学院学部（简称中科院学部）；1955 年率先建立了新中国研究生教育制度，1958 年创办了中国科学技术大学（简称中国科大），从而奠定了独具特色的“三位一体”的体制基础。

1956 年年初，周恩来代表党中央提出“用极大的力量来加强中国科学院，使它成为领导全国提高科学水平、培养新生力量的火车头”①，确立了中科院全国学术中心的地位。中科院的创建和发展，不仅奠定了新中国的主要学科基础和科研体系，也带动了我国工业技术体系、国防科技体系和地方科技体系的形成和发展，为国家科技进步、经济建设、国防建设和社会发展作出了彪炳史册的重大贡献。

① 周恩来 . 关于知识分子问题的报告 .《周恩来选集（下卷）》. 北京：人民出版社，1984 年 .

“文化大革命”期间，中科院遭受严重破坏。张劲夫等主要院领导和许多著名科学家遭受残酷迫害，大批科技工作者被下放至工厂和农村进行劳动改造，大批院属研究所或转入国防科技系统，或下放所在省（自治区、直辖市），有的研究所甚至被撤销，许多领域的科研工作处于停滞状态，进一步拉大了我国与世界科技先进水平的差距。1970 年，国家科学技术委员会（简称国家科委）并入中科院后，中科院承担了国家科委的职能，一度仅保留了 10 个直属研究所。

20 世纪 70 年代后期，中科院在全国率先恢复正常的科研工作秩序，参与筹备召开全国科学大会，落实党的知识分子政策，启动科技事业对外开放和科技体制改革，不但在科技界的拨乱反正中起到了领导作用，而且引领、带动了我国科技界从“严冬”走进“科学的春天”。

一 从“整顿科学院”到科学与教育工作座谈会

1975 年，邓小平主持党中央和国务院日常工作期间，中央派胡耀邦、李昌等到中科院主持工作。他们遵照邓小平的指示“整顿科学院”，纠正“左”的错误，力图把科研工作搞上去。然而，他们向党中央、国务院提出的《科学院工作汇报提纲》被诬为“复辟资本主义的‘大毒草’”“科技界复辟资本主义的反动纲领”，遭到公开批判。“整顿科学院”虽然为时不长，但胡耀邦等人给中科院和科技工作带来了一股新风，让科技工作者看到了希望。

1977 年 1 月，党中央派方毅主持中科院工作，随即李昌也恢复了工作。他们通过揭批“四人帮”对科技工作的干扰和破坏，迅速扭转了中科院的局面。1977 年 5 月 12 日，即将恢复工作的邓小平约见方毅和李昌，专门谈科技和教育的整顿问题。他提出：实现现代化，关键是科学技术要能上去，要尊重知识，尊重人才，要制订科技发展规划，要解决科技人员的后顾之忧，要同时抓教育，培养人才，后继有人[1]。

1977 年 5 月，经党中央批准，在中国科学院哲学社会科学部基础上，组建了中国社会科学院。

1977 年 5 月 30 日，中共中央政治局召开会议，听取方毅、李昌、武衡等汇报中科院工作。华国锋宣布了召开全国科学大会的决定，由中科院和中国人民解放军国防科学技术委员会负责筹备，计划在 1977 年冬季或 1978 年初在北京召开。

1977 年 8 月 4 ～ 8 日，邓小平在恢复工作后不久即主持召开了科学与教育工作座谈会。会议由中科院和教育部承办，科教界 30 多名专家出席。8 月 6 日，邓小平在会上当场决定于当年恢复高考。8 月 8 日，邓小平在座谈会结束时发表重要讲话，对“文化大革命”前 17 年的科学和教育工作的成绩作了客观评价，并对调动知识分子积极性、科研和教育体制、教育制度和教育质量、后勤工作及学风等问题作了重要指示[2]。邓小平以高度的智慧和勇气推翻了“黑线专政”和“资产阶级知识分子”的“两个估计”，突破了“两个凡是”的禁锢，为科技教育界的拨乱反正和全国科学大会的召开作了思想上的准备。

---

① 郭曰方 . 春天的序曲 .《方毅传》. 北京 : 人民出版社 , 2008 年 .

② 邓小平 . 关于科学和教育工作的几点意见 .《邓小平文选（第二卷）》（第 2 版）. 北京 : 人民出版社 , 1994 年 .

二 恢复正常的科研工作秩序

1977 年 6 月 20 日～7 月 7 日，中科院召开了全院工作会议。与会者不仅有院属各单位负责人，还有中央部门和各省（自治区、直辖市）的科技局负责人。因此，这次会议实际上是“文化大革命”之后召开的第一次全国性科技工作会议。会议深入揭批“四人帮”及其爪牙破坏科技工作的罪行，讨论了《1978 年至 1985 年中国科学院发展规划纲要（草案）》，提出了中科院的 5 个重点科研领域，即分子生物学、材料科学、半导体、计算机技术、重离子加速器和大型受控热核反应实验装置。尤为重要的是，会议决定采取一系列重大措施，以恢复正常的科研工作秩序。

（一）恢复科研机构的学术委员会

中科院于 20 世纪 50 年代中期建立了中科院学部和各所学术委员会，在院所两级的学术领导工作中起到了很好的作用。在“文化大革命”中，中科院学部和各所学术委员会都被当作走“资产阶级专家路线”而被撤销。1977 年全院工作会议后，中科院随即决定在院所两级重建学术委员会。在中国科学院物理研究所（简称中科院物理所）试点重建学术委员会后，9 月 24 日，院务会议决定将该所拟定的《学术委员会试行条例》转发院直属各单位参照执行。1978 年年初，院学术委员会筹备组正式成立。1979 年，中科院学部恢复后同时承担院学术委员会职能。

（二）恢复技术职称评审工作

当时，全国的技术职称评审工作已停顿十多年，严重挫伤了知识分子的积极性。1977 年 9 月，中科院率先宣布恢复技术职称，并由院学术委员会筹备组迅速开展了恢复科技人员技术职称的评审工作。中科院率先将中国科学院数学研究所（简称中科院数学所）助理研究员陈景润破格晋升为研究员，将该所杨乐、张广厚由研究实习员破格晋升为副研究员。至 1978 年 3 月，在京部分研究所晋升研究员、副研究员、副总工程师 250 余人，其中越级晋升者 24 人。技术职称评审工作的恢复是落实知识分子政策的一项重要举措，也为随后全国专业技术干部职称制度的恢复起到了带头作用，极大地调动了广大知识分子的积极性。

（三）恢复研究生招生

1977 年 6 月，全院工作会议作出恢复招收研究生的决定。1977 年 9 月 5 日，中科院在向国务院呈交的《关于中国科学技术大学几个问题的请示报告》中，提出在北京设立中国科学技术大学研究生院。9 月 10 日，中科院又向国务院呈交了《关于招收研究生的请示报告》。9 月底，国务院批准在中科院率先恢复研究生制度。其他一些高校也相继恢复招收研究生。1978 年 3 月，经国务院批准，中国科学技术大学研究生院在北京正式成立，这是新中国的第一个研究生院，首届共招收 1015 人，于 10 月 14 日举行开学典礼。同时，中国科大创办了全国第一个少年班，在国内外产生了较大影响。

院工作会议提出的重大措施还包括：建立党委领导下的所长负责制，各单位设置专管后勤工作的副所长；建立各类人员考核制度，对学非所用、安排不当的科技人员，逐步予以调整；保证科技人员每周 5/6 的业务工作时间等。会议决定取消院所两级“革命委员会”，在全国起到了带头作用。会议还对全国科学大会筹备工作作了具体安排。这些措施的提出和实施，对全国科技领域的拨乱反正起到了带头作用，在全国产生了很大影响。

培养科研人才适应四个现代化的需要

中国科技大学研究生院在京成立

新华社一九七七年十月十九日讯　为了培养科学研究人才以适应四个现代化的需要，中国科学院委托中国科学技术大学创办研究生院。这个研究生院已在北京成立。

英明领袖华主席发出关于科学工作的重要指示以来，中国科学院在培养又红又专的科研人才方面做了一系列工作，成立中国科技大学研究生院，就是其中重要的一项。

中国科技大学研究生院准备在最近两三年内招收一千名研究生，以后再逐年增加招生人数。

研究生的学习时间一般为三年，先用一年多时间在研究生院学习马列主义，自然辩证法，以及数学、外语等基础课程，然后到中国科学院北京地区各研究所，在具有研究员、副研究员水平的指导教师的指导下，通过专业理论学习和专业研究工作实践，培养成为有较强能力的科研人才。研究生结业时，将在指导教师的指导下，独立地完成一项具有一定水平的科研工作，并且经过研究生院会同有关单位的学术委员会进行考核，作出鉴定。

按照中国科技大学研究生院的培养目标，他们培养出来的研究生，将具有社会主义觉悟，熟悉马克思主义，熟悉自然辩证法，身体健康，掌握本门学科的系统而坚实的理论知识，至少能够熟练地运用一门外语，能够独立地进行研究工作。他们招收研究生的对象规定：凡政治思想好、学业成绩优异、身体健康、年龄在三十岁以下（最大不得超过三十五岁）的应届大学毕业生和学业成绩特别突出的在校大学生，以及具有相当于大学毕业文化程度，有较强的科研能力或有发明创造，适于进一步培养提高的优秀工人、贫下中农、知识青年、在职科技人员、青年教师和从事其他工作的人，都可以自愿报名，经过政治审查和严格考试，择优录取。

中国科学院的负责人指出：我国早就实行过研究生制度，并且从中造就出了一批有作为的科学研究人才。后来，这个行之有效的制度被林彪一伙，特别是被“四人帮”破坏了。当前，重新实行研究生制度，对于解决科研人员数量少、水平不高，特别是青年科研人员缺少的“青黄不接”现象，尽快地培养人才，把科研搞上去，具有重要的意义。他们希望各部门、各单位为了发展我国科学技术事业，为了赶超世界先进科学水平，主动推荐和帮助挑选有培养前途的优秀人才，共同做好研究生的招收和培养工作。

1977 年 10 月 20 日，《人民日报》头版报道
中国科学技术大学研究生院成立

中国科大首届（1978 级）少年班学生合影

三 参与制订《1978—1985年全国科学技术发展规划纲要（草案）》

1977年6月，中科院召开长远规划座谈会，开始制定本院战略规划及各学科三年和八年计划。8月中下旬，中科院主持召开了各部委科技规划座谈会。9月27日～10月31日，中科院主持召开了全国基础科学学科规划会议，来自中科院各所、全国各科研单位和高校的专家学者和管理干部1200余人，经过一个多月的认真研究和讨论，制定了数学、物理学、化学、天文学、地学和生物学的发展规划，制定了《全国自然科学学科规划纲要（草案）》，并为随后国家制定《1978—1985年全国科学技术发展规划纲要（草案）》奠定了基础。

《1978—1985年全国科学技术发展规划纲要（草案）》

《1978—1985年全国科学技术发展规划纲要（草案）》提出我国科学技术工作的8年奋斗目标：部分重要的科学技术领域接近或达到20世纪70年代的世界先进水平；专业科学研究人员达到80万人；拥有一批现代化的科学实验基地；建成全国科学技术研究体系。

该纲要还确定了108个项目作为全国科学技术研究的重点，提出把农业、能源、材料、电子计算机、激光、空间、高能物理、遗传工程等8个影响全局的综合性科学技术领域、重大新技术领域和带头学科放至突出地位，集中力量进行攻关，以推动整个科学技术和整个国民经济高速发展。

1977年12月12日～1978年1月16日，国务院各部委、各省（自治区、直辖市）和军委的相关负责同志等1000余人在京参加了全国科学技术规划会议。会议制订了《1978—1985年全国科学技术发展规划纲要（草案）》，并提交随后召开的全国科学大会审议通过。

四 全国科学大会的召开

1978年3月18～31日，全国科学大会在北京隆重举行。中科院为大会的召开在宣传和组织筹备等方面做了大量工作。开幕式上，邓小平发表了重要讲话，阐述了“科学技术是生产力”“知识分子是工人阶级的一部分”“实现四个现代化，关键是科学技术的现代化”等重要论断[①]，摘掉了长期加在知识分子头上的“资产阶级知识分子”帽子，为我国科技发展扫清了障碍，也为全社会解放思想和改革开放奠定了基础。

会上，方毅作了重要报告，指出“中国科学院作为全国自然科学研究的综合中心，其主要任务是研究和发展自然科学的新理论新技术，配合有关部门解决国民经济建设中综合性的重大的科学技术问题，要侧重基础，侧重提高”[②]。在此基础上，中科院提出了“侧重基础，侧重提高，为国民经济和国防建设服务”的办院方针。

---

① 邓小平. 在全国科学大会开幕式上的讲话. 人民日报，1978年3月22日，第1版.

② 樊洪业.《中国科学院编年史：1949—1999》. 上海：上海科技教育出版社，1999年.

1978 年全国科学大会会场

1978 年 3 月 29 日，出席全国科学大会的中科院学部委员
与中科院领导在友谊宾馆科学会堂前合影

3 月 19 ～ 23 日，会议分组讨论邓小平的重要讲话和方毅所作的报告，并讨论了《1978—1985 年全国科学技术发展规划纲要（草案）》。3 月 31 日大会闭幕前，中科院院长郭沫若发表了书面讲话《科学的春天》。他在讲话中欢呼："我们民族历史上最灿烂的科学的春天到来了。"这一讲话画龙点睛，为大会画上了圆满的句号。

全国科学大会的筹备和召开，实现了我国科学技术事业的拨乱反正，是我国科技发展的一次历史性重大转折，也为党的十一届三中全会全面纠正“左”的错误和确立改革开放的正确路线开启了先路。

五 知识分子政策的拨乱反正

“文化大革命”的十年浩劫中，广大知识分子遭受到不同程度的迫害。据调查，1968 年中科院京区 170 位正、副高职称知识分子中，有 131 位被列为打倒或审查对象，全院在“文化大革命”中被抄家的达 1909 户，被迫害致死 229 人。中国科学院上海植物生理研究所（简称中科院上海植生所）360 名职工，被打成“特务”的竟然有 142 人[①]。

在 1977 年 5 月 24 日的谈话中，邓小平就呼吁“尊重知识，尊重人才”，他指出，“一定要在党内造成一种空气：尊重知识，尊重人才。要反对不尊重知识分子的错误思想。不论脑力劳动，体力劳动，都是劳动。从事脑力劳动的人也是劳动者。将来，脑力劳动和体力劳动更分不开来”，“要重视知识，重视从事脑力劳动的人，要承认这些人是劳动者”[②]。华国锋在提议召开全国科学大会时也明确提出科学家应该受到人民的尊重。这就从思想上清算了“四人帮”对知识分子的倒行逆施。

---

① 钱临照，谷羽．《中国科学院（上册）》．北京：当代中国出版社，1994 年．
② 邓小平．尊重知识，尊重人才．《邓小平文选（第二卷）》（第 2 版）．北京：人民出版社，1994 年．

轰动全国的报告文学《哥德巴赫猜想》生动地描绘了中科院数学所数学家陈景润的传奇经历，呼唤对科学和科学家的尊重。该文在《人民文学》1978 年第 1 期发表，《人民日报》随即转载，迅速在科学界和广大读者中引起强烈反响。陈景润勇攀数学高峰的事迹感动人心，成为全国家喻户晓的科学英雄。

在全国科学大会筹备和召开期间，各省市推荐和表彰了一大批科技工作者。全国科学大会上表彰了 862 个先进集体、1192 名先进科技工作者和 7675 项优秀科研成果。

全国科学大会筹备期间，落实知识分子政策的工作也开展起来。1978 年 1 月，中国科学院上海分院召开“‘两线一会’特务集团”冤案平反大会，对遭受迫害的有关人员予以彻底平反。这是在“文化大革命”之后全国最早平反的冤假错案。2～3月，中科院党组为“文化大革命”中遭受迫害去世的赵九章、熊庆来、叶渚沛、刘崇乐、张宗燧、邓叔群等著名科学家落实政策，举行骨灰安放仪式。随后，一大批过去被错误批判和处理的知识分子获得平反。与此同时，中科院恢复或重建了一大批研究所，努力提高知识分子待遇，改善科研工作条件，全院上下精神振奋、面貌一新。

六 率先启动科技事业对外开放

全国科学大会的筹备和召开，也是我国科技工作对外开放的重要契机和起点。华国锋、邓小平在全国科学大会上号召学习外国的先进科学技术，促进了我国科技事业对外开放，开始融入世界科技发展。

全国科学大会结束不久，经党中央批准，中科院数学所杨乐、张广厚于1978年4月4日赴瑞士参加国际分析会议并顺访英国，是“文化大革命”后我国科学家首次以个人身份赴西方国家参加学术活动。中科院还在1978年招收的1000余名研究生中，选派130余人出国留学，开启了20世纪末的中国留学大潮。

1979年，邓小平访问美国并签署了中美两国政府间正式合作协定——《中华人民共和国政府与美利坚合众国政府科学技术合作协定》。此后两年间，中科院陆续与联邦德国、法国、英国、意大利、美国、瑞典等国科研机构签订了学术交流备忘录或科学合作协议。同期，中科院派出了华罗庚、周光召、吴文俊等著名科学家到国外讲学或短期工作；经国务院批准，还聘请了23位海外著名华裔学者担任院属研究所和中国科大的名誉教授、顾问等。1980年5月，中科院主办了我国改革开放后的第一个国际会议——青藏高原国际科学讨论会，邓小平接见了与会的外国科学家。

七 国家科技体制改革的先声

（一）中国科协和国家科委恢复重建

“文化大革命”期间，中国科学技术协会（简称中国科协）停止活动，各级科协组织和各专门学会也被解散。1977年，中科院全院工作会议决定逐步恢复中国科协和各专门学会。其后中国科协和各省级科协迅速恢复并开展工作，原有的全国性专业学会也相继恢复。

1977年，中科院全院工作会议期间和随后召开的科学与教育工作座谈会上，许多科学家都呼吁恢复国家科委。1977 年 9 月 18 日，经党中央批准，国家科委作为国务院所属主管科技工作的部门恢复重建。国家科委重建后，中科院不再承担国家科委的职能。

（二）院所领导体制的转变

1977 年 7 月，中科院党组决定院属研究所实行党委领导下的所长负责制。1979 年 12 月公布的《中国科学院研究所暂行条例（草案）》规定，院属研究所实行党委领导下的所长负责制。这一措施扭转了全院长期存在的“外行领导内行”局面，一大批优秀科学家走上了院所两级领导岗位。1978 年 3 月，中央任命李昌、周培源、童第周、胡克实、严济慈、华罗庚、钱三强等为副院长。1979 年方毅接任中科院院长，1980 年李昌任中科院党组书记。1979 年年初，中科院恢复学部，1980 年选举增补了 283 位学部委员。1981 年 5 月，中科院第四次学部委员大会推选卢嘉锡任院长。

在“科学的春天”里，中科院各项事业得到迅速恢复和发展。1977～1980 年，全院收回或新建一大批研究所。至 1980 年，中科院共有 117 个研究机构、12 个分院，职工总数达到 8.4 万人。全院呈现出欣欣向荣的改革开放局面。

第二章
积极全面探索，带动国家科技体制改革
（1981—1997年）

20世纪80年代初，党中央确立了“经济建设要依靠科学技术，科学技术工作要面向经济建设”的科技发展方针。1985年3月，中共中央发布《关于科学技术体制改革的决定》，全面启动了我国的科技体制改革。面对新形势、新任务、新要求，中科院与时俱进，多次调整办院方针和定位，积极探索体制机制改革，在学部制度、科研组织管理、拨款制度、人事制度、研究所管理体制、科技成果转移转化和产业化等方面进行了一系列改革探索，走在全国科技体制改革的前列。

一 “一院两种运行机制”的改革探索与实践

1981年1月29日，中科院党组向中共中央书记处汇报了《关于中国科学院工作的汇报提纲》，提出了一系列改革措施，主要包括：强化学部的领导和决策职能，学部委员大会是中科院最高决策机构，将行政机关化的机构变为学术领导机构；改革科研财务体制，对院属单位实行预算包干、课题核算、收入留成、节余留用；对不同类型的单位逐步实行不同的经费管理办法；

扩大研究所自主权等。中央同意这一汇报提纲，并于3月6日批转了这一文件。据此，中科院于1981年5月颁布了《中国科学院试行章程》。

1983年年底，中共中央书记处就中科院今后一个时期的方针和任务作出指示，要求中科院“大力加强应用研究，积极而有选择地参加发展工作，继续重视基础研究”。这一指示成为中科院1984年公布的办院方针。

1984年1月，中国科学院第五次学部委员大会在京举行。方毅代表党中央、国务院宣布，将学部委员大会由中科院最高决策机构改为国家在科学技术方面的最高咨询机构，学部委员是国家在科学技术方面的最高荣誉称号；中科院实行院长负责制。1984年3月，中央任命严东生为中科院党组书记。

为贯彻中央对中科院方向任务的指示，中科院党组制定了《关于改革问题的汇报提纲》，提出了“下一步改革设想”，主要是扩大研究所自主权、支持和鼓励科技人员直接投身到社

中国科学院第五次学部委员大会会场

会主义现代化建设实践；“拟采取的主要措施”包括实施所长负责制、建立开放实验室、实行科研基金制与合同制、发展高新技术开发公司等。1984 年 11 月 22 日，中共中央、国务院批复同意这一汇报提纲，并指示有关地区和部门支持中科院改革。这些措施的迅速实施促进了中科院改革发展。

1987 年 1 月，周光召任中科院院长、党组书记。新的院领导集体随即在向中央汇报改革方案的报告中，提出了“把主要力量动员和组织到国民经济建设的主战场，同时保持一支精干力量从事基础研究和高技术跟踪”的办院方针。一方面，围绕党和国家中心工作，积极组织力量服务国民经济建设；另一方面，坚持科学精神，尊重科学规律，恪守中科院定位，千方百计稳定基础研究队伍，开展基础科学研究，加强科学积累，为我国科技事业长远发展提供战略储备。

1988 年 3 月，周光召在全国科技工作会议上，根据办院方针提出“一院两种运行机制”的构想，即对科学研究和高技术

“一院两种运行机制”的改革目标

科学研究体系：打破封闭体系，形成开放、流动、联合、富有活力的新局面，引入择优汰劣的竞争机制，保持一支精干的富有创新精神的研究队伍。

高技术开发体系：建立一支适应市场机制的宏观调控体制、生产经营体制及相应支持系统，并与国内外企业界建立广泛的合作与联系，使中科院的开发工作进入经济领域，为国家产业结构调整、开拓和发展中国高技术产业作出贡献。

开发两种不同类型工作，根据其不同特点和规律，采取不同的运行机制、管理体制和评价标准。

1992年，中科院颁布了《中国科学院政策纲要》，全面阐明了科学研究与高技术开发体系实行两种运行机制，提出了中科院在20世纪90年代的主要目标任务和学部的职责与作用等。这一纲要还将办院方针的文字表述调整为："把主要力量动员和组织到为国民经济和社会发展服务的主战场，同时保持一支精干力量从事基础研究和高技术创新。"

1992年6月20日，中科院向国务院报送《关于中国科学院进行综合配套改革的汇报提纲》，国务院于1993年2月15日批准该方案，中科院的改革由此从单项改革推进到综合配套、全面系统改革的新阶段。1992年7月4日，中科院选择首批14个研究所进行改革试点，以调整结构、转换机制为核心，坚持分类指导，强调综合配套。改革的基本内容包括：调整科研结构和学科方向，精干研究队伍，调整与精简管理机构，改革人事、分配、住房制度等。1995年3月，中科院印发《关于推进结构性调整，深化改革若干问题的指导意见》，提出结构性调整的组织框架、科技布局、基本任务等。这些改革为全院后续深化改革积累了经验。

1994年10月26日，江泽民为中国科学院建院45周年题词：努力把中国科学院建设成为具有国际先进水平的科学研究基地、培养造就高级科技人才的基地和促进我国高技术产业发展的基地。这一重要指示为中科院在世纪之交的改革创新发展指明了方向。

二 带动国家科技体制改革

（一）从设立中国科学院科学基金到国家自然科学基金的建立

1981 年 5 月中科院第四次学部委员大会期间，谢希德等 89 位学部委员联名写信向中央建议国家设立中国科学院科学基金，以资助面向全国的基础性研究。该建议很快得到了党中央、国务院的批准。中国科学院科学基金委员会于 1982 年 3 月 2 日成立，卢嘉锡任主任，严东生、谢希德任副主任，23 位学部委员为成员。中国科学院科学基金自 1982 年开始受理项目申请，到 1986 年共资助 4424 项课题，资助总金额 1.72 亿元，其中高校占 74.8%，中科院占 14.6%，有力支持了全国的基础研究。中国科学院科学基金的建立，为我国基础研究管理体制的改革进行了积极探索。以此为基础，国务院于 1986 年 2 月批准成立国家自然科学基金委员会。

卢嘉锡、严东生、谢希德（正面前排左起）主持中国科学院科学基金委员会会议

（二）院士制度的建立及建议设立中国工程院

1984 年，学部职能转变后，中科院积极推进院士制度的建立。1991 年，中科院学部委员增选工作在中断 10 年后恢复，并实现制度化。

1992 年 4 月，师昌绪、张维、侯祥麟、张光斗、王大珩、罗沛霖 6 位学部委员向党中央、国务院报送《关于早日建立中国工程与技术科学院的建议》，受到中央领导同志的重视。中国工程院的筹备工作随即启动。1993 年 2 月 4 日，中科院和国家科委联名向国务院报送《关于建立中国工程院有关问题的请示》，提出中国科学院学部委员改称中国科学院院士的建议。同年 10 月，国务院决定成立中国工程院，并同意中国科学院学部委员改称中国科学院院士。1994 年 1 月，中共中央政治局常委会议批准了这一决定。我国的院士制度由此正式确立。1994 年 6 月，中国工程院正式成立，30 名中科院院士经学部主席团推荐被选聘为首批中国工程院院士。

1994 年 6 月 3 ～ 8 日，中国工程院成立大会、
中国科学院第七次院士大会在北京举行

（三）“863计划”与我国科技计划体系的建立

1986年3月3日，王大珩、王淦昌、杨嘉墀、陈芳允4位中科院学部委员向邓小平呈送了《关于跟踪研究外国战略高技术的建议书》。3月5日，邓小平批示：“此事宜速作决断，不可拖延。”[①]国务院科技领导小组迅即会同有关部门，组织了200多名专家，通过大量调研，制定出我国《高技术研究发展计划纲要》（即“863计划”），并拨出百亿元专款付诸实施。1986年11月20日，中共中央、国务院转发了该纲要。1987年2月，由国家科委开始组织实施。

“863计划”不仅极大地促进了我国高技术各领域研究的发展，还带动了我国科技计划体系的建立。1997年，在“863计划”实施10年后，国家科技领导小组决定制定实施“国家重点基础研究发展计划”（即“973计划”），支持对国家发展和科技进步具有全局性和带动性的重大基础性研究项目。“973计划”的实施显著提升了中国基础研究创新能力和研究水平，带动了中国基础科学的发展。

1991年4月25日，王淦昌、王大珩、杨嘉墀、陈芳允（右起）获得“863计划”荣誉证书

① 樊洪业.《中国科学院编年史：1949—1999》.上海：上海科技教育出版社，1999年.

三 院内科研管理和人才体制机制改革

（一）拨款方式改革

1985 年 7 月，中科院成立科学基金局和科技合同局，按照分类管理、择优支持的原则，在全院实行研究经费的基金制和合同制的管理方法。对基础研究和应用研究中的基础性工作，设立了院内科学基金和青年科学基金，采用基金制予以支持，同时鼓励院属单位积极申请国家自然科学基金。对应用研究课题、一些重大项目和攻关项目，采用合同制予以支持，制定实施《中国科学院重大科技项目合同制暂行条例》，使合同制管理逐渐规范化。对大型工程和重大设备，以及图书、情报、出版、测试等科技服务部门，继续沿用拨给专款的办法。

（二）开放研究所和开放实验室

1984 年年底，中科院组织全国同行专家对 5 个国家重点实验室（筹）和一些基础较好的实验室进行评议，提出实行“开放、流动、联合”的基本方针、研究实体相对独立的组织模式、定期检查评议的竞争机制。1985 年 7 月，中科院数学所、中国科学院理论物理研究所（简称中科院理论物理所）2 个研究所和 17 个实验室首批对外开放；1987 年 8 月，第二批 21 个实验室对外开放。1986 年 12 月，中国科学院上海生物化学研究所（简称中科院上海生化所）分子生物学实验室通过国家验收，成为我国第一个国家重点实验室。

中国科学院上海生物化学研究所分子生物学国家重点实验室评定和验收会

至 1989 年，全院已有 2 个开放研究所、63 个开放实验室和 8 个开放野外实验站，带动了全院的对外开放和国家重点实验室建设。

（三）全面实行所长负责制

1984 年 8 月，院党组批复中国科学院计算技术研究所（简称中科院计算所）、中科院物理所《关于试行所长负责制的请示报告》，同意两所试行所长负责制，所长对所内业务、行政工作全面负责，所党委主要抓好党的建设和思想政治工作，对业务、行政工作起保证和监督作用。此后又有中国科学院地理研究所（简称中科院地理所）等十余个研究所先后试行所长负责制。同年 11 月，中央批复中科院《关于改革问题的汇报提纲》，同意中科院实行所长负责制。1985 年 3 月，中共中央《关于科学技术体制改革的决定》提出全面实行所长负责制。

1987 年，在全面实行所长负责制的基础上，中科院开始实行所长任期目标责任制。1988 年 10 月，《中国科学院研究所所长负责制条例》出台。1995 年 4 月，《中国科学院所长负责制条例（试行）》《中国共产党中国科学院研究所委员会工作条例（试行）》《中国科学院研究所职工代表大会条例（试行）》等文件印发，为院属单位管理工作提供了制度保证。

（四）实行专业技术职务聘任制

按照国家科技体制改革的要求，中科院 10 个研究所于 1985 年在全国率先开展了专业技术职务聘任制试点。1986 年年初，院工作会议宣布全院实行专业技术职务聘任制。到 1986 年年底，新聘任各类高中级专业人员约 13 700 人，其中高级专业技术人员约7200人。专业技术职务聘任制是我国科技领域人事制度改革的一项重要措施，调动了科技人员的积极性。

此外，1984年，中国科学院高能物理研究所（简称中科院高能所）和中科院理论物理所在全国率先试点博士后制度；1985年7月，国务院批准在全国推行博士后制度。

（五）实施“百人计划”

为培养跨世纪学术带头人和学术骨干，中科院于1994年1月公布《中国科学院关于实施“百人计划”的意见》，计划于2000年前按学科领域的需要，从国内外公开招聘100名左右高素质、高水平的优秀青年人才，加大投入强度，将他们培养成为跨世纪的高层次学术带头人。1994年11月，14位青年学者入选中科院“百人计划”，成为首批支持对象。截至1997年，共有4批146位学者入选。如此大规模面向海内外引进优秀青年人才在我国尚属首次，引起海内外学者的高度关注和积极响应。

首批“百人计划”入选者与中科院领导合影

“百人计划”引进了一批学术领军人才和学科带头人，缓解了解决人才断层问题的急迫需求，促进了中科院人才队伍的“代际转移”。“百人计划”还开启了我国科技人才引进的先河，具有引领和示范带动作用。继“百人计划”之后，国家和许多地方陆续启动了一系列人才计划，大多借鉴和参考了中科院“百人计划”的做法和经验。

四 推动科技交流与合作

（一）海峡两岸科学家交流互访

1992 年 5 ～ 6 月，台湾“中央研究院”院长吴大猷教授应中科院邀请访问大陆。同年 6 月，应吴大猷邀请，中科院学部委员张存浩、邹承鲁等 7 位科学家访问台湾，成为 40 多年来首批访台的大陆科学家。两岸科学家互访和学术交流由此掀开新的一页。1994 年 1 月，周光召院长应邀率团赴台参加“两岸产业科技研讨会”，并参观访问了台湾“中央研究院”、工业技术研究院、新竹科学园区等。两岸科学家的学术交流互访自此逐步常态化。

（二）设立“香山科学会议”

1993 年 4 月，由中科院和国家科委共同支持的“香山科学会议”正式启动。“香山科学会议”以基础性研究前沿为主题，旨在提供自由讨论的环境，促进学科交叉与融合。会议形式以学术座谈为主，兼有学术报告、专题讲座、双周末科学沙龙、学术性休假等。“香山科学会议”现已成为国内学术界享有盛誉的常设性学术会议组织。

（三）国际学术交流与合作

随着改革开放的推进，中科院的国际学术交流和合作在 20 世纪八九十年代得到全面发展。合作交流规模不断壮大，每年人员交流数量从 80 年代末的不到 2000 人次增加到 90 年代末的约 1 万人次，形成了多层次、多渠道、多形式的交流合作格局。中科院不仅同美国、欧洲、日本等科技发达国家和地区的合作交流进一步发展，同苏联（俄罗斯）、波兰、巴西、阿根廷及东南亚各国等也恢复或建立了科技交流关系。同时，在多边交流中，中科院同联合国教科文组织、联合国开发计划署、国际

1987 年 10 月，中国科学院和联邦德国马普学会续签合作协议

1988 年 4～5 月，中科院代表团访美期间在华盛顿与美国国家科学院代表合影

1997 年，中美两国科学院签署举办“中美前沿科学研讨会”协议

科学组织联盟、世界银行等国际组织加强了合作，承担了“人与生物圈计划”、重点学科发展项目等一些国际合作研究计划中方任务的牵头工作。

1986 年 8 月 25 日北京时间 11 点 11 分（瑞士日内瓦时间 4 点 11 分），中科院高能所科学家吴为民，作为当时参加欧洲核子研究中心（CERN）高能物理实验的国际合作组（ALEPH 组）中方组长，从北京 710 所的 IBM-PC 机上向位于瑞士日内瓦 CERN 的诺贝尔物理学奖获得者斯坦伯格（Jack Steinberger）发出电子邮件。这是中国历史上第一封国际电子邮件。

```
    #13         25-AUG-1986 04:11:24                                NEWMAIL
From:    VXCRNA::SHUQIN
To:      STEINBERGER
Subj:    link

dear jack,i am very glad to send this letter to you via computing link which
i think is first succssful link test between cern and china.i would like
to thank you again for your visit which leads this valuable test to be success.
now i think each collaborators amoung aleph callaboration have computing link wh
ich
is very important.ofcause we still have problems to use this link effectively
for analizing dst of aleph in being. and need to find budget in addition,but mos
t
important thing is to get start.at the moment,we use the ibm-pc in 710 institute
to connect to you,later we will try to use the microwave communicated equipment
which we have used for linking ml60h before,to link to you dirrectly
from our institute.
lease send my best regards to all of our colleagues and best wishes to you.cynt
hia
and your family.
by the way,how about the carpet you bought in shanghai?
weimin
```

中国历史上第一封国际电子邮件

五 高新技术企业的创建和发展

（一）研究所创办高新技术企业

早在1980年10月，中科院物理所陈春先研究员率先在中关村创办“北京先进技术发展服务部”。这是中关村第一家民办科技实业机构，引起了较大的社会反响。1983年1月，中央领导同志作出批示，肯定了这一创举。北京先进技术发展服务部后来虽未得到很大发展，但却带动了中关村地区技术开发企业的兴起，陈春先也被誉为“中关村第一人”。

1983年，中科院与北京海淀区合资建立了中科院最早的科技开发公司——科海新技术联合开发中心，业务范围从科技咨询、软件开发、成果推广，迅速发展到新产品开发，1988年营业收入达到1.5亿元。到1988年年底，中科院在海淀区开发试验区的700家公司中占19.8%，销售额占园区总额14亿元的47%，园区33种新产品中有12种由中科院的公司开发。至1988年，院所两级高新技术公司达到388家，从业人员近8000人，销售额达到10亿元。

1987年，中科院和国家经济委员会（简称国家经委）共同筹集资金，创办科技促进经济发展基金会，对科技成果推广应用提供资助。至1992年3月，共发放基金贷款219项，资金总量达2.06亿元，支持了以“地奥心血康”为代表的一批高新技术成果转化项目。

（二）与深圳市合建全国首个科技工业园

深圳特区建设初期，中科院广东地区各研究所在城市规划、市政建设和资源利用等方面提供咨询服务。随后，其他

深圳科技工业园

地区的一些院属研究所也进入深圳特区办公司。1984 年 3 月，中科院与深圳市政府签订了长期科技合作协议。1985 年 7 月，院市合资建立的深圳科技工业园在深圳南头奠基，这是我国（不含港澳台地区）最早建立的科技工业园区。截至 1998 年，园区内汇集高新技术企业等 80 余家，从业人员 2 万多人，初步形成了电子信息、新型材料、生物工程三大产业，在国内外产生了广泛影响。

1992 年成立的中科院所属深圳科健集团有限公司是以开发和生产先进医疗电子设备和高级计算机系统为主的高科技企业，1994 年成为中科院第一家上市公司，也是在深圳证券交易所上市的我国首家高技术公司。

（三）北京联想计算机集团公司的崛起

北京联想计算机集团公司于 1989 年 11 月成立，其前身是 1984 年 11 月创建的中国科学院计算技术研究所公司。初创时只有 11 个工作人员和 20 万元开办经费，以开发、生产、推广联想汉字系统起家，逐步发展成为全国第一流的集技工贸信息服务一

联想集团早年办公地点（中科院计算所南院）

体化的计算机产业集团。公司自制产品和二次开发产品占其总营业额的80%以上，1989年推出的联想286微机大批量销往美国、加拿大、欧洲、东南亚等30多个国家和地区。1994年，联想集团在香港上市；1996年，联想电脑首次超越国外品牌，居国内市场第一，此后一直稳居榜首；2004年12月，联想集团收购IBM公司全球个人电脑业务；2013年第二季度，首次登顶全球最大个人电脑业务供应商，成为全球个人电脑市场的领导企业。

至1997年，中科院系统企业营业收入超过千万元的企业达57家，如联想集团公司、中国大恒（集团）有限公司、成都地奥制药集团有限公司、东方科学仪器进出口集团、北京三环新材料高科技公司、上海尼赛拉传感器有限公司、中科实业集团（控股）有限公司等。这些新兴的科技公司以科技为后盾，以市场为导向，以产品为龙头，集研究、开发、生产和销售一体化，为我国高技术企业的创建和发展探索了新路径，提供了重要经验。

第三章 实施知识创新工程，引领国家创新体系建设（1998—2010年）

20世纪90年代开始，知识经济初露端倪，国际竞争态势和社会经济发展模式发生了重大变革。1995年，党中央提出实施科教兴国战略。1997年7月，路甬祥任中科院院长、党组书记。1997年年底，中科院向中央提交了《迎接知识经济时代，建设国家创新体系》的研究报告。1998年2月4日，江泽民对该报告作出重要批示，强调"知识经济、创新意识对于我们二十一世纪的发展至关重要"，要求中科院"先走一步"，"真正搞出我们自己的创新体系"[1]。1998年6月9日，国家科技教育领导小组会议审议通过了中科院《关于"知识创新工程"试点的汇报提纲》。1998年7月9日，中科院召开"知识创新工程"试点动员部署大会，试点工作随即展开。

实施知识创新工程是党中央、国务院为适应经济全球化和知识经济挑战、贯彻落实科教兴国战略所作出的重大决策，全面促进了中科院的体制机制改革、科技布局调整、科技基础设施建设、人才队伍和创新文化建设等。中科院科研条件和创新

① 中国科学院.《江泽民与中国科学院》. 北京：科学出版社，2012年.

环境显著改善，广大科研人员的精神面貌焕然一新。知识创新工程试点的实施，也带动我国科技体制改革进入以建设国家创新体系为主体的新阶段。

一 知识创新工程的主要目标和基本任务

根据《关于“知识创新工程”试点的汇报提纲》，中科院知识创新工程试点的主要目标是：到2010年前后，把中科院建设成为瞄准国家战略目标和国际科技前沿、具有强大和持续创新能力的国家自然科学和高技术的知识创新中心；成为具有国际先进水平的科学研究基地、培养造就高级科技人才的基地和促进我国高技术产业发展的基地；成为有国际影响的国家科技知识库、科学思想库和科技人才库。

知识创新工程试点分启动阶段（1998～2000年）、全面推进阶段（2001～2005年）、优化完善阶段（2006～2010年）三个阶段实施。其基本任务是：形成和保持强大的国家知识创新能力，加速最新科技知识的传播，全面推进知识和技术转移，为国家宏观决策提供科技咨询，建设和保持一支具有国际水平的科技队伍，不断加强国家知识创新基地建设。由于前两期试点效果良好，在第三阶段启动时国务院决定取消“试点”二字，并将主题改为“创新跨越持续发展”。

1999年8月22日，江泽民为中科院建院50周年题词：“攀登科学技术高峰，为我国经济发展、国防建设和社会进步作出基础性、战略性、前瞻性的创新贡献。”

2002年，中科院在总结历史经验和知识创新工程试点经验的基础上，提出了新的办院方针：“面向国家战略需求，面向世界科学前沿，加强原始科学创新，加强关键技术创新与集成，攀登世界科技高峰，为我国经济建设、国家安全和社会可持续发展不断作出基础性、战略性、前瞻性的重大创新贡献。”这个办院方针继承了中科院此前历次办院方针的共同特点，将为国家需求服务与科学技术发展有机结合，同时也充分反映了中科院在国家创新体系中的战略定位。

二 探索建立现代科研院所制度

（一）改革人事制度和资源配置制度

在知识创新工程试点初期，中科院就在全国率先实行了以“按需设岗、按岗聘任、择优上岗、动态更新”为主要内容的岗位聘任制，建立了“岗位聘任、项目聘用和流动人员相结合”的新型用人制度，建立了体现绩效优先原则的“基本工资、岗位津贴、绩效奖励”三元结构分配制度，以此带动科研院所整体改革。

中科院还实行“整体规划、保证重点、择优支持、鼓励竞争、优化配置、动态调整”的资源配置方针，构建有利于资源集成和提高使用效率的资源配置制度；按照“质重于量、分类评价、公开公正、科学严肃”的原则，建立研究所评价体系和基于评价结果的资源配置调整机制。同时，根据不同科技创新工作性质，确定了各研究所对外竞争经费与院拨经常性经费的比例，其中基础研究和社会公益性创新保持在3：7左右，高技术研究与发展保持在6：4～7：3。此外，坚持重大创新项目、重要方向项目和基础设施建设项目经费院所两级匹配支持，有效调动了研究所的积极性。

（二）改革研究所评价体系和科技奖励制度

早在1993年，中科院就率先对研究所开展绩效综合评价，主要采用定量方法评价研究所产出。从1999年开始，中科院积极探索研究所评价制度改革，不断调整完善评价指标，至2002年形成了包括“重大创新贡献”“分类导向”“基础指标测评”三个部分的评价体系。2003年，中科院选择了20个研究所进行以同行专家定性评价为主、以基础指标评估为基础、实地考察与函评相结合、逐步与国际接轨的“综合质量评估”试点。

根据“以人为本、分类激励”的原则，2002年，中科院对科技奖励制度进行了重大改革，不再设立科技成果奖，新设“中国科学院杰出科技成就奖”，奖励在科技创新活动中做出重大

2004年3月19日，首届中国科学院杰出科技成就奖颁奖

科技创新成果的个人和集体。中国科学院杰出科技成就奖每两年评审一次（2013 年起改为每年评审一次），每届奖励不超过 10 个自然人或集体。在评审过程中，坚持高标准、严要求、宁缺毋滥的原则，建立了开放式推荐评审模式，邀请国外同行专家进行书面评价。这一做法被国家科技奖励评审工作借鉴。

（三）制定颁布《中国科学院章程》

中科院自 2002 年开始研究起草院章，2006 年颁布《中国科学院章程》。通过章程文本将中科院的价值理念、制度规范和行为准则予以确定，明示社会，从根本上构建现代院所制度体系，为国家科研机构立法探索有益经验。

在院章基础上，中科院于 2008 年制定颁布了《中国科学院研究所综合管理条例》，进一步明晰了院所两级事权，成为研究所改革创新发展的制度基础。各研究所以研究所综合管理条例为依据，制定了“所长负责制实施办法”“党委工作规则”“职工代表大会规则”等规章制度，规范了所长负责制、研究所党委工作制度和职工代表大会制度，进一步扩大和保证了研究所自主权。

三 调整和优化科技布局结构

在知识创新工程试点期间，中科院紧密围绕国家战略需求，从经济全球化、知识经济和世界科技发展态势出发，通过凝练科技目标、确定优先发展领域和调整组织结构，进行了较大规模的科技布局和研究机构调整优化。

在试点启动阶段，中科院率先启动了中国科学院大连化学物理研究所（简称中科院大连化物所）等42个研究所的试点工作，开始了6个应用开发类研究所的转制工作，并通过所际整合组建了一批综合性大型科技创新基地。

在全面推进和创新跨越持续发展阶段，中科院进一步深化科技布局结构调整。一是在若干新兴交叉领域先后组建了一批法人研究机构。二是加强研究所整合，探索有效发挥系统集成创新能力的新型管理模式。三是与国内外高校、科研机构和地方政府共建了一批研究机构。四是对一批科技方向有重大调整的研究所进行更名。此外，还在新兴交叉学科方向新建了一批非法人研究机构和多个区域性技术转移中心。

2006年，中科院进一步提出建设“1+10”科技创新基地，旨在突破学科壁垒，突破研究所局限，突破基础研究、应用研究和高技术研发的分割，发挥综合优势，集中力量做大事。

表3–1　中科院“1+10”科技创新基地

类型	名称
基础研究	具有明确目标导向的交叉和重大科学前沿
	依托大科学装置的综合研究基地
战略高技术	信息科技创新基地
	空间科技创新基地
	先进能源科技创新基地
	纳米、先进制造与新材料创新基地
可持续发展相关研究	人口健康与医药创新基地
	先进工业生物技术创新基地
	现代农业科技创新基地
	生态与环境科技创新基地
	资源与海洋科技创新基地

中科院坚持以提升自主创新能力为核心，按照领域前沿、重要方向、重大项目三个层次，部署实施了一批科技创新项目。至2008年，共部署知识创新工程试点重大项目111项、重要方向项目1268项，取得一批重大科技创新成果。

四 创新队伍建设和人才培养

为适应知识创新工程试点的要求，中科院制定了相应的人才战略，出台了一系列政策措施。经过十多年的努力，全院人才队伍结构明显改善，优秀人才不断涌现，队伍竞争力显著提高，人才培养工作快速发展，形成了人才队伍建设与科技创新相互促进的良好局面。

（一）人才培养与引进

中科院立足科技创新实践，大力培养人才。1999年，全面实行岗位聘任制度，逐步改变了人员固化、论资排辈的局面，大批优秀年轻科技人才走上关键岗位，涌现出一批活跃在国际科技前沿、承担国家重大科技任务的拔尖人才。

知识创新工程试点期间，中科院拓展了“百人计划”的内涵，形成了适应不同科研活动和区域人才需求的人才计划体系。1998年，启动了“引进国外杰出人才计划”；2001年，增加了以创新团队方式吸引“海外知名学者”，同时将国家杰出青年科学基金获得者纳入“百人计划”管理。1996年，推出“西部之光”人才培养计划，凝聚和稳定科技人才扎根西部，服务西部地区社会经济发展。2004年，又推出了“东北之春”人才培养计划，为东北地区培养学术带头人和科技骨干。

（二）大力发展教育事业

知识创新工程试点期间，中科院进一步明确了科技创新与教育紧密结合的方针，整合科教资源，形成了以“一校一院”为核心、以研究所为基础的教育体系，教育事业快速发展。

中国科大以实施“211工程”“985工程”和中科院知识创新工程试点为契机，贯彻“全院办校、所系结合”的办学方针，努力创建一流研究型大学，学科建设、教育质量和科研水平不断提高。

2001年5月22日，中国科学院研究生院揭牌仪式在北京玉泉路园区举行

中国科大、中国科学院数学与系统科学研究院联合创办华罗庚数学英才班

2000 年 12 月，国务院学位委员会、教育部联合批准中科院在中国科学技术大学研究生院（北京）的基础上，更名组建中国科学院研究生院。2003 年 12 月，中国科学院研究生院与中国科学院管理干部学院整合。中国科学院研究生院实行“三统一、四结合”，逐步实现统一招生、统一管理、统一授予学位，形成院所结合的领导体制、师资队伍、管理制度和培养体系；加大了园区建设力度，新建了中关村、奥运村、雁栖湖三个园区和上海、广州、武汉、兰州、成都等教育基地。这一时期，中国科学院研究生院招生规模不断扩大，迅速发展成为我国规模最大的研究生教育体系。

五 各项事业协调发展

（一）基础设施条件建设

由于历史原因，中科院所属机构的科研教育基础设施普遍老化，严重制约了科技创新和人才队伍建设。知识创新工程实施期间，中科院将改善科研基础设施、园区环境和科研装备条件作为重要任务，围绕科技创新目标，加强整体规划，建设了一批具有国际先进水平的国家重大科技基础设施、一流的科研仪器设备、战略生物资源库和野外台站网络，大力推进科研装备的自主研制，建设信息化科研环境，打造国际一流、国内领先的信息与文献情报服务体系。经过 10 余年的建设，院属单位的整体科研条件和园区面貌发生了根本性变化，为提升科技创新能力提供了良好的基础条件和保障。

中国科学院化学研究所
分子科学中心实验楼

中国科学院物理研究所
凝聚态物理综合楼（D楼）

中国科学院长春光学精密机械与物理研究所研究生教育基地

中国西南野生生物种质资源库种子墙

（二）对外开放与合作

知识创新工程实施期间，中科院不断探索新的国际合作方式，积极搭建国际合作平台，与国际科技界的交流规模持续扩大，合作层次不断提升，在国际科技界的地位和影响显著提升。截至2010年，中科院与50多个国家（地区）签署院级合作协议212个、所级合作协议1000多个，共建中外联合研究单元 92 个，每年主办国际学术会议的数量从 1998 年的 57 次上升到 2010 年的 393 次，每年人员交流数量从 1998 年的 1 万人次上升到 2010 年的 3 万余人次，有 695 位科学家在不同国际科技组织中担任职务。同时，针对能源、环境、重大自然灾害等全世界共同关注的热点问题，与国外科研机构、跨国企业和区域性组织密切合作，提出应对措施，制订行动计划，提供解决方案。

2004 年 10 月 11 日，法国总统希拉克为中国科学院上海巴斯德研究所揭牌

2007 年 10 月，第十届中－美卡弗里前沿科学研究会在京召开

（三）党建工作与创新文化建设

中科院把围绕创新、服务创新、促进创新作为党的工作出发点和落脚点，以加强党组织能力建设与党的先进性建设为主线，以改革创新精神加强党的建设，为科技创新和改革发展提供可靠的思想、政治和组织保证。1998 年年底，中科院党组明确提出了创新文化建设，并将其作为知识创新工程试点工作的重要组成部分。创新文化建设包括精神、制度、可视三个层面，以弘扬科学精神为宗旨，倡导树立“创新为民、科教兴国”的价值理念，尊重学术自由，倡导学术争鸣，鼓励理性质疑，加强科学道德建设，为科技创新人员营造宽松和谐、健康向上的创新文化氛围。2002 年，院党组颁布《中国科学院科技工作者行为准则》，一些研究所也采取多种措施加强学风建设。创新文化建设有力地促进了科技创新发展。

知识创新工程实施 13 年来，中科院进入了新的历史发展阶段，在凝练科技目标、调整科技布局、改革管理体制、优化队伍结构、引进培养人才、加强条件建设、扩大开放联合、培育创新文化、促进成果转化等方面采取了一系列重大改革举措，顺利完成了知识创新工程试点任务，发挥了科技国家队的核心骨干作用和改革先行者的引领示范作用，为建设中国特色国家创新体系积累了经验。

2004 年 12 月 29 日，胡锦涛视察中科院，听取中科院工作汇报，充分肯定了中科院知识创新工程试点取得的成绩，希望“中国科学院作为国家战略科技力量，不仅要创造一流的成果、一流的效益、一流的管理，更要造就一流的人才”[1]。

2009年10月30日，胡锦涛致信祝贺中科院建院60周年，肯定中科院为我国经济发展、社会进步、国家安全作出了彪炳史册的重大贡献，要求中科院在建设创新型国家进程中进一步发挥“火车头”作用[2]。

2010年3月31日，国务院第105次常务会议听取了中科院关于实施知识创新工程进展情况的汇报，充分肯定了知识创新工程实施13年来取得的进展和成绩，决定2011～2020年继续深入实施知识创新工程（“创新2020”），以解决关系国家全局和长远发展的基础性、战略性、前瞻性的重大科技问题为着力点，重点突破带动技术革命、促进产业振兴的前沿科学问题，突破提高人民群众健康水平、保障改善民生以及生态和环境保护等重大公益性科技问题，突破增强国际竞争力、维护国家安全的战略高技术问题。

---

① 新华网. 胡锦涛考察中科院强调提高科技自主创新能力. 2004年12月29日, http://www.gov.cn/ldhd/2004-12/29/content_9206.htm [2018-10-18].

② 胡锦涛. 致中国科学院建院六十周年的贺信.《中国科学院院刊》, 2009年, 第6期: 571.

第四章

实施“率先行动”计划，迈入改革创新发展新时代（2011年至今）

随着世界新一轮科技革命和产业变革孕育兴起，我国进入经济结构深度调整、新旧动能接续转换的改革开放新阶段。中科院党组认真总结建院60多年特别是知识创新工程实践经验，积极谋划和开拓改革创新发展新局面。2011年2月，白春礼任中科院院长、党组书记，提出“民主办院、开放兴院、人才强院”的发展战略，“创新科技、服务国家、造福人民”的发展宗旨，“出成果、出人才、出思想”的战略使命，形成了中科院新时期跨越发展战略体系。

2012年，党的十八大明确提出科技创新是提高社会生产力和综合国力的战略支撑，必须摆在国家发展全局的核心位置，实施创新驱动发展战略。2013年，党的十八届三中全会作出全面深化改革的重大战略部署。中科院以习近平新时代中国特色社会主义思想为指导，认真贯彻落实党中央、国务院决策部署，以实施《中国科学院“率先行动”计划暨全面深化改革纲要》（简称“率先行动”计划）为统领，开启了中科院改革创新发展的新征程。

一 制定实施“率先行动”计划

2013年7月17日，习近平总书记视察中科院，与科研人员代表座谈，并发表重要讲话，充分肯定了中科院60多年来的创新成就，指出中科院是“党、国家、人民可以依靠、可以信赖的国家战略科技力量”，希望中科院发挥集科研院所、学部、教育机构于一体的优势，不断出创新成果、出创新人才、出创新思想，要求中科院“率先实现科学技术跨越发展，率先建成国家创新人才高地，率先建成国家高水平科技智库，率先建设国际一流科研机构”[①]。这是习近平总书记在党的十八大以后第一次到科研单位视察。他的重要讲话不仅为中科院新时代改革创新发展注入了强大动力，也为全国科技事业发展指明了方向。

为贯彻落实习近平总书记提出的“四个率先”要求，中科院党组在深入调查研究、充分集思广益的基础上，研究制定了“率先行动”计划，针对影响和制约中科院改革创新发展的关键性、根本性问题，提出了推进研究所分类改革、调整优化科研布局、深化人才人事制度改革、建设高水平科技智库、全面扩大开放合作5个方面25项重大改革发展举措。2014年7月7日，国家科技体制改革和创新体系建设领导小组第七次会议审议通过了中科院“率先行动”计划。“率先行动”计划成为统揽中科院新时代改革创新发展的行动纲领。

2014年8月8日，习近平总书记作出重要批示，对“率先行动”计划给予充分肯定，强调了中科院实现“四个率先”目

---

① 孙秀艳．习近平考察中科院：把创新驱动发展战略落到实处．人民日报，2013年7月18日，第1版．

“率先行动”计划“两步走”发展战略

“率先行动”计划着眼于党和国家“两个一百年”奋斗目标，提出“两步走”发展战略。

第一步是到2020年左右，即中国共产党建党100年时，基本实现“四个率先”目标，在实施创新驱动发展战略、建设创新型国家中发挥骨干引领作用。

第二步是到2030年左右，全面实现“四个率先”目标，为我国进入创新型国家前列发挥不可替代的作用；并为在新中国成立100年，也是中国科学院成立100年时，把我国建成世界科技强国奠定坚实基础，为实现中华民族伟大复兴的中国梦提供有力支撑。

标的重大意义和重要任务，并进一步要求中科院“面向世界科技前沿，面向国家重大需求，面向国民经济主战场”，抓好“率先行动”计划的贯彻落实，早日使构想变为现实，为把我国建成世界科技强国作出贡献[①]。

根据习近平总书记重要批示精神，中科院党组迅速制定了《中国科学院“率先行动”计划组织实施方案》，并于2014年8月18日召开实施“率先行动”计划动员部署大会，要求全院统一思想，凝聚共识，把思想和行动迅速统一到党中央、国务院的要求上来，按照习近平总书记的“三个面向”“四个率先”要求，积极抢占科技竞争和未来发展制高点，争取在重要科技领域成为领跑者、在新兴前沿交叉领域成为开拓者，大幅提升科技创

① 中国科学院．中科院发布“率先行动”计划组织实施方案．http://www.gov.cn/xinwen/2014-12/03/content_2785974.htm[2014-12-03].

新能力和整体水平，这标志着“率先行动”计划正式启动实施[1]。

2015年年初，院党组根据习近平总书记对中科院提出的“三个面向”“四个率先”要求，调整确立了新时期中科院的办院方针。这一办院方针既传承历史，又与时俱进，体现了以习近平同志为核心的党中央对中国科学院提出的目标任务，体现了实施创新驱动发展战略和建设世界科技强国的根本要求，是中科院新时代改革创新发展的行动指南和根本遵循。

2016年，中科院修订了《中国科学院章程》，将以“三个面向”“四个率先”为内容的新时期办院方针写入章程。新修订的《中国科学院章程》为中科院实施“率先行动”计划提供了更加完善的制度基础和保障，成为新时代统一全院思想、指导全院工作的纲领性文件。

新时期中国科学院办院方针

面向世界科技前沿，面向国家重大需求，面向国民经济主战场，率先实现科学技术跨越发展，率先建成国家创新人才高地，率先建成国家高水平科技智库，率先建设国际一流科研机构。

二 全面深化体制机制改革

（一）改革中科院机关科研管理体系

2013年，中科院进行了大力度的院机关科研管理改革，改

① 中国科学院．中科院传达学习习近平等中央领导同志重要批示和夏季党组扩大会精神．http://www.cas.cn/xw/zyxw/ttxw/201408/t20140818_4186586.shtml[2014-08-18].

变了既按学科领域又按科技创新活动性质设置部门的序列，本着理顺关系、提高效能、强化协同的原则，根据科学、协同、规范、高效的要求，调整优化院机关组织体系、管理职能和运行机制，设立科研业务管理和综合职能管理两个序列。其中，科研业务管理按照科技创新价值链和学科领域两个维度，构建矩阵式管理模式，在一定程度上避免了职能交叉重叠和条块分割问题，减少了对微观科研活动的干预。同时设立发展咨询委员会、学术委员会、科学思想库建设委员会、教育委员会 4 个委员会，强化院层面决策咨询和统筹协调。

院机关科研管理改革适应了当代科技交叉融合、协同发展的新特征和国家机构改革、职能转变的新要求，提高了院机关工作的战略性、科学性、协调性和执行力，为中科院后续全面深化改革提供了顶层架构，也为推进研究所分类改革创造了条件。

（二）构建院所两级“一三五”规划体系

2011 年以来，为解决研究所科研工作中存在的低水平重复、同质化竞争、碎片化扩张等突出问题，中科院提出构建和实施院所两级“一三五”规划体系，即在院所发展规划中明确“一个定位、三个重大突破、五个重点培育方向”。以此为抓手，结合部署实施战略性科技先导专项（简称“先导专项”）、建议和承担国家重大科技任务，实行人财物资源组合配置，构建以促进重大成果产出为导向的科技评价体系。

2015 年，中科院对全院 104 个研究机构“十二五”期间的 316 项重大突破和 524 项重点培育方向，进行了全面评估验收。2016 年，在编制中科院“十三五”规划中，围绕基础前沿交叉、先进材料、能源、生命与健康、海洋、资源生态环境、信息、光

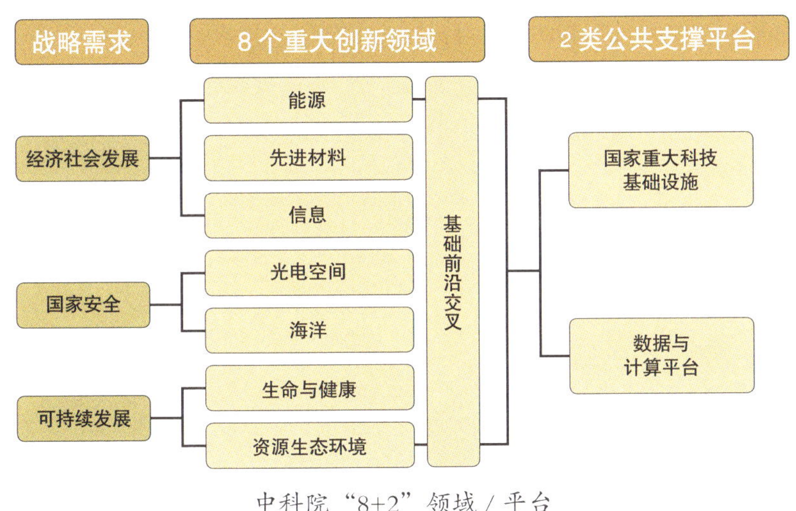

中科院“8+2”领域 / 平台

电空间 8 个重大创新领域和国家重大科技基础设施、数据与计算平台 2 类公共支撑平台（简称“8+2”领域 / 平台），全院 104 个研究机构凝练出 319 项重大突破和 536 项重点培育方向。在此基础上，院层面确定了 21 项重大产出目标、72 项重大突破和 94 项重点培育方向。同时，中科院按照“三重大”（重大原创成果、重大战略性技术与产品、重大示范转化工程）产出目标要求，持续完善“一三五”规划体系。这一改革举措有力促进了科技布局调整优化和重大成果产出，增强了核心竞争力和持续创新能力。

（三）推进研究所分类改革

研究所分类改革是中科院“率先行动”计划提出的重大改革发展举措，也是全面深化改革的着力点和突破口。根据“率先行动”计划，中科院从国家战略科技力量的定位出发，在院机关科研管理改革的基础上，按照前瞻谋划、分步实施的原则，根据不同性质科技创新活动的特点和规律，对现有科研机构进行较大力度的系统调整和精简优化，开辟体制机制改革的“政策特区”和“试验田”，着力建设创新研究院、卓越创新中心、大科学研究中心、特色研究所等四类新型科研机构。

中科院研究所分类改革示意图

四类新型研究机构

- 面向世界科技前沿，建设一批国内领先、国际上有重要影响的卓越创新中心。
- 面向国家重大需求和国民经济主战场，组建若干科研任务与国家战略紧密结合、创新链与产业链有机衔接的创新研究院。
- 依托国家重大科技基础设施集群，建设一批具有国际一流水平、面向国内外开放的大科学研究中心。
- 面向国民经济主战场和社会可持续发展，依托具有鲜明特色的优势学科，建设一批具有核心竞争力的特色研究所。

研究所分类改革的目标是：2020年前，稳步推进分类改革和四类机构建设，基本完成分类定位、分类管理、分类评价、分类配置资源的体制机制设计；到2030年，形成相对成熟定型、动态调整优化的中国特色现代科研院所治理体系。

截至2018年11月，与国家重大科技任务部署和院重点科研布局紧密衔接，中科院先后组织开展了61个四类机构建设工作，包括21个创新研究院、21个卓越创新中心、5个大科学研究中心、14个特色研究所。研究所分类改革着力深化体制机制改革，清除各种有形无形的“栅栏”，打破各种院内院外的“围墙”，让机构、人才、装置、资金、项目都充分活跃起来，努力形成推进科技创新发展的强大合力，取得了重要阶段性成效，为谋划推动国家实验室建设和支撑重大领域、重点区域创新高地建设奠定了基础。

三 引领新时代国家创新体系建设

在深入推进研究所分类改革的基础上，中科院紧密围绕国家重大战略部署，结合谋划推动国家实验室建设、参与国家科技创新中心建设和共建综合性国家科学中心，加大体制机制改革力度，加强开放合作与协同创新，积极构建现代科研院所治理体系，逐步形成“总部（院部）抓总、区域/领域主战、四类机构/研究所主建”的改革创新发展新格局，引领新时代国家创新体系建设。

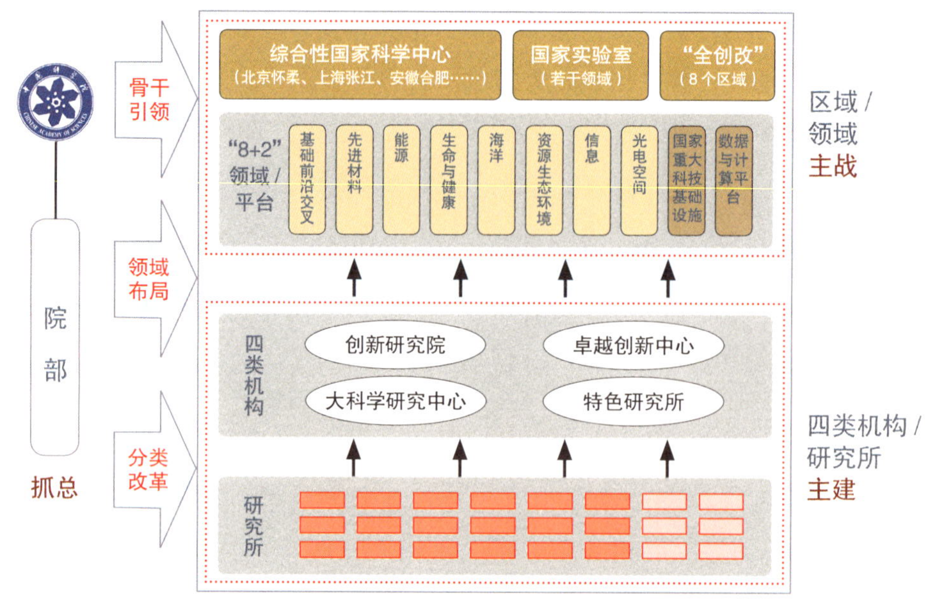

中科院新时代改革创新发展新格局

（一）积极谋划推动国家实验室建设

2015年10月，习近平总书记在党的十八届五中全会上提出，在重大创新领域组建一批国家实验室[①]。中科院积极发挥国家战略科技力量和高水平科技智库的作用，积极谋划推动国家实验室建设。一方面，就国家实验室的战略定位、领域布局、体制机制设计和政策保障等组织开展调研论证，多次向国家和有关部门提出建议和方案；另一方面，选择符合国家战略需求、中科院最有优势的若干重大创新领域，如量子信息科学、空间科学、网络空间安全、洁净能源、深海技术等领域和上海张江

① 习近平. 关于《中共中央关于制定国民经济和社会发展第十三个五年规划的建议》的说明. http://www.xinhuanet.com/politics/2015-11/03/c_1117029621_3.htm[2015-11-03].

重大科技基础设施集群，在研究所分类改革的基础上，组织和整合全院优势队伍，联合和凝聚全国相关研究力量，探索构建新的体制机制，为组建国家实验室做准备、打基础。

（二）全面支撑区域创新高地建设

党的十八大以来，党中央、国务院就区域创新发展作出一系列重大战略部署。中科院按照“高起点、大格局、全链条、新机制”的思路，发挥科技和人才优势，整合全院相关研究力量，积极参与北京、上海具有全球影响力的科技创新中心建设和粤港澳大湾区国际科技创新中心建设，与地方共建北京怀柔、上海张江、安徽合肥综合性国家科学中心，筹划在香港建立院属研究机构，建设国际一流科技创新高地，打造重大原创成果策源地。同时，还加强院地、院企合作和体制机制创新，深度参与和支持全部 8 个区域的国家全面创新改革试验（简称“全创改”）。中科院众多科教机构和优势创新单元成为区域创新高地建设的核心骨干力量，发挥了重要的引领示范和带动辐射作用。

2017 年 4 月，党中央作出设立河北雄安新区的重大决策。中科院围绕京津冀协同发展战略，积极支持和参与雄安新区规划建设发展，向党中央、国务院提出咨询意见和建议。2017 年 6 月，中科院与河北省政府签署合作协议，重点围绕雄安新区战略定位和规划编制、生态环境保护和水资源可持续利用、高端高新产业发展等重大科技需求，组织开展科研攻关和协同创新，为雄安新区建设创新驱动发展引领区提供科技支撑。

北京怀柔
综合性国家科学中心

上海张江
综合性国家科学中心

安徽合肥
综合性国家科学中心

（三）实施“促进科技成果转移转化专项行动”

2012年12月，中科院与全国17家地方科学院共同签署《全国科学院联盟成立北京宣言》，组建全国科学院联盟，构建了覆盖全国的科技合作网络。现有19家地方科学院加入全国科学院联盟。

2012年12月，全国科学院联盟成立大会在京召开

2014年年初，中科院启动实施了科技服务网络计划（简称"STS计划"），重点支持院属研究机构以市场化机制整合创新资源和要素，集成开展科技促进经济社会发展的研发工作。2016年3月，启动实施"促进科技成果转移转化专项行动"，建设创新链、产业链、资金链"三链嫁接"联盟，构建以知识产权运营为核心的科技成果转移转化体系。同时，设立科技成果转移转化重点专项（"弘光专项"），支持和引导院属单位加大力度促进科技成果转移转化和产业化。

四 改进完善院士制度，推进科技智库建设

（一）改进完善院士制度

2013年，党的十八届三中全会作出改进完善院士制度的重要部署。中科院在深入调研和广泛听取意见的基础上，以健全完善院士遴选机制和增选流程为重点，扎实推进院士制度改革。2014年，顺利完成了《中国科学院院士章程》《中国科学院院士增选工作实施细则》等基本制度的修订工作，推进多项改革举措落地。

2015年和2017年，中科院先后完成了院士制度改革后的两次院士增选工作，共增选122位院士。院士队伍的年龄和学科结构得到进一步优化，特别是新兴交叉学科以及国防和国家安全领域得到重视和加强。外籍院士的国别分布更趋合理，特别是“一带一路”沿线国家的外籍院士有所增加。2017年开始，根据中央统一部署，中科院积极配合国家有关部门推进院士退休制度的逐步落实。

院士制度改革有力推动了院士队伍建设，进一步强化了院士称号的学术性和荣誉性，成为国家全面深化改革首批落地的举措之一，起到了重要的示范带动作用。

（二）推进科技智库建设

中科院充分发挥学部作为国家科学技术最高咨询机构的主导作用，积极推进高水平科技智库建设。2013年6月，中国科学院科学思想库建设委员会成立，统筹规划协调全院科学思想库研究、资源、队伍和平台建设。2016年1月，中科院组建法人实体的中国科学院科技战略咨询研究院（简称中科院战略咨询院），作为科技智库建设的支撑机构和综合集成平台，探索建立“小核心、大网络”的智库体系。

2015年11月，中科院被确定为国家首批10家综合类高端智库建设试点单位之一，先后承担了一批党和国家重大决策咨询、战略研究和第三方评估任务。同时，围绕世界科技发展态势和国家重大战略需求，中科院组织开展了中长期科技发展战略、世界科技强国建设、能源战略、生态文明建设、城镇化建设等重大选题研究工作，为党和国家决策提供了重要咨询意见和科学依据。

五 深化人才发展体制机制改革

（一）深入实施人才培养引进系统工程

围绕“率先行动”计划提出的“十百千万”人才队伍建设目标，中科院系统整合原有各类人才计划，实施率先行动“百人计划”，支持学术帅才、技术英才和青年俊才的引进培养；实施“特聘研究员”计划，加强对科技领军人才和拔尖人才的激励和保障；成立“中国科学院青年创新促进会”，支持35岁以下青年人才成长。此外，还整合国际人才交流计划各类项目，形成了由杰出学者、访问学者、博士后和博士生等项目组成的“国际人才计划”。通过深入实施人才培养引进系统工程，中科院凝聚和引进了一批优秀科技人才，进一步提升了科技创新能力。

“率先行动”计划中“十百千万”人才队伍建设目标

（二）改革人才人事制度和政策体系

中科院持续深化人才人事制度改革，激发科研人员创新活力。2016 年，结合中央事业单位分类改革，开展“预聘－长聘”等用人制度改革试点。2017 年，实行高层次人才协议薪酬制度，院层面定额保障协议薪酬所需经费，提高稳定保障力度。落实科技领域“放管服”改革，扩大用人单位自主权，建立健全以科技创新质量、贡献、绩效为导向的人才评价制度，逐步形成竞争择优、合理流动、充满活力和富有竞争力的人才人事制度与政策体系。

这一时期，中科院还实施“3H 工程”（Housing，Home，Health），帮助科研人员解除后顾之忧，创造良好工作生活条件。

（三）科教深度融合培养创新人才

中科院充分发挥科教资源丰富的优势，科教融合发展取得重要突破。2012 年，与教育部联合实施“科教结合协同育人行动计划”。2012 年 7 月，中国科学院研究生院更名为中国科学院大学（简称国科大）。2013 年，与上海市政府共建上海科技大学。2014 年，国科大招收首批本科生。中科院结合研究所分类改革，支持国科大、中国科大与研究所联合成立了一批科教融合学院，探索科教深度融合培养高层次创新人才的新模式和新机制。

2017 年，中科院启动实施院属高校“率先建成世界一流大学”行动计划。

六 实施国际化推进战略

2012 年 9 月，发展中国家科学院（TWAS）第二十三届院士大会在中国天津召开，中科院院长白春礼当选为发展中国家科学院院长，成为TWAS成立30年来首位担任院长的中国科学家。2013年以来，依托TWAS，中科院提出并实施发展中国家科教合作拓展工程，组建中国科学院和发展中国家科学院（CAS-TWAS）卓越中心，建设海外科教基地，实现了中国科研机构在海外设立分支机构零的突破。

围绕科技支撑“一带一路”倡议，2016年年初，中科院制定实施《中国科学院“一带一路”国际科技合作行动计划》，推动“一带一路”科技合作与协同创新。2016年11月，中科院发起组织召开了首届“一带一路”科技创新国际研讨会，沿线37个国家的国家科学院及科研机构共350余位代表出席论坛。论坛围绕各国科学家共同关心的重大科技挑战，前瞻部署了一批合作项目，并发布了《北京宣言》。这次论坛发起组织的“一带一路”国际科学组织联盟，于2018年11月4日正式成立，是我国创立的首个综合性国际科学组织，体现出中科院在“一带一路”沿线国家科技合作中的引领作用。

作为实施“国际化推进战略”的重要举措，中科院还通过实施国际合作伙伴计划、参与和发起组织国际大科学计划、支

2016年11月7～8日，中科院发起组织召开首届“一带一路”科技创新国际研讨会

2018 年 11 月 4 日，“一带一路”国际科学组织联盟成立大会暨第二届“一带一路”科技创新国际研讨会召开

持科学家参加国际组织等措施，巩固和深化与发达国家著名科研机构、大学、企业的实质性合作，进一步提升了中科院和中国科技创新的国际影响力。

七 全面落实推进党建工作

党的十八大以来，以习近平同志为核心的党中央全面加强党的领导，从严管党治党，深入推进党的建设新的伟大工程。中科院党组认真学习贯彻习近平新时代中国特色社会主义思想，牢固树立“四个意识”，不断增强“四个自信”，全面落实从严治党责任，全面加强党的领导和党的建设。

中科院党组认真贯彻落实中央八项规定精神，制定实施改进工作作风、密切联系群众的 12 项要求；组织开展了党的群众路线教育实践活动和“三严三实”专题教育，推进“两学一做”学习教育常态化制度化；以中央专项巡视整改落实为契机，全面落实党建责任，推进党风廉政建设；完成了对院属单位巡视的全覆盖，在所有院属单位设立专职纪委书记，强化了监督体系；2017 年成立中科院直属机关党委，理顺了党建工作体系。中科院党组还积极构建以管政治方向、思想教育、发展战略、领导干部、创新人才、纪律规矩、创新文化、制度环境等为主要内容的党建工作“八管”新体系。在制度建设、干部队伍建设、作风和创新文化建设等方面也取得了新进展。党建工作为实施“率先行动”计划、加快改革创新发展提供了强大思想动力和坚强组织保障。

第二篇

主要改革创新发展成就

改革开放四十年来，中国科学院紧跟时代步伐，不断改革发展，在科技布局与创新能力建设、重大科技创新成果、学部与科学思想库建设、创新人才队伍建设、科教融合与教育改革发展、知识产权与科技成果转化、对外开放与交流合作、党建工作与创新文化建设等方面取得一系列重大进展和成就，充分体现了国家战略科技力量的核心骨干和引领带动作用，是我国科技事业改革开放和创新发展的代表性成就。

第五章

科技布局与创新能力建设

改革开放 40 年来，中国科学院紧密围绕国家经济建设和社会发展要求，主动适应世界科技发展趋势，持续凝练战略重点和科技目标，调整优化组织结构和领域、区域科技布局，推进科研院所管理改革和治理体系建设，探索建立经济资源配置和项目管理体系，加强科技创新基地和科研条件建设，逐步构建起“上天入地下海、宏观微观贯通、顶天立地结合”的科技创新布局，促进了学科交叉融合和协同创新,新的科技生长点不断形成和发展,原始创新能力、关键技术研发能力、系统集成创新能力和重大成果产出能力显著增强，充分发挥了国家战略科技力量的骨干引领和示范带动作用。

一 调整优化科技创新领域布局

改革开放初期，为适应党和国家工作重心战略转移和科技工作新的指导方针的要求，中科院及时调整办院方针和科技布局，制定了《1978 年至 1985 年中国科学院发展规划纲要(草案)》，明确科技领域布局调整的重点任务：一是恢复和重建“文化大革命”中受到严重破坏的学科体系；二是强调侧重基础，侧重提高，为国民经济和国防建设服务。

从1984年开始，中科院将加强科技成果的应用与推广作为科技布局工作的重点，制定了《中国科学院1986年至2000年科学发展规划》，领域发展的战略重点包括三大类八个方面：第一类是围绕国民经济战略重点的重大、综合性的科学技术领域，包括农业科学技术、资源与环境科学、能与能源科学技术三个方面；第二类是与“新的技术革命”有密切关系的科学技术领域，包括信息科学技术、材料与材料科学、其他有关技术科学三个方面；第三类是基础科学领域，归纳为生命科学和物理科学两个方面。

在1987年年初召开的院工作会议上，中科院确定了科技力量布局结构：约40%的力量解决生产中的重大科技问题，30%从事资源环境有关问题研究，30%从事基础研究和高技术跟踪。此后，科技开发工作逐渐成为中科院科技工作的重要组成部分，特别是计算机等信息技术领域得到快速发展，带动了我国相关产业的发展。

1995年，中科院颁布《中国科学院关于推进结构性调整，深化改革若干问题的指导意见》，提出在科技布局上构建四大体系：一是基础性研究体系；二是为社会持续发展进行资源、环境、生态研究的体系；三是解决经济建设和社会发展中关键性、战略性和综合性科技问题的应用研究发展体系；四是从事高新技术开发、实现科技成果转化、促进高新技术产业形成和发展的体系。

1998年，中科院《关于“知识创新工程”试点的汇报提纲》提出，瞄准国家战略目标和国际科技前沿，主要从事基础研究和战略性研究，重点研究和解决我国现代化建设中的基础性、战略性、综合性、前瞻性重大科技问题；力争在若干世界科技前沿，如生命科学、物质科学、地球与环境科学、数学、交叉学科及大科学研究等领域前沿占有一席之地，并在信息、材料、能源、资源、农业、医药、空间和国家安全等方面形成强大的科技战略储备。

2000 年，《中国科学院关于全面推进知识创新工程试点工作的报告》提出实施“科技布局和组织结构战略调整行动计划”，重点发展信息科技与先进制造、生命科学与技术、物质科学和先进材料、资源环境科学与技术、能源科学与技术、海洋科学与技术、天文与空间科技、数学与系统科学，加强科学技术史及科技政策与发展战略、大科学工程和重大交叉学科前沿研究。

2006 年，中科院制定发布《中国科学院中长期发展规划纲要（2006—2020 年）》，提出建设“1+10”科技创新基地，加强具有明确目标导向的重大和交叉科学前沿，建设信息，光电和空间，先进能源，纳米、先进制造与新材料，人口健康与医药，先进工业生物技术，先进可持续农业，生态与环境，资源与海洋，依托大科学装置的综合研究基地。

2010 年，中科院在“创新 2020”方案中提出，围绕构建我国可持续能源与资源体系、先进材料与绿色智能制造体系、普惠泛在的信息网络和现代服务产业体系、生态高值农业和生物产业体系、普惠健康保障体系、人与自然和谐相处的生态与环境保育发展体系、空天海洋能力新拓展体系、国家与公共安全体系等八大经济社会基础和战略体系，确定科技战略重点。同时，在重要基础研究与交叉科学方面，加强前瞻布局与国际合作，着力增强科学基础；在若干前沿综合新兴方向，加强系统布局，培育新的学科生长点。

2014 年，在“率先行动”计划中，中科院进一步提出调整优化科研布局，着眼于国家战略科技力量的定位与使命，按照“有所为、有所不为”的原则，聚焦国家经济社会发展的重大、急迫需求和现代科学技术的尖端、前沿领域，围绕战略必争领域、基础科学和交叉前沿、国防科技创新、战略性新兴产业、民生科技与可持续发展等五大板块，突出重点领域和主攻方向，整合优势科技资源，组织实施“一三五”规划和战略性先导科技专项等国家重大任务，开展科技攻关与协同创新，实现科学技术跨越发展。

根据“率先行动”计划确定的“第一步”发展目标，2016 年，中科院制定了《中国科学院“十三五”发展规划纲要》，确立了“8+2”领域 / 平台布局。八个重大创新领域是指事关我国经济社会发展的能源、先进材料、信息领域，事关国家安全和核心利益的光电空间、海洋领域，事关可持续发展的生命与健康、资源生态环境领域，事关国家原始创新能力的基础前沿交叉领域；两类公共支撑平台是指事关国家科技创新基础能力的国家重大科技基础设施和数据与计算平台。围绕“8+2”领域 / 平台，中科院统筹部署实施院所两级“一三五”规划、“三重大”成果产出任务和科技创新平台建设，形成了中科院新时代科技创新整体布局。

二 探索构建现代科研院所治理体系

院所两级治理结构是中科院治理体系的组织基础，研究所是科技创新能力建设的主体。改革开放以来，中科院围绕调整优化科技创新领域布局，一方面通过新建、合并、拆建、转制等方式调整优化组织结构体系；另一方面，根据不同性质科学研究的特点，探索建立分类管理体系，逐步构建完善现代科研院所治理体系。

（一）调整优化研究所组织体系

"文化大革命"时期，中科院大批科研机构被划到有关部门及地方。改革开放初期，中科院在大量收回科研机构的同时，新建了少量急需的基础科学和新兴技术的研究机构，并陆续恢复和成立了上海、成都、新疆、兰州、合肥、广州、沈阳、长春、武汉、南京、西安、昆明等 12 个分院。至 1980 年，院属科研机构从 1977 年的 65 个增加到 117 个。此后 18 年间，院属科研机构数量相对稳定在 120 ～ 130 个。

1981 年 7 月至 1984 年 1 月，中科院委托各学部分别对 42 个研究所的发展方向、学科力量配置等进行学术评议，评议结果成为中科院推进研究所改革的重要依据。

知识创新工程期间，为保证科技布局调整顺利实施，中科院进行了较大规模的科研机构调整，将 45 个研究所整合成为 15 个研究所，同时新建了 5 个研究所，与地方共建了 11 个研究所，10 个研究所调整方向并更名。

此后，中科院又新建了空间应用工程与技术中心、深海科学与工程研究所、北京综合研究中心、微小卫星创新研究院等研究机构，整合组建了遥感与数字地球研究所。2015 年，中国科学院空间科学与应用研究中心更名为中国科学院国家空间科学中心。2016 年，中国科学院科技政策与管理科学研究所更名为中国科学院科技战略咨询研究院。截至 2018 年 11 月，中科院共有科研机构 105 个。

表 5-1　知识创新工程期间中科院法人科研机构调整情况

<table>
<tr><th colspan="2">调整方式</th><th>1997 年机构数量/个</th><th>2010 年机构数量/个</th><th>机构名称</th></tr>
<tr><td colspan="2">科研机构整合</td><td>45</td><td>15</td><td>数学与系统科学研究院、理化技术研究所、地理科学与资源研究所、国家天文台、地质与地球物理研究所、遗传与发育生物学研究所、金属研究所、长春光学精密机械与物理研究所、东北地理与农业生态研究所、上海生命科学研究院、合肥物质科学研究院、广州地球化学研究所、寒区旱区环境与工程研究所、新疆理化技术研究所、广州能源研究所</td></tr>
<tr><td rowspan="2">新建</td><td>自建</td><td></td><td>5</td><td>青藏高原研究所、国家纳米科学中心、光电研究院、地球环境研究所、北京基因组研究所</td></tr>
<tr><td>与地方共建</td><td></td><td>11</td><td>广州生物医药与健康研究院、宁波材料技术与工程研究所、青岛生物能源与过程研究所、烟台海岸带研究所、苏州纳米技术与纳米仿生研究所、城市环境研究所、深圳先进技术研究院、上海高等研究院、苏州生物医学工程技术研究所、天津工业生物技术研究所、重庆绿色智能技术研究院</td></tr>
<tr><td colspan="2">转制为企业</td><td>6</td><td></td><td>北京软件工程研究中心、沈阳计算技术研究所、广州化学研究所、广州电子研究所、成都有机化学研究所、成都计算机应用研究所</td></tr>
<tr><td colspan="2">调整方向并更名</td><td>10</td><td>10</td><td>过程工程研究所、微电子研究所、上海微系统与信息技术研究所、上海应用物理研究所、亚热带农业生态研究所、国家授时中心、对地观测与数字地球科学中心、西双版纳热带植物园、武汉植物园、华南植物园</td></tr>
</table>

注：本表中科研机构名称均省略了“中国科学院”，下同。

（二）推进研究所分类改革

早在1984年，中科院就开始探索对基础研究、应用研究和科技开发三类工作采取不同的评价标准和管理办法，将全院科研机构分为四类，即社会公益事业、技术基础和农业科学研究类，基础研究类，技术开发类，综合类。1992年，开展14个研究所综合配套改革试点。1995年，进行结构性调整，改革组织模式和运行机制。1997年，按学科领域和主要社会价值导向，将研究所分为科研基地型和技术开发型，其中科研基地型分为基础研究、高技术研究与发展、资源环境（生物）三种。

2014年，在"率先行动"计划中，中科院提出根据不同性质科技创新活动的特点和规律，对现有科研机构进行较大力度的系统调整和精简优化，推进研究所分类改革。面向国家重大需求和国民经济主战场，组建若干科研任务与国家战略紧密结合、创新链与产业链有机衔接的创新研究院；面向世界科技前沿，建设一批国内领先、国际上有重要影响的卓越创新中心；依托国家重大科技基础设施集群，建设一批具有国际一流水平、面向国内外开放的大科学研究中心；面向国民经济主战场和社会可持续发展，依托具有鲜明特色的优势学科，建设一批具有核心竞争力的特色研究所。这四类新型研究机构简称为四类机构。

依据四类机构的不同定位，中科院逐步构建分类定位、分类管理、分类评价、分类资源配置的体制机制，推进符合中国国情、适应科技创新规律的现代科研院所治理体系建设；同时，建立健全四类机构之间及其与大学、高技术企业等其他创新单元的相互衔接、紧密合作、动态转换的机制。

截至2018年11月，中科院先后组建了61个四类机构，包括21个创新研究院、21个卓越创新中心、5个大科学研究中心、14个特色研究所。

研究所分类改革取得积极进展和显著成效。一是强化了面向重大创新领域的整体优势和战略布局，培育了新的创新增长点，提升了科技创新能力；二是凝聚和培养造就了一批高层次科技领军人才，有力促进了重大成果产出；三是有效整合集聚了院内外优质创新资源，促进了跨所跨学科跨领域协同创新；四是为国家实验室和综合性国家科学中心建设奠定了基础，成为引领带动科技创新中心建设的核心骨干力量。

表 5–2　创新研究院一览表

序号	名称	牵头单位
1	量子信息与量子科技创新研究院	中国科学技术大学
2	微小卫星创新研究院	微小卫星创新研究院
3	海洋信息技术创新研究院	声学研究所
4	空间科学研究院	国家空间科学中心
5	药物创新研究院	上海药物研究所
6	信息工程创新研究院	信息工程研究所
7	机器人与智能制造创新研究院	沈阳自动化研究所
8	地球科学研究院	地质与地球物理研究所
9	先进核能创新研究院	上海应用物理研究所
10	深海技术创新研究院	深海科学与工程研究所
11	洁净能源创新研究院	大连化学物理研究所
12	空天信息研究院	电子学研究所、遥感与数字地球研究所、光电研究院
13	干细胞与再生医学创新研究院	动物研究所
14	集成电路创新研究院	微电子研究所
15	精密测量科学与技术创新研究院	武汉物理与数学研究所、测量与地球物理研究所

续表

序号	名称	牵头单位
16	种子创新研究院	遗传与发育生物学研究所
17	海西创新研究院	福建物质结构研究所
18	南海生态环境工程创新研究院	南海海洋研究所
19	人工智能创新研究院	自动化研究所
20	网络计算创新研究院	计算技术研究所
21	沈阳材料创新研究院	金属研究所

表 5-3　卓越创新中心一览表

序号	名称	牵头单位
1	青藏高原地球科学卓越创新中心	青藏高原研究所
2	粒子物理前沿卓越创新中心	高能物理研究所
3	脑科学与智能技术卓越创新中心	脑科学与智能技术卓越创新中心
4	纳米科学卓越创新中心	国家纳米科学中心
5	分子植物科学卓越创新中心	分子植物科学卓越创新中心
6	超导电子学卓越创新中心	上海微系统与信息技术研究所
7	数学科学卓越创新中心	数学与系统科学研究院
8	凝聚态物理卓越创新中心	物理研究所
9	分子科学卓越创新中心	化学研究所
10	生物大分子卓越创新中心	生物物理研究所
11	半导体材料与光电子器件卓越创新中心	半导体研究所
12	分子细胞科学卓越创新中心	分子细胞科学卓越创新中心
13	区域大气环境研究卓越创新中心	城市环境研究所
14	生态环境科学卓越创新中心	生态环境研究中心
15	分子合成科学卓越创新中心	上海有机化学研究所
16	生物演化与环境卓越创新中心	古脊椎动物与古人类研究所、南京地质古生物研究所
17	拓扑量子计算卓越创新中心	中国科学院大学
18	动物进化与遗传前沿交叉卓越创新中心	昆明动物研究所

续表

序号	名称	牵头单位
19	超强激光科学卓越创新中心	上海光学精密机械研究所
20	复杂系统力学卓越创新中心	力学研究所
21	生物互作卓越创新中心	中国科学院大学

表 5–4　大科学研究中心一览表

序号	名称	牵头单位
1	上海大科学中心	上海高等研究院
2	合肥大科学中心	合肥物质科学研究院
3	天文大科学研究中心	国家天文台
4	海洋大科学研究中心	海洋研究所
5	生物安全大科学中心	武汉病毒研究所

表 5–5　特色研究所一览表

序号	名称
1	南京土壤研究所
2	电工研究所
3	长春应用化学研究所
4	上海硅酸盐研究所
5	理化技术研究所
6	心理研究所
7	西北生态环境资源研究院（筹）
8	地理科学与资源研究所
9	沈阳应用生态研究所
10	昆明植物研究所
11	成都山地灾害与环境研究所
12	东北地理与农业生态研究所
13	水生生物研究所
14	新疆生态与地理研究所

三 引领带动国家重大科技基础设施建设

作为科技“国家队”和国家战略科技力量，中科院长期致力于国家科技创新平台建设，始终发挥核心骨干和引领带动作用，积极谋划、建议并高质量完成了一大批国家重大科技基础设施建设任务，为全面提升我国科技创新能力奠定坚实的物质技术基础。

1977 年 11 月，中央批准代号为“八七工程”的高能加速器建造任务。1981 年 12 月 22 日，邓小平在中科院关于建造正负电子对撞机建议报告上批示：“我赞成加以批准，不再犹豫。”1983 年 4 月，北京正负电子对撞机工程获国家批准立项，并在当年 12 月 15 日的中共中央书记处会议上确定为国家重点工程项目。1984 年 10 月 7 日，北京正负电子对撞机建设工程开工，邓小平、李鹏、万里等党和国家领导人出席奠基仪式，邓小平为工程题名“中国科学院高能物理研究所北京正负电子对撞机国家实验室”。

北京正负电子对撞机于 1988 年 10 月建成，1990 年 10 月投入运行，是我国第一台高能加速器，为我国国家重大科技基础设施建设树立了标杆，被《人民日报》称为“我国继原子弹、氢弹爆炸成功、人造卫星上天之后，在高科技领域又一重大突破性成就”①。1988 年 10 月 24 日，邓小平在视察北京正负电子对撞机工程时指出：“过去也好，今天也好，将来也好，中国必须发展自己的高科技，在世界高科技领域占有一席之地。如果 60 年代以来中国没有原子弹、氢弹，没有发射卫星，中国

---

① 施宝华，陈金武. 北京正负电子对撞机对撞成功，我国高科技领域又取得重大突破——为粒子物理和同步辐射应用研究开辟广阔前景. 人民日报，1988 年 10 月 20 日，第 1 版.

就不能叫有重要影响的大国，就没有现在这样的国际地位。这些东西反映一个民族的能力，也是一个民族、一个国家兴旺发达的标志。”①

20 世纪八九十年代，中科院还陆续完成了兰州重离子加速器、神光装置、合肥同步辐射装置、遥感卫星地面站等国家重大科技基础设施建设任务，国家重大科技基础设施建设开始向多学科领域扩展。21 世纪初，启动建设了郭守敬望远镜、上海光源、全超导托卡马克核聚变实验装置、中国西南野生生物种质资源库等一批新的科技基础设施。

“十一五”以来，我国形成了按五年规划推进国家重大科技基础设施建设的机制，设施建设加速发展，散裂中子源、500 米口径球面射电望远镜、海洋科学综合考察船、航空遥感系统等设施相继启动建设。“十二五”期间，国家规划部署了 16 项重大科技基础设施，其中中科院牵头或共建 11 项。“十三五”期间，国家优先布局 10 项重大科技基础设施，中科院牵头或共建 7 项。我国重大科技基础设施建设迎来快速发展期，呈现出“技术更先进、体系更完整、支撑更有力、产出更丰硕、集群更明显”的发展态势。

截至 2018 年 10 月，由中科院牵头或共建的国家重大科技基础设施 36 项，约占全国总数的 60%。中科院已成为我国重大科技基础设施建设和运行的主要力量，为我国重大科技基础设施的建设、管理和运行作出了历史性重大贡献。

2009 年，中科院与国家自然科学基金委员会共同设立“大

---

① 邓小平 . 中国必须在世界高科技领域占有一席之地 .《邓小平文选（第三卷）》. 北京 : 人民出版社 , 1993 年 .

科学装置科学研究联合基金”，鼓励支持依托国家重大科技基础设施，在前沿科学领域、多学科交叉研究领域进行创新性研究。

在重大科技基础设施建设过程中，科研人员原创提出了一系列科学思想和原理，自主发展了一批关键核心技术，初步构建起设施运行管理和开放共享的体制机制，为高水平科技创新提供了先进的物质技术基础。依托中科院在北京、上海、合肥等地区已建成运行和规划建设的重大科技基础设施集群，国家先后于2016年和2017年批准建设上海张江、安徽合肥、北京怀柔3个综合性国家科学中心。中科院在广东地区建设的重大科技基础设施集群，也在粤港澳大湾区国际科技创新中心建设中发挥着核心骨干作用。

国家重大科技基础设施的投入运行，显著增强了我国的科技创新能力，为科学前沿探索与国际合作提供了重要支撑，产出了一批具有世界领先水平的原创成果，推动了我国粒子物理、核物理、天文学、生物大分子和蛋白质科学等领域部分前沿方向进入国际先进行列；同时，解决了一批关系国计民生和国家安全的重大科技问题，促进了相关产业科技水平的提升和发展，在航空航天、先进制造、能源、材料、生命与健康、遥感与导航等重大领域，为经济社会发展作出了重要贡献。

表5-6　中科院已建成运行的重大科技基础设施一览表

	设施名称	项目法人单位	建设地点
1	北京正负电子对撞机	高能物理研究所	北京
2	兰州重离子研究装置	近代物理研究所	甘肃兰州
3	郭守敬望远镜	国家天文台	河北兴隆
4	合肥同步辐射装置	中国科学技术大学	安徽合肥

续表

	设施名称	项目法人单位	建设地点
5	超导托卡马克核聚变实验装置	合肥物质科学研究院	安徽合肥
6	遥感飞机	遥感与数字地球研究所	北京
7	中国遥感卫星地面站	遥感与数字地球研究所	北京、新疆喀什、海南三亚等
8	长短波授时系统	国家授时中心	陕西西安
9	神光高功率激光实验装置	上海光学精密机械研究所	上海
10	中国西南野生生物种质资源库	昆明植物研究所	云南昆明
11	上海光源	上海应用物理研究所	上海
12	"实验 1 号"科学考察船	声学研究所、南海海洋研究所、沈阳自动化研究所	广东广州
13	东半球空间环境地基综合监测子午链	国家空间科学中心	多个站点
14	大亚湾反应堆中微子实验	高能物理研究所	广东深圳
15	海洋科学综合考察船	海洋研究所	山东青岛
16	蛋白质科学研究（上海）设施	上海生命科学研究院	上海
17	稳态强磁场实验装置	合肥物质科学研究院	安徽合肥
18	散裂中子源	高能物理研究所	广东东莞

表 5–7　中科院在建重大科技基础设施一览表

	设施名称	项目法人单位	建设地点
1	500 米口径球面射电望远镜	国家天文台	贵州黔南
2	国家生物安全实验室	武汉病毒研究所	湖北武汉
3	航空遥感系统	电子学研究所	北京
4	软 X 射线自由电子激光试验装置	上海应用物理研究所	上海
5	高能同步辐射光源验证装置	高能物理研究所	北京
6	上海光源线站工程	上海应用物理研究所	上海

续表

	设施名称	项目法人单位	建设地点
7	综合极端条件实验装置	物理研究所	北京
8	高海拔宇宙线观测站	成都分院、 高能物理研究所	四川甘孜
9	硬 X 射线自由电子激光装置	上海科技大学、 上海应用物理研究所、 上海光学精密机械研究所	上海

表 5-8　中科院拟建重大科技基础设施一览表

	设施名称	项目拟依托法人单位	拟建设地点
1	强流重离子加速器	近代物理研究所	广东惠州
2	加速器驱动嬗变研究装置	近代物理研究所	广东惠州
3	地球系统数值模拟装置	大气物理研究所	北京
4	模式动物表型与遗传研究设施	昆明动物研究所	云南昆明
5	高效低碳燃气轮机试验装置	工程热物理研究所	江苏连云港、上海
6	海底科学观测网	声学研究所	南海
7	高能同步辐射光源	高能物理研究所	北京
8	空间环境地基综合监测网	国家空间科学中心	多个站点
9	高精度地基授时系统	国家授时中心	陕西西安等地

四　探索开展国家科技创新基地建设

1984年，中科院在全国率先提出“开放研究实验室”的设想，同时提出了“开放、流动、联合”的基本方针及定期检查评议的竞争机制。1984 年年底，中科院组织全国同行专家对国家计划委员会（简称国家计委）在中科院建设的 5 个国家重点实验室（筹）和一些基础较好的院内实验室进行评议，并于 1985 年 7 月遴选出 17 个实验室首批对国内外开放。

1986年12月，中科院上海生化所分子生物学实验室通过了国家科委、国家计委、国家自然科学基金委员会等部门组织的验收，成为我国第一个国家重点实验室。

2000年，中国科学院沈阳材料科学国家（联合）实验室成为第一个科技部批准筹建的国家实验室。截至2015年6月，在科技部批准筹建的7个国家实验室中，中科院牵头或参与建设的有5个。2017年11月，在筹建国家实验室基础上，科技部批准组建6个国家研究中心，其中中科院牵头组建或共建4个。

表5-9　2017年科技部批准组建的国家研究中心

序号	名称	组建单位	主管部门
1	北京分子科学国家研究中心	北京大学、中国科学院化学研究所	教育部、中国科学院
2	武汉光电国家研究中心	华中科技大学	教育部
3	北京凝聚态物理国家研究中心	中国科学院物理研究所	中国科学院
4	北京信息科学与技术国家研究中心	清华大学	教育部
5	沈阳材料科学国家研究中心	中国科学院金属研究所	中国科学院
6	合肥微尺度物质科学国家研究中心	中国科学技术大学	中国科学院

2001年，中国科学院开放研究实验室统一更名为中国科学院重点实验室。截至2018年10月，中科院共有国家研究中心4个（含1个共建），国家重点实验室82个（含4个共建），国家工程研究中心11个，国家工程技术研究中心20个，国家

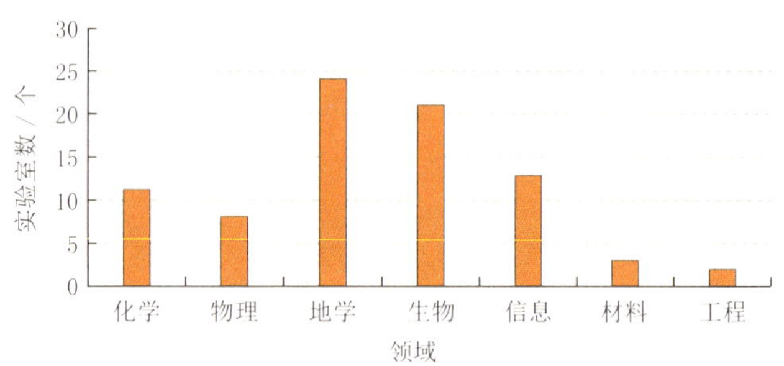

中国科学院国家重点实验室领域分布图

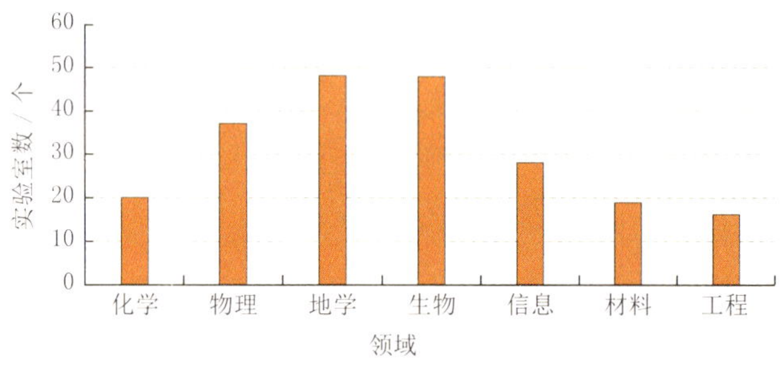

中国科学院重点实验室领域分布图

工程实验室 17 个，国家野外科学观测研究站 47 个；中科院重点实验室 216 个。

2015 年，党的十八届五中全会提出“在重大创新领域组建一批国家实验室”，《中华人民共和国国民经济和社会发展第十三个五年规划纲要》也就此作出部署。中科院积极发挥自身优势，主动谋划推动国家实验室建设。2016 年 5 月，中科院选择网络空间安全、量子信息、洁净能源、空间科学与前沿技术、深海技术等重大创新领域和上海张江重大科技基础设施集群，结合研究所分类改革，创新体制机制，整合联合院内外优势力量，为组建国家实验室创造条件、奠定基础。

长期以来，中科院通过整合优化科研仪器和设备资源，创新管理运行机制，建设以所级中心为基础、区域中心为骨干的科研仪器平台网络体系。截至 2017 年年底，该平台网络体系已包含 15 个大型仪器区域中心和 86 个所级公共技术服务中心。依托该平台网络体系，中科院推动科研仪器设备开放共享，建设了“中国科学院科学仪器设备共享管理系统”，纳入系统的仪器设备 8000 余台套，价值超过 110 亿元，用户 4 万余个。该系统是目前国内规模最大的科研仪器设备在线服务和运行管理系统。

中科院大型仪器区域中心和所级公共技术服务中心分布图

该图基于自然资源部网上服务平台标准地图服务系统下载的审图号为 GS（2016）2923 号标准地图制作，底图无修改。

五 构建优化经济资源配置体系

改革开放 40 年来，我国全社会研发投入持续快速增长，从 1990 年的 125.43 亿元（占 GDP 的 0.66%），增长到 2017 年的 17 606.1 亿元（占 GDP 的 2.13%），2012 年成为世界第二大研发投入国。其中，中央财政科技投入从1978年的52.89亿元，增长到2017年的3421.5亿元，年均增幅高达11.3%[①]。随着科技创新能力不断增强和各项事业快速发展，中科院的经济资源总收入也从1978年的3.6亿元增加到2017年的667.83亿元。

根据国家在不同时期赋予中科院的战略任务和要求，中科院围绕改革创新发展各项重大战略部署，不断深化经济资源管理改革，由以单纯依靠中央财政支持向以中央财政支持为主、多渠道争取经费来源转变，由简单的资金分配向竞争择优、动态调整、科学高效的资源配置方式转变，由以保障生存和发展为主向提高科技创新能力、促进重大成果产出转变，逐步探索出一套适应中国特色社会主义市场经济体制、符合科技创新规律的资源配置体系。

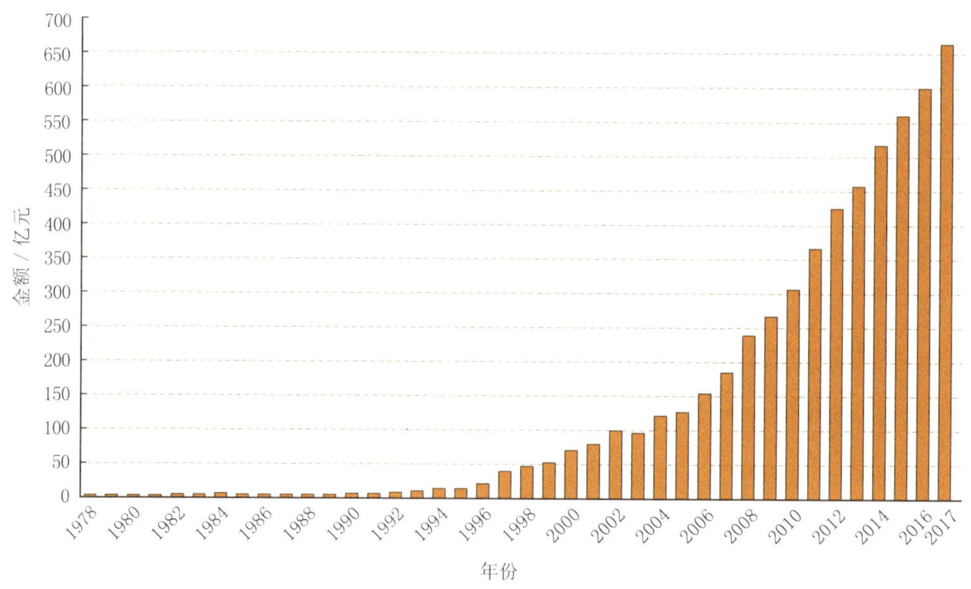

1978～2017年，中国科学院经济资源总收入

① 数据来源：《中国统计摘要1979》《中国统计摘要1991》《2017年全国科技经费投入统计公报》.

（一）初步构建经费管理体系，有效支撑科研秩序恢复和重建

1978～1981年，中科院按照中央财政“发展经济、保障供给”的原则，相应提出了经费管理理念和措施，包括：坚持预算制度，讲求使用效果，更好地解决经费需求与可能的矛盾；扩大基层单位财务自主权，切实贯彻国家财经制度；改进年度科学事业费指标的分配方法等。同时，明确了各研究所财权，除院重点科研项目的器材购置经费必须专用以外，院拨经费由研究所自行支配，按核定预算实行包干制。院拨经费配置方式也由简单的经常性经费加科研仪器研制与维修经费，逐步转变成较为科学的行政经费、科研经费划分并按照不同学科投入分类。研究所创收留用50%，向院（分院）上交50%。通过资源配置政策的调整，在一定程度上缓解了科研经费短缺、科研条件亟须改善等问题，支持了科研队伍建设和科研秩序的恢复和重建工作。

在经费管理方面，制定了《中国科学院关于实行课题经费核算的试行办法》《中国科学院科学基金试行条例》等制度，明确科研人员待遇，构建初步的课题核算、专项经费管理体系。

（二）适应国家科技体制改革要求，探索资源配置管理改革

进入20世纪80年代以后，随着国家科技体制改革的启动和逐步推进，中科院在科研组织管理、拨款制度等方面进行了一系列改革和探索，明确了重大、重点项目的立项规则和管理规范，建立了研究所年度预算制度和预算调整机制，加强了建章立制等财务基础工作和内部控制，保障了这一时期中科院的

改革和发展。

1982 年，中科院开始探索建立体现择优、择重支持的原则，改变科研单位吃“大锅饭”的平均分配科研经费管理体系，全院科研课题实行两级计划管理，按照“定额核定、结余留用、超支不补、收入留成”的方式配置资源，财务管理实行“预算包干、结余留用、课题核算”的方式，鼓励研究所积极创收，厉行节约，留有结余。

1985 年，中科院根据不同性质科研工作规律，创立多种形式的责权利相结合的科研责任制。对于基础研究、应用研究中的基础型工作，实行基金制管理。对应用研究中非基础型工作和一部分发展工作，实行合同制，由院做指令性计划，按项目合同拨付经费。对国家重点实验室、实验基地、大型仪器设备以及科技服务工作，拨付专项经费。

1987 年，受国家经济形势和中央财政支出压力的影响，根据新的办院方针，中科院进一步改革经济资源配置，采取“统筹安排、保障重点、择优支持”的方式，抓住一头，放活一片，压减科研单位包干经费，按择优原则随科学事业费拨给研究所，同时增加院重点科研课题经费，重点支持对国民经济发展和国防建设意义重大、社会经济效益明显的项目。

从 1988 年开始，国家宏观经济形势逐步向好，中科院根据“一院两种运行机制”的要求，在统筹调整优化内部资源配置方式的同时，鼓励、支持研究所和科研人员投身国民经济主战场，多渠道争取经费，开源节流，增加研究所创收收入。同时，逐步下放支撑性经费，进一步下放专项经费管理，院层面加强宏观管理和调控。

1995 年，为适应建设社会主义市场经济体制的要求，中科院明确提出构建院所两级整体经济关系，鼓励研究所投入社会竞争、多渠道争取经费。对科研经费投入产出实行“全指标、全预算”，制定研究所资金使用效益考核指标，根据考核结果，调整对基础研究、应用研究、高技术研究经费切块比例，提高科研经费使用效益。对研究所科学事业费适度进行存量调整，强化对教育、国际合作、设备等专项经费管理。同时，通过建立全面的财务收支管理制度，增强研究所自我发展能力。这些政策措施体现了择优配置资源和激励竞争合作的导向，绩效管理理念也初现端倪。

（三）发挥资源配置引导作用，保障知识创新工程顺利实施

1998年，财政部支持设立“知识创新工程试点经费”，中科院按照“整体规划、保证重点、择优支持、鼓励竞争、优化配置、动态调整”原则，探索建立绩效优先的资源配置体系。一方面，实施试点研究所绩效考评制度，针对不同性质的研究工作，确定研究所对外竞争经费比例，根据绩效考评结果分档配置资源，有效调动了研究所对外竞争合作和争取社会资源的积极性。另一方面，根据不同科研任务类别给予不同的经费匹配政策，提高研究所在科技创新活动中的主动性与能动性，引导科技创新活动与国家重大战略需求、重要科技任务、重大科学工程相衔接。

这一阶段，中科院逐步调整资源配置模式，确定了全院财政预算拨款与竞争经费6∶4的总体比例，院层面将财政拨款经费的65%直接核定到研究所，加大人员经费投入，保证研究所科技活动的自主权，有效发挥了资源配置对研究所整体改革与

创新发展的基础保障和杠杆作用。同时，通过加强制度建设、强化监督检查等手段，逐步完善经费管理机制和制度体系。

（四）建立以重大成果产出为导向的资源配置体系，保障推动“率先行动”计划实施

根据新时期办院方针和“率先行动”计划的总体要求，中科院按照“保证重点、择优支持，明确权责、强化绩效”的原则，进一步创新资源配置方式，深化院所两级资源配置改革，建立以“三重大”成果产出为导向的资源配置体系，促进重大创新突破和发展创新集群优势。

一是优化院所两级资源配置体系。将国家财政预算资金直接投入研究所经费的比例提升至70%，重点体现稳定支持和快速反应；院级资源统筹经费30%，重点突出顶层设计和总体规划，实行5年经费总量控制下的跨年度统筹调控和安排，主要用于具有全局性、有望形成重大产出和重大社会经济效益的项目、人才、条件建设，以及四类机构和科技智库建设等。

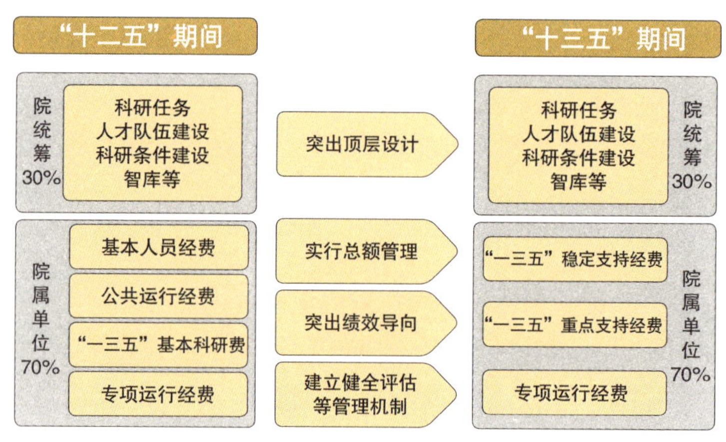

中科院“十三五”资源配置的基本框架

同时，改革研究所资源配置模式和核定方式，围绕“一三五”规划，建立“稳定支持 + 重点支持 + 专项运行经费”的新型资源配置模式，实行人、财、物资源组合配置，形成研究所稳定支持机制和绩效管理模式，保证和促进科技创新和持续发展能力的不断提升。

二是围绕研究所分类改革强化分类支持。按照“定位准确、规模合理，标准清晰、综合预算”的要求，采取“重点支持 + 专项支持”的模式，支持四类机构建设。“重点支持”主要通过盘活存量资源，统筹用于人员经费和支持体制机制改革；在人才、科技创新平台、修缮购置等专项经费中，优先支持四类机构。同时，将对四类机构的资源配置与体制机制改革挂钩，强化绩效激励和择优支持。

三是采取更加积极的资源配置政策，强化“保重大产出，保重大改革，保重点人才”。增加先导专项投入，采取核定 3 年总量的方式，持续稳定支持，将先导专项间接经费中人员经费比例提高到 80%。围绕人才高地建设，按照“保基础，稳高端”的原则，结合收入分配制度改革，加大力度、集中支持“十百千万”重点人才的稳定与引进。增加对“三重大”成果的预算安排，突出与北京、上海科技创新中心，怀柔、张江、合肥综合性国家科学中心，以及粤港澳大湾区国际科技创新中心等建设有关的重大项目、人才队伍建设。

这一时期，中科院还不断改革完善经费内控体系建设，强化科研经费监督管理，营造良好科研生态环境；严格财务预算管理，建立资源统筹、院所联动的盘活存量长效机制，提高经费使用效率；落实科技领域“放管服”改革措施，改革完善科研经费管理制度，赋予研究所和科研人员更大的资源支配自主权，进一步调动了科技创新的积极性。通过一系列政策措施，投入规模稳定增长，经费结构不断优化，资金渠道不断拓展，经费收支规模和资产总量创历史新高，保证了“率先行动”计划的顺利实施和各项事业发展。

六 创新科技项目组织管理模式

改革开放初期，中科院以牵头承接国家重大科技任务为主组织实施科技项目。针对当时国家基础科技力量薄弱、国民经济水平整体低下的局面，中科院积极发挥人才集中优势，在重大科技基础设施建设、解决国计民生需求和科技人才培养等方面，牵头承接国家重大科技任务，引领和推动了我国科技事业及相关产业的发展。

1982 ～ 1997 年，中科院探索建立以学科为主，择优、择重支持的多种科技项目组织模式。随着国民经济的逐步增强，国家科研设备、科技基础设施建设逐步恢复，中科院充分发挥多学科潜力和优势，设立了重点攻关项目和面向全国的中国科学院科学基金等，同时积极承担“863 计划”等国家科技任务，陆续取得重要科技成果，在基础科学研究和面向国民经济主战场方面都发挥了重要作用。

在知识创新工程时期，中科院主要通过分级分层组织实施知识创新工程重大项目、重点方向性项目等，积极承担“863计划”、“973 计划”、国家自然科学基金、国家重大科技专项等国家科技任务，把主要科研力量引导到为国家经济社会发展战略必争领域中的核心科学问题、关键技术问题提供系统解决方案上，综合集成和创新能力显著提高。

实施“率先行动”计划以来，中科院主要围绕“三个面向”，探索建立以完整创新链为主线、多维度立体化的科技项目组织模式。充分发挥建制化、多科学综合优势，组织实施战略性先导科技专项、前沿科学重点研究计划、STS计划、“弘光专项”等，强化与国家各类科技计划的衔接，积极建议和承担国家重大科技任务，推动跨所、跨学科、跨领域交叉融合和院内外协同创新，集中产出了一批“三重大”成果，充分体现了国家战略科技力量的使命定位和责任担当。

先导专项是中科院按照2010年3月31日国务院第105次常务会议精神自主部署和实施的重大科技任务，分为前瞻战略科技专项（A类）、基础与交叉前沿方向布局（B类）和关键核心技术攻坚（C类，2018年7月开始设立）三类。A类侧重于突破战略高技术、重大公益性关键核心技术问题，促进技术变革和新兴产业的形成发展，服务经济社会可持续发展。B类侧重于瞄准科技革命可能发生的方向和发展迅速的新兴、交叉、前沿方向，取得世界领先水平的创新性成果，占据未来科学制高点，并形成集群优势。C类侧重于聚焦国家战略需求和国民经济主战场的“卡脖子”问题，开展关键核心技术攻坚，突出问题导向、需求牵引和应用目标，提供关键核心技术供给。截至2018年10月，共部署实施23个A类、23个B类、3个C类先导专项。

在先导专项组织实施过程中，中科院制定了《中国科学院战略性先导科技专项管理办法》及相关实施细则，建立了权责明晰、科学规范的专项管理体系。先导专项恪守战略性、先导性定位，在立项论证和验收等环节都接受国家有关部门指导，确保与国家各类科技计划相衔接；注重发挥建制化优势，促进学科交叉和院内外优势集成与协同创新；扩大领衔科学家和依

表 5-10　中科院战略性先导科技专项一览表

	已结题验收项目	启动实施项目
A 类	• 干细胞与再生医学研究 • 应对气候变化的碳收支认证及相关问题 • 未来先进核裂变能－ADS 嬗变系统 • 空间科学 • 低阶煤清洁高效梯级利用关键技术与示范	• 未来先进核裂变能 – 钍基熔盐堆核能系统 • 面向感知中国的新一代信息技术研究 • 分子模块设计育种创新体系 • 变革性纳米产业制造技术聚焦 • 江门中微子实验 • 热带西太平洋海洋系统物质能量交换及其影响 • 个性化药物 – 基于疾病分子分型的普惠新药研发 • 南海环境变化 • 智能导钻技术装备体系与相关理论研究 • 空间科学（二期） • 器官重建与制造 • 临近空间科学实验系统 • 地球大数据科学工程 • 泛第三极环境变化与绿色丝绸之路建设 • 超导计算机研发 • 变革性洁净能源关键技术与示范 • 美丽中国生态文明建设科技工程 • 深海 / 深渊智能技术及海底原位科学实验站
B 类	• 量子系统的相干控制 • 脑功能联结图谱与类脑智能研究 • 青藏高原多圈层相互作用及其资源环境效应 • 超导电子器件应用基础研究 • 大气灰霾追因与控制	• 海斗深渊前沿科技问题研究与攻关 • 拓扑与超导新物态调控 • 生物超大分子复合体的结构、功能与调控 • 页岩气勘探开发基础理论与关键技术 • 作物病虫害的导向性防控——生物间信息流与行为操纵 • 功能 pi- 体系的分子工程 • 动物复杂性状的进化解析与调控 • 典型污染物的环境暴露与健康危害机制 • 土壤 – 微生物系统功能及其调控

续表

	已结题验收项目	启动实施项目
B 类		• 超强激光与聚变物理前沿研究 • 能源化学转化的本质与调控 • 地球内部运行机制与表层相应 • 细胞命运可塑性分子基础与调控 • 结构与功能导向的新物质创制 • 基于原子的精密测量物理 • 超常环境下系统力学问题研究与验证 • 多波段引力波宇宙研究 • 大规模光子集成芯片
C 类		• 国产安全可控先进计算系统研制 • 网络空间内置式主动防御技术体系 • 新一代潜航器

托单位在技术路线决策、经费管理使用、科研团队组建等方面的自主权，减轻科研人员负担，激发创新主体活力；同时，根据三类专项的不同特点和规律，实施分类管理和评价，探索建立和健全专项监理、信用管理、第三方评估等机制，加强过程管理和绩效管理，对实施进展和成效不好的先导专项予以中止。

先导专项强化了中科院在若干重大创新领域的布局，形成了若干新的增长点和竞争优势，取得了一批“三重大”成果，对提升科技创新能力、服务国家重大需求和经济社会发展发挥了重要作用。这一时期中科院产出的具有国际影响力的标志性重大科技成果，大多是在先导专项的支持下取得的，如世界首颗量子科学实验卫星“墨子号”、我国首颗暗物质粒子探测卫星“悟空号”、我国首次万米深渊科考、世界最高峰值功率超强超短激光装置（10 拍瓦）、新型抗阿尔茨海默病寡糖类药物研发、世界首个体细胞克隆猴等，在洁净能源、干细胞与再生医学、分子育种和农业科技等方面也取得一系列重大成果。

先导专项还凝聚培养了一批科技领军和优秀骨干人才，为推进研究所分类改革和深化人才发展体制机制改革等奠定了基础，并在牵引和推动国家相关重大科技计划方面发挥了重要先导作用。

七 加强科研信息化、文献情报和科技期刊工作

（一）科学大数据建设和科研管理信息化

中科院是中国科研信息化建设的开拓者。1994 年 4 月 20 日，由中科院牵头，联合北京大学、清华大学实施的“中关村地区教育与科研示范网络”（NCFC）首次实现我国与国际互联网（Internet）的全功能连接，中科院成为我国首家全功能接入国际互联网的机构。同年 5 月 21 日，中科院建成 CN 域名服务器，并对中国用户进行域名注册登记，在我国引进互联网中发挥了先锋作用，也为我国后续建设域名注册管理机构——中国互联网络信息中心（CNNIC）及互联网基础设施的建设运行管理，为保障全国互联网安全运行和发展奠定了基础。

1996 年，中科院实施“百所联网”工程，率先在全国范围内建成了联通院属各单位的互联网环境。目前，在“百所联网”工程基础上发展而来的中国科技网（CSTNET）拥有网络用户 100 余万，是我国十大互联网运营商之一。

1982 年，中科院开始建设科学数据库，至 2017 年年底，“数据云”总存储数据量达到 4.4PB，提供可共享科学数据 724TB，每月存储数据增长量达 128TB。“十二五”期间，中科院面向空间科学、天文、高能物理、微生物等学科领域建设了 8 个科

技领域云，分别成为本学科领域内综合性科研信息化基础设施。2018 年 4 月，以中国科技网网络环境、科学数据环境、超算环境为基础构建的“中国科技云”上线提供服务。

早在1979年，中科院就建成了全院财务决算报表信息系统，开创了我国科技管理领域运用信息系统的先河。2002 年，中国科学院资源规划项目（ARP 项目）启动，首次在国内建设全院一体化管理信息系统，2005 年上线运行，提升了管理和服务效率，成为我国科研院所管理信息化的标杆。

（二）文献情报体系建设

从1978年开始，中科院在国内率先实施“图书情报一体化”，并于 90 年代初建成国内最早提供基于国际互联网服务的图书情报机构，这也是国内最早引进国际联机检索服务的文献情报机构。进入 21 世纪，中科院推动文献情报服务的数字化网络化，建设国家科学数字图书馆，同时参与建设国家科技图书文献中心（NSTL）。

2006 年，中科院整合文献情报体系，组建国家科学图书馆，在国内率先探索开展知识服务体系建设。近年来，按照文献情报中心和分中心的组织架构，建设分布式大数据知识资源体系，开展普惠的文献信息服务和覆盖创新价值链的科技情报服务，成为国家级科技知识服务中心。

（三）科技期刊出版

改革开放初期，中科院即推动科技期刊复刊和创办，期刊数量从 1976 年的 44 种增加到 1990 年的 281 种（其中外文期刊 33 种）。2007 年，启动《中国科学》和《科学通报》体制

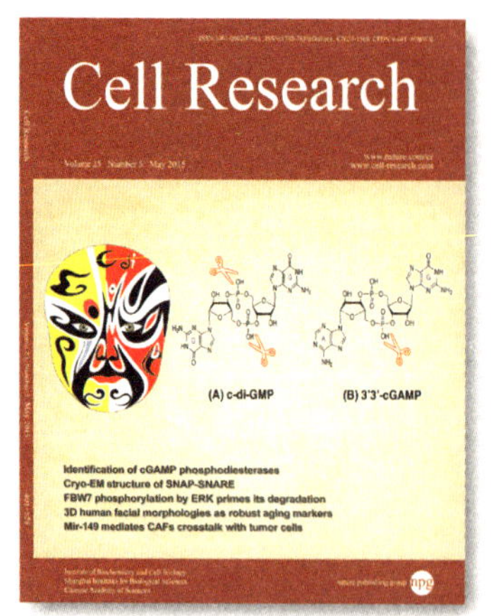

《Cell Research》

机制改革，推动学术和经营分离，依托中科院学部进行学术管理。2009年，启动以《Cell Research》为核心的生命科学领域期刊群建设，探索推动主办权与经营权分离。近年来，探索新型出版模式，构建全流程数字出版知识服务体系，推动期刊种类和管理多样化发展，期刊数量不断增加，学科分布更加广泛，影响力快速提升。

截至2017年年底，中科院科技期刊共358种（其中英文期刊99种）。2018年，科学引文索引（SCI）收录中国期刊173种，其中中科院81种期刊，占47%；32种期刊位于国际同学科排名的Q1区（前25%），占全国Q1区的2/3以上。

第六章
重大科技创新成果

改革开放40年来，中科院恪守科技“国家队”和国家战略科技力量的定位，坚持面向世界科技前沿，面向国家重大需求，面向国民经济主战场，以提升自主创新能力为中心，以促进重大成果产出为导向，积极部署和组织开展科学技术创新活动，积极建议和承担国家重大科技任务，取得一系列重大科技成果，不仅为我国科技进步、经济社会发展和保障国家安全作出了彪炳史册的重大创新贡献，而且体现了我国快速发展的科技实力和影响力，彰显了世界科技发展的中国贡献，提振了我国科技界的创新自信，激发了全社会的创新热情，开辟了建设世界科技强国的广阔前景。

一 面向世界科技前沿

在高温超导、数学机械化、中微子振荡、合成生物学、脑科学、古生物研究等领域方向，中科院取得一批基础前沿研究原创成果，引领带动我国在相关领域成为领跑者和开拓者；在拓扑物态、有机分子簇集、纳米科技、基因组研究、生物多样性、第四纪环境、东亚大气环流等若干前沿领域，实现一系列重大突破，跻身国际领先或先进行列；化学、物理、材料、数学、地学等主流学科进入世界前列。同时，还高质量完成了一批国家重大科技基础设施建设任务，为提升我国科技创新能力奠定了坚实的物质技术基础。

高质量科技论文是衡量基础研究能力的重要指标。以 SCI 为例，中科院 SCI 论文发表数量从 1978 年的 80 篇增加到 2017 年的 45 154 篇，年均增长 17.6%；2017 年 SCI 论文发表数量占全国 SCI 论文总量的 13.3%。总体看，在空间科学（占全国的 67.8%）、地球科学（占全国的 39.5%）、环境 / 生态学（占全国的 32.4%）、物理学（占全国的 29.9%）、植物与动物科学（占全国的 26.6%）等领域基础研究中处于优势地位，其中空间科学领域占主导地位。

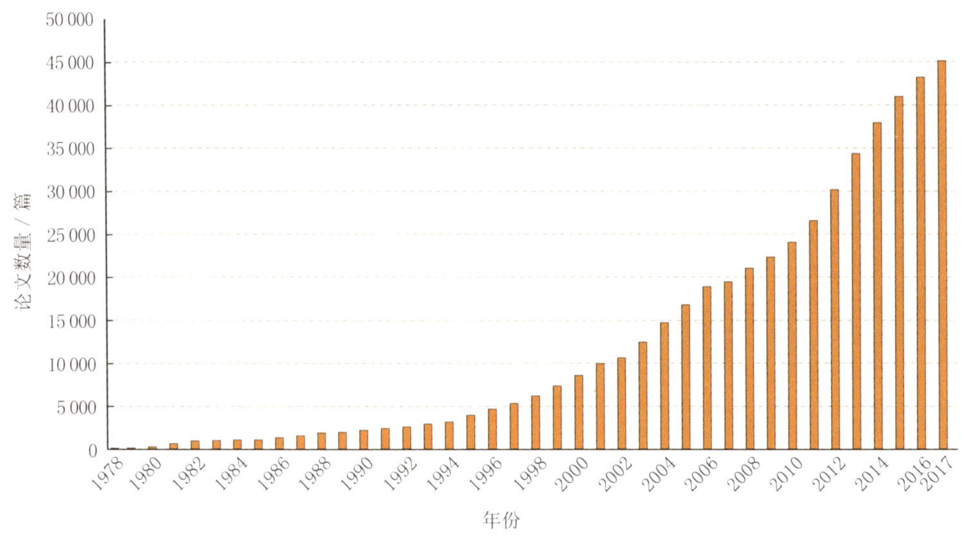

1978 ~ 2017 年，中科院 SCI 论文发表数量

近 10 年来，中科院发表的科技论文中，全球前 1% 的高被引论文数量，从 2008 年的 278 篇增加到 2017 年的 888 篇（占全国的 20.6%），体现了基础研究水平的稳步提高。

根据国际公认的衡量基础研究影响力的“自然指数”（Nature Index），在包括大学、政府研究机构、企业、医院和非政府组织等综合排名中，中科院连续六年（2013 ~ 2018 年）位列全球榜首。

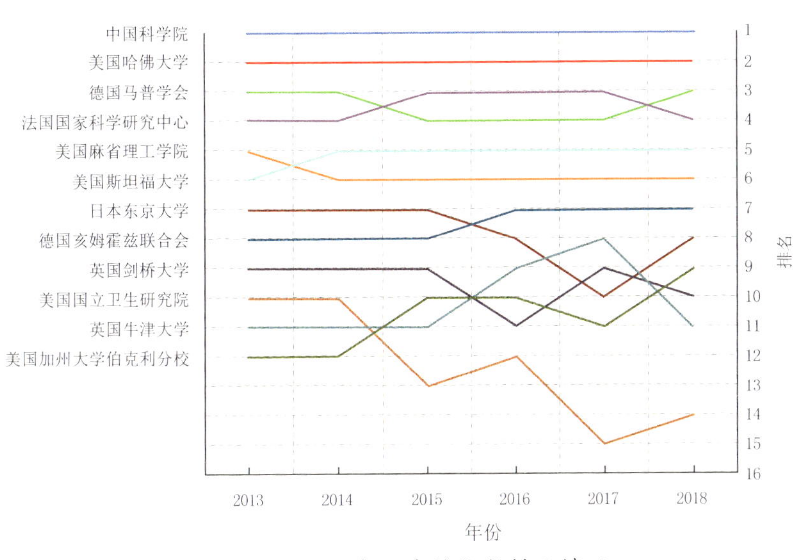

2013 ~ 2018 年，自然指数排名情况

注：自然指数由施普林格（Springer）旗下自然科研（Nature Research）编制。此处排名为 2013 ~ 2018 年进入自然指数前 10 位的科研机构。

二 面向国家重大需求

40 年来，中科院在深空、深海、深地、网络空间安全等重大战略领域和量子通信、人工智能、核能、新材料、先进制造等重大创新领域，突破了一批关键核心技术，为载人航天、探月工程、北斗导航、青藏铁路等国家重大工程实施，为我国抢占全球创新发展战略制高点提供了有力科技支撑。

作为国家战略科技力量，中科院始终把发展战略高技术、服务国家安全和国防建设作为重要使命。早在建院初期，即确立了为国防建设服务的方针，并且奠定了我国战略高技术的重要学科基础。20 世纪 60 年代，作为主要科技力量参与“两弹一星”科研攻关，一些研究机构还整建制划转至国防科研工业部门，为我国国防科技体系形成和发展作出了重大贡献。90 年代以来，中科院参与承担了一批国防科技创新重大项目，完成了大量技术攻关任务，取得了一批重要科技成果，作出了不可替代的创新贡献。

近年来，中科院以总体国家安全观为牵引，贯彻实施创新驱动发展战略和军民融合发展战略，坚持“立足自主创新、突破核心关键、提供解决方案、推动科技兴军”的定位，强化国防科技创新布局和发展。在“十三五”规划中，部署实施了一批战略高技术任务，提升从前沿基础研究、关键技术攻关、系统集成到体系化解决方案的全链条创新能力。2018 年 7 月，中科院成立军民融合发展委员会，进一步统筹推进中科院军民融合创新体系建设。

三 面向国民经济主战场

40 年来，中科院在粮食安全和现代农业、煤炭清洁高效利用、先进材料、干细胞与再生医学、新药创制、分子育种、大气灰霾防治、水土污染修复治理等方面，为国民经济和社会发展提供中高端科技供给，一批重大科技成果和转化示范工程落地生根，解决了相关产业和区域经济社会发展的一系列重大关键科技问题，取得了显著的经济和社会效益。2010 ～ 2017 年，中科院科技成果转移转化使企业新增销售收入从 2049.5 亿元 / 年，增加到4269.3亿元/年，年均增长率为11.1%。

同时，中科院还充分发挥技术、人才和科技智库优势，为抗震救灾和应对公共卫生突发事件等，提供了多方面的重要技术支撑和决策咨询服务。

1985～1997年，中科院共申请发明专利3294件，获授权发明专利1015件。此后，发明专利申请量和授权量大幅增加，1998～2017年，共申请发明专利117 817件，年均增长率为16.8%；获授权发明专利59 125件，年均增长率为28.2%。2001～2017年，共申请国际专利5720件，年均增长率为22.4%；获授权国际专利1575件，年均增长率为28.6%。

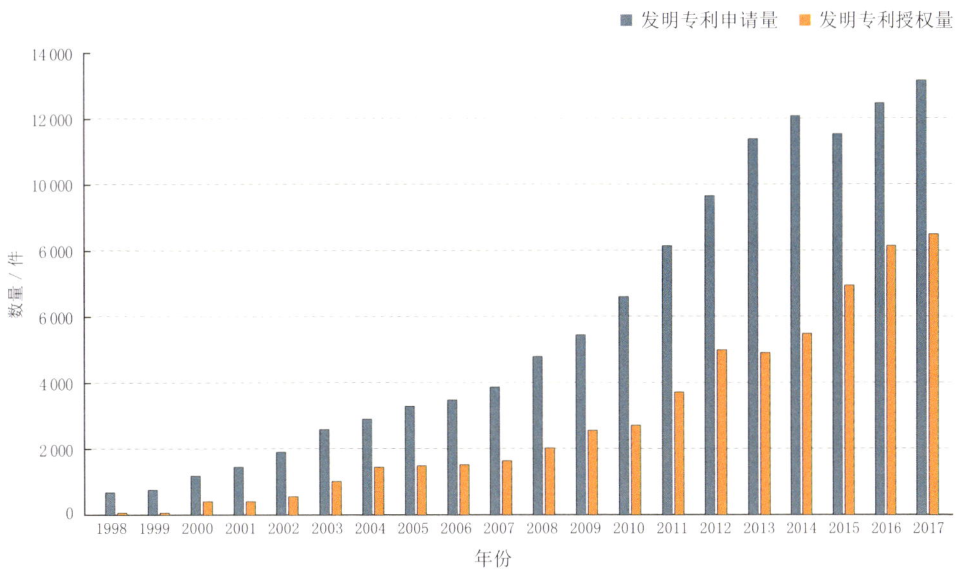

1998～2017年，中科院发明专利申请量和授权量

四 获重要科技奖励情况

1978～2017年，中科院作为第一完成人或第一完成单

位，共获国家自然科学奖 479 项，其中一等奖 20 项（占全国的 61%）；获国家技术发明奖 203 项（通用），其中一等奖 5 项；获国家科学技术进步奖 527 项（通用），其中特等奖、一等奖共 38 项。

在 1999 年党中央、国务院、中央军委表彰的 23 位“两弹一星”功勋中，中科院院士（学部委员）21 位，曾在中科院工作的 16 位。自 2000 年设立国家最高科学技术奖以来，29 位获奖者中有 20 位中科院院士，11 位在中科院工作。

40 年来，超过 100 位中科院科学家获得国际科技界的重要奖项。近年来，由于取得世界领先成果，多位优秀科学家代表我国首次获得相关领域国际重要科技奖项，显示了我国科技国际影响力的提升。例如，王贻芳院士 2015 年获基础物理学突破奖，曾庆存院士 2016 年获国际气象组织奖（国际气象界最高奖），姚檀栋院士 2017 年获维加奖（首位获奖的亚洲科学家）。

五 标志性重大科技成果

在系统梳理改革开放 40 年来中科院广大科研人员取得的众多重大科技成果基础上，以“三个面向”为线索，综合凝练归纳出 40 项具有代表性的标志性重大科技成果（成果简介详见附录一）。

（一）面向世界科技前沿（15 项）

1. 高温超导体研究
2. 拓扑物态领域系列研究
3. 粒子物理与核物理研究

4. 有机分子簇集和自由基化学研究

5. 纳米科技创新

6. 人工合成生物学研究

7. 非人灵长类模型与脑连接图谱研究

8. 基因组研究

9.《中国植物志》编研及生物多样性研究

10. 古生物研究

11. 第四纪环境研究

12. 东亚大气环流研究

13. 数学机械化方法与辛几何算法

14. 系列大型天文观测设施

15. 以北京正负电子对撞机为代表的大型加速器类装置

（二）面向国家重大需求（15 项，不含专用领域）

16. 载人航天与探月工程的科学与应用

17. 北斗卫星导航系统系列卫星研制

18. 空间科学实验系列卫星

19. 深海科考和载人深潜器技术

20. 量子通信与量子计算研究

21. 极大规模集成电路关键技术

22. 高性能计算

23. 国产芯片与系统软件研发

24. 机器人与人工智能技术

25. 先进核能研究

26. 超强激光技术及装置

27. 高精度衍射光栅制造技术和大口径碳化硅反射镜

28. 青藏高原科学考察研究
29. 青藏铁路工程冻土路基筑路技术与示范工程
30. 地球深部资源探测理论、技术与装备

（三）面向国民经济主战场（10 项）

31. 黄淮海科技会战和渤海粮仓科技示范工程
32. 煤炭清洁高效利用核心技术和工业示范
33. 非线性光学晶体研究及装备研制
34. 干细胞与再生医学研究
35. 新药创制
36. 远缘杂交与分子育种研究
37. 海洋生态牧场研究与示范
38. 科技救灾
39. 中国生态系统研究网络
40. 地域空间开发和功能区划研究

中科院改革开放 40 年来取得的一系列重大科技成果，多次得到邓小平、江泽民、胡锦涛、习近平等党和国家领导人的充分肯定。胡锦涛在 2008 年两院院士大会上列举的我国改革开放 30 年 21 项重大科技成果中，中科院独立和参与完成的有 18 项（占 86%）。习近平在 2016 年全国科技创新大会上列举的新中国成立以来 23 项重大科技成果中，中科院独立和参与完成的有 18 项（占 78%），其中改革开放以来的有 14 项。2017 年，习近平在党的十九大报告中总结过去 5 年成就时提到的 6 项重大科技成果中，“天眼”“悟空”“墨子”3 项由中科院完成，“天宫”“蛟龙”2 项中科院也发挥了关键作用。

第七章 学部与科学思想库建设

中科院学部是国家在科学技术方面的最高咨询机构，中国科学院院士是国家设立的在科学技术方面的最高学术称号。改革开放40年来，中科院不断加强学部和院士队伍建设，改进完善院士制度，在团结凝聚广大院士献身科学、勇攀高峰的同时，积极发挥院士群体的决策咨询、学术引领和明德楷模作用，建设科学思想库和高水平科技智库，为党中央、国务院重大决策提供咨询服务，为我国科技发展提供战略支撑，为培养和造就高层次科技人才队伍作出了独特贡献。

一 学部建设和职能调整

中科院学部成立于1955年6月，是全国科学的学术领导中心。1981年5月，第四次学部委员大会重新定位学部为中科院最高决策机构，既是全院的学术领导核心，又是全院科研活动及相关工作的管理机关，还是国家科学技术事业发展的学术咨询机构。

1979年中科院学部恢复活动后，不断健全和完善领导体制。1981 年，第四次学部委员大会通过了《中国科学院试行章程（草案）》，选举产生了中国科学院主席团，并推选卢嘉锡为中科院院长。1984 年 1 月，在第五次学部委员大会上，宣布了中共中央关于调整中科院学部职能的决定，明确学部委员大会是国家在科学技术方面的最高咨询机构，主要任务是进行学术评议和咨询。自此，学部的职能基本稳定，主要负责组织学部委员研究国家科学技术发展和现代化建设中的重大问题，积极参与国家重大科学技术决策的咨询，并对中科院的重大学术问题进行评议和指导。学部调整职能后，学部对中科院内的业务管理职能转归在各学部办公室基础上成立的中科院机关业务局。1992 年 4 月，第六次学部委员大会通过并经国务院同意，发布了《中国科学院学部委员章程（试行）》，并选举产生了中科院学部主席团和各学部新的领导机构。

1981 年 5 月，中科院第四次学部委员大会召开

此后，经过不断完善，形成了相对稳定的学部领导体制和组织体系。院士大会是学部的最高组织形式，每两年召开一次。

学部主席团是院士大会闭会期间的常设领导机构，由中科院院长、负责学部工作的副院长、各学部主任、各专门委员会主任和经院士大会选举产生的若干名成员（任期4年，不连任）组成。学部主席团设执行委员会，执行院士大会和主席团的决议，领导学部工作。

中科院学部不断健全完善规章制度。1994年6月，第七次院士大会审议通过《中国科学院院士章程》，成为指导学部工作的基本文件。同时，中科院学部在学部工作规则、换届选举办法、院士增选、咨询评议、科学道德建设等方面先后制定了一系列规章制度，为学部工作提供了重要的制度保障。

党中央、国务院高度重视中科院学部工作。邓小平出席了1981年第四次学部委员大会开幕式，并与全体主席团成员座谈。此后，历次学部委员（院士）大会都有党和国家领导人出席并发表重要讲话。

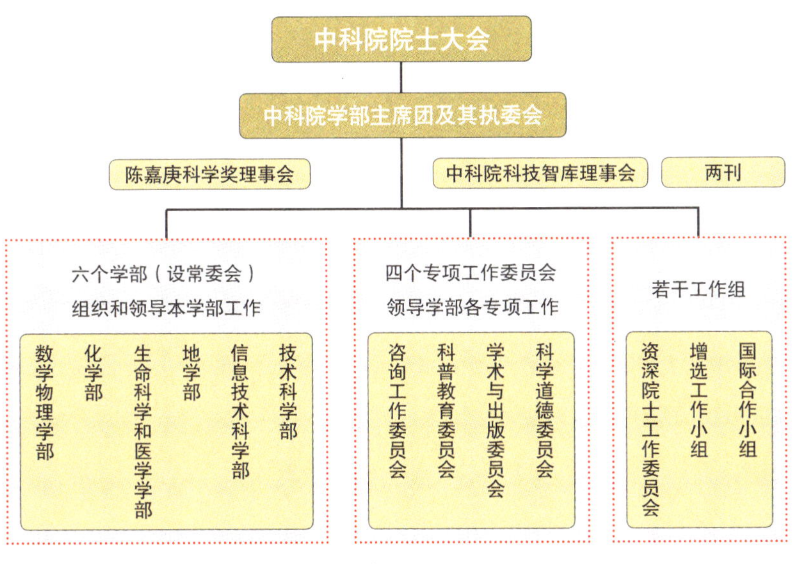

中科院学部组织体系

二 中国院士制度的建立和改进完善

1979年学部恢复活动后，建立我国院士制度工作就提上了议事日程。1984年，学部职能调整后，学部委员成为国家在科学技术方面的最高荣誉称号，为向院士制度的转换开辟了道路。1993年10月19日，国务院第十一次常务会议决定将中国科学院学部委员改称为中国科学院院士，并于1994年1月得到中央政治局常委会议批准。我国的院士制度由此正式确立。

1980年，中科院增补了283名学部委员，这是学部成立以来，第一次通过民主选举产生学部委员。经过增补，中科院学部委员总数达到400人，平均年龄62.8岁。1991年，增选了210名学部委员，学部委员总数达到528人。此后开始了每两年一次的制度化、规范化增选工作。1994年6月，第七次院士大会选举产生了首批中国科学院外籍院士（14人）。1998年6月，第九次院士大会建立了资深院士制度，对年满80周岁的院士授予资深院士称号。资深院士继续享有咨询、评议和促进学术交流、科学普及等权利和义务，可以自由参加院士会议，但不担任院及学部领导职务，不参加对院士候选人的提名（推荐）和选举工作。2006年6月，第十三次院士大会确定，院士增选的当选票数由“超过投票人数的1/2”提高至“不少于2/3”，对保证院士质量、优化院士队伍结构起到了重要作用。

根据2013年党的十八届三中全会作出的改进完善院士制度的重要部署，中科院党组按照党中央、国务院要求，会同中国工程院和科技部等有关部门深入调查研究，广泛听取意见建议，积极稳妥推进院士制度改革。2014年6月，第十七次院士大会通过了修订后的《中国科学院院士章程》，进一步健全完善院士遴选机制和增选流程，为院士制度改革提供了制度依据。一是改革院士遴选制度，修订院士增选工作实施细则，取消部门和地方推荐的渠道，增加全体院士终选投票机制；二是优化院士队伍布局和年龄结构，重视对新兴交叉学科和国家安全等重点领域的人才遴选，逐步提高中青年人才比例；三是落实院士退出制度，建立自愿退出、自动放弃、劝退和撤销称号等规范程序。作为改进完善院士制度的重要内容，中科院还积极配合中央和国家有关部门落实院士退休制度。2015 年和 2017 年，中科院两次共增选 122 位院士，平均年龄 54 岁，其中 60 岁（含）以下占 90.2%；新当选外籍院士 28 名。

实践表明，院士制度改革坚持了院士称号的学术性和荣誉性定位，加强了院士队伍建设，院士队伍的学科结构和外籍院士的国别分布进一步优化。院士制度改革成为国家全面深化改革首批落地的举措之一，起到了重要的示范带动作用。

改革开放 40 年来，共有 1177 位中国科学家当选为中科院院士。截至 2018 年 7 月底，中科院院士共 794 位，外籍院士共 91 位。中科院院士是中国优秀科学家的代表，是国家的财富、人民的骄傲、民族的光荣。长期以来，院士们怀着深厚的爱国主义情怀，凭借深厚的学术造诣、宽广的科学视角，为祖国和人民作出了彪炳史册的重大贡献。他们之中，有我国现代科学各学科的奠基人，有国家科技事业的学术带头人和杰出代表。在党中央、国务院、中央军委表彰的 23 位“两弹一星”元勋中，有 21 位是中科院院士（学部委员）；在 2000 年设立国家最高科学技术奖以来，29 位获奖者中有 20 位中科院院士。

“两弹一星”元勋中的21位中科院院士（学部委员）

于敏、王大珩、王希季、王淦昌、邓稼先、朱光亚、孙家栋、任新民、吴自良、陈芳允、陈能宽、杨嘉墀、周光召、赵九章、钱三强、钱学森、郭永怀、屠守锷、黄纬禄、程开甲、彭桓武

获国家最高科学技术奖的20位中科院院士

于敏、王选、叶笃正、师昌绪、刘东生、孙家栋、李振声、吴文俊、吴良镛、吴征镒、吴孟超、谷超豪、闵恩泽、张存浩、郑哲敏、赵忠贤、徐光宪、黄昆、程开甲、谢家麟

三 科学思想库建设和高端智库试点

（一）前瞻谋划，积极探索，引领国家创新体系建设

改革开放以来，中科院学部围绕健全和完善国家创新体系，持续开展战略研究，多次向党和国家提出科学前瞻的重要咨询意见和政策建议，如建立国家自然科学基金制度（1982年）、设立“863计划”（1986年）、成立中国工程院（1992年）等，为推动我国科技体制和创新体系的健全与完善，促进科学技术发展，起到了开创和引领作用。

20世纪90年代中期以后，面对经济全球化加快发展和知识经济孕育兴起，中科院敏锐把握时代脉搏，在战略研究基础上，于1997年向党中央、国务院报送了《迎接知识经济时代，建设国家创新体系》的研究报告，为国家实施知识创新工程、

建设国家创新体系提供了科学思想和战略路径，并通过中科院知识创新工程试点，引领带动了国家创新体系建设，促进了我国科技创新跨越发展。

此外，中科院学部和广大院士还围绕我国科技和教育体制改革、高层次人才培养和引进、加强基础研究、国家实验室建设、国家重大科技基础设施建设、区域创新体系建设、促进科技成果转化、科技评价与奖励制度改革、科学普及、科学道德与创新文化建设、国际交流合作与科技外交等，提出了一系列咨询意见和政策建议，为完善国家创新体系作出了积极贡献。

（二）研判大势，把握规律，开展科技发展战略研究

中科院注重发挥学部和院士群体的学术引领作用，持续研判世界科技发展前沿和趋势，组织开展战略研究，提出许多高质量研究报告，为我国不同时期科技发展战略与规划、重点科技布局和优先发展方向等提供创新思想和科学基础，为科教兴国战略、人才强国战略、创新驱动发展战略和党中央、国务院一系列重大科技决策提供了重要参考。

中科院组织广大院士和相关专家参与了历次国家中长期科技发展规划和五年科技发展规划的研究论证和制定工作。在改革开放初期，即作为主要力量参与《1978—1985 年全国科学技术发展规划纲要（草案）》的制定。《国家中长期科学和技术发展规划纲要（2006—2020 年）》发布后，中科院组织院士专家，进一步围绕能源、水资源、矿产资源、海洋、油气资源、人口健康、农业、生态与环境、生

“创新 2050：科学技术与中国的未来”系列报告

物质资源、区域发展、空间、信息、先进制造、先进材料、纳米、大科学装置、重大交叉前沿、国家与公共安全等18个重要领域开展战略研究，形成了各领域至2050年科技发展路线图，成为国家许多规划制定和战略决策的研究基础。

在此基础上，通过深入研究，中科院于2013年发布《科技发展新态势与面向2020年的战略选择》的研究报告，对世界和我国科技发展态势进行了前瞻分析和预判，对国家调整科技布局、设计重大科技创新领域主攻方向提出一系列建议，为国家“十二五”和“十三五”时期科技规划提供了重要参考。

2016年全国科技创新大会提出建设世界科技强国之后，中科院随即组织院内外院士和相关专家开展“建设世界科技强国”重大战略研究，对世界主要科技强国的发展演进历程、创新战略、创新体系及经验教训进行比较研究，围绕新时代我国建设世界科技强国的战略目标、重点任务、政策举措及若干重大创新领域布局等，提出一系列具有战略性、系统性、针对性的意见建议，于2018年出版《科技强国建设之路——中国与世界》一书，对我

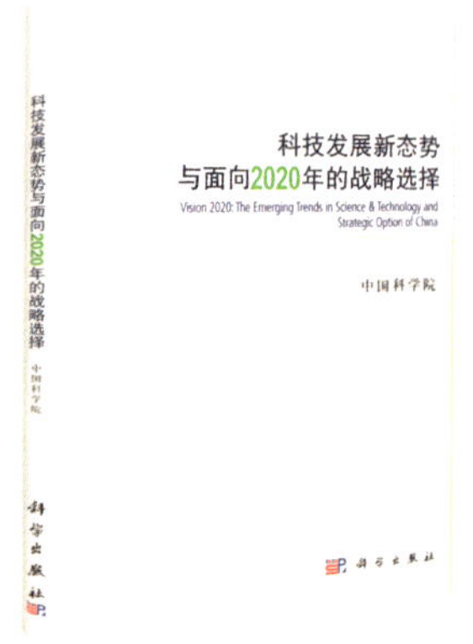

《科技发展新态势与面向2020年的战略选择》

《科技强国建设之路——中国与世界》

国加快建设创新型国家和世界科技强国具有重要参考价值。

中科院学部从学科发展内在需要和国家发展需求出发，从2009年4月开始，与国家自然科学基金委员会联合组织院内外专家学者，开展2011～2020年我国学科发展战略研究，分19个专题系统梳理了我国学科发展的历史脉络，探讨学科发展规律，研究分析发展态势，对我国未来10年乃至更长时期学科发展和基础研究的持续、协调、健康发展，提出了一系列有针对性的政策建议，陆续出版了“未来10年中国学科发展战略”丛书（共20册），产生了良好的学术影响和社会反响。

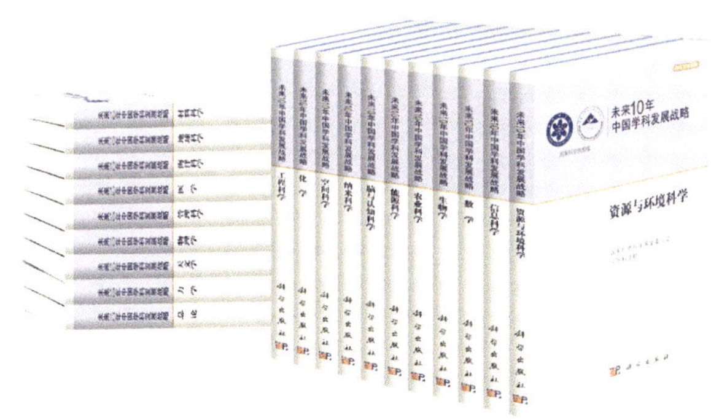

“未来10年中国学科发展战略”丛书

中科院学部还积极搭建高水平学术交流和研讨平台。1993年，与国家科委共同发起“香山科学会议”，截至2018年7月底，先后举办672期学术研讨会，成为国内外有重要影响的高层次、跨学科、常设性学术交流品牌，为我国科技界探索科学前沿、激发创新思想提供了重要平台。此外，还先后组织了“技术科学论坛”“科学与技术前沿论坛”“雁栖湖论坛”等一系列学术交流与研讨活动。

从1998年开始，中科院在科技发展战略研究基础上，持续出版《科学发展报告》《高技术发展报告》《中国可持续发展报告》，这是中国唯一面向决策层和社会公众的年度科学总览报告。

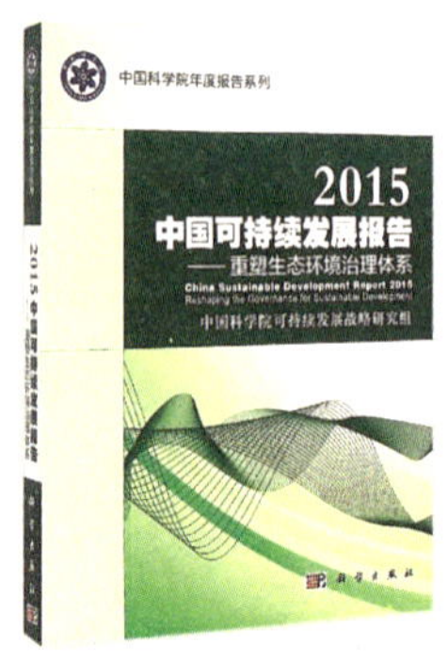

《科学发展报告》　《高技术发展报告》　《中国可持续发展报告》

2005年开始，中科院学部还积极发挥学术领导作用，推动《中国科学》系列期刊和《科学通报》等科技期刊改革，显著提高了期刊的学术质量和国际化水平。

《中国科学》和《科学通报》

（三）发挥优势，建言献策，服务党和国家宏观决策

40年来，中科院围绕国家和区域经济社会可持续发展，组织院士专家持续开展研究和咨询评议工作，提出科学全面、客观中肯的政策建议，为党和政府相关决策提供了科学依据。1987年，中科院成立国情分析研究小组，对影响中国经济社会可持续发展的资源、环境、人口等问题进行深入系统研究，先后提交和发表了一系列国情研究报告，对国家可持续发展战略的提出和实施起到了重要作用。中科院提出的我国社会经济空间组织的“点－轴系统”理论及国土开发与经济布局的“T型”空间构架，于1987年被写进国家的国土规划纲要；此后，中科院进一步研究提出了我国首部全国主体功能区划方案，2010年被纳入国家规划并提升为国家战略和基础制度；2015年，中科院还首次对全国区域可持续发展状态进行了评估诊断，为国家建立资源环境承载能力监测预警长效机制奠定了基础。

党的十八大以来，中科院积极发挥科学、独立、客观、公正的第三方评估作用，组织院内外专家，承担党中央、国务院及有关部门委托的第三方评估任务。例如，2014年，完成了深化经济体制改革进展情况评估、重大水利工程建设和农村饮水安全问题政策措施落实情况评估；2015年和2016年，先后完成了国家生态文明体制改革方案、国家科技体制改革进展、生态文明体制改革进展、国家科技重大专项（民口）标志性成果等评估工作；2015年以来，连续三年承担了国家精准扶贫、精准脱贫工作成效第三方评估任务，覆盖中西部22个省（自治区、直辖市），为国家精准扶贫决策和脱贫攻坚考核提供了科学依据。

此外，中科院还组织院士专家积极参与国民经济和社会发

展规划及高技术产业等专项规划的编制和咨询论证，并围绕“一带一路”建设、京津冀协同发展、长江经济带建设、河北雄安新区规划建设发展、国家能源战略、“三农”问题、城镇化、全球气候变化、资源高效利用、先进制造业发展、水土污染防治和水安全、大气灰霾治理、医疗卫生改革和公共卫生体系建设、种子种业和粮食产量预测、重大工程建设、防灾救灾和国家安全等重大问题主动开展研究，积极建言献策。40 年来，中科院学部设立咨询评议和战略研究课题，向党中央、国务院报送了 200 余份咨询研究报告和 200 余份院士建议。1995 年，中科院学部成立咨询评议工作委员会。学部还梳理、遴选有关咨询报告和院士建议，持续汇编出版《中国科学家思想录》。咨询报告和院士建议得到党和国家领导人高度重视和充分肯定，很多意见建议被采纳，转化为国家相关战略和政策法规。

（四）崇尚科学，追求卓越，弘扬科学精神和创新文化

中科院和学部始终牢记普及科学知识、弘扬科学精神、传播科学思想、倡导科学方法、提高全民科学素质的社会责任，高度重视科技创新与科学普及相结合，重视发挥院士群体的引领示范带动作用，弘扬“科学、民主、爱国、奉献”的光荣传统和“唯实、求真、协力、创新”的优良院风，引领和促进我国科技界的道德与学风建设，优化创新生态系统，营造坚持真理、追求卓越、科学严谨、求真务实、激励创新、宽松和谐的创新文化环境。

改革开放初期，中科院学部在全国科技界率先组织学部委员就科学道德问题进行讨论。1981 年，北京、上海地区的百名学部委员联名发表关于科学道德规范的倡议，产生了良好的社

会反响。1996年，中科院学部成立科学道德建设委员会，并联合中国工程院主席团发出“做物质文明建设的先锋，当精神文明建设的表率”的倡议。学部持续加强科学道德和科研诚信建设，通过正面引导教育和组织制度建设双管齐下，完善自我约束和监督机制，严肃查处学术不端和违规违纪行为，维护学部和院士群体的良好声誉。

2007年4月，中科院和学部主席团发布《关于科学理念的宣言》，倡议科技界共同践行正确的科学理念，承担科学的社会责任，努力创造和维护风正气清、求真求实、严谨严肃、和谐融洽的学术环境。2014年5月，中科院学部主席团在全球研究理事会北京会议上，发布《追求卓越科学》宣言，针对我国科学界存在的浮躁现象比较严重、科学精神缺失、失范甚至不端行为屡有发生、追求卓越科学的价值理念相对薄弱、激励卓越科学的体制机制不够完善等问题，号召科学界以追求卓越为目标，树立科学价值理念，确立行为规范，形成追求卓越的评价体系和文化氛围，推动中国科学实现跨越发展。2018年，在中科院第十九次院士大会上，学部学术与出版工作委员会结合新时代科技创新发展的新要求，发出了题为“研判科技大势，引领创新发展”的倡议。这些宣言和倡议，为全国科技界科学道德建设起到了引领和示范作用，对我国科技健康发展和创新文化建设起到了积极作用，在国内外产生了良好影响。

《追求卓越科学》宣言

在科技伦理方面，2005年，中科院学部与联合国教科文组织联合召开了中国首次科技伦理年会。2011 年起，持续前瞻部署相关研究项目，并就转基因技术、干细胞研究、互联网技术等前沿领域的科技伦理问题举办研讨会，倡导负责任的科研行为，促进科技界和全社会的重视和理解。

在推动科学普及和弘扬科学文化方面，1996 年 3 月，百名院士联名发出了“高举科学旗帜，做好科普工作”的倡议，中科院和中国科协联合举办“百名院士百场科技系列报告会”，组织 140 多位院士在全国 13 个中心城市开展了面向社会、面向领导干部的近 200 场科学普及活动。2002 年，中科院学部联合中国共产党中央委员会宣传部（简称中宣部）、教育部、科技部、中国工程院和中国科协共同创办“科学与中国”院士专家巡讲团活动，至 2018 年已举办报告会近 2000 场，成为国内具有重要影响力的高端科普品牌，促进了全社会形成讲科学、爱科学、学科学、用科学的浓厚氛围。

此外，1994 年以来，中科院学部还组织出版了“科学与人生：中国科学院院士传记”丛书、《院士随想录》、《科学的道路》等，积极宣传院士群体的科学人生、优良作风、先进事迹和杰出贡献，推动科技界弘扬优良学风，培育和践行正确的科技价值观，为全社会弘扬科学精神、厚植创新文化提供了大量生动教材和鲜活案例。

（五）统筹力量，整合资源，开展高端智库建设试点

为充分发挥学部在国家科学技术方面最高咨询机构的作用，2012 年，中科院作出以学部为主导、院部和学部共建国家科学思想库的决策。2013 年 6 月，中科院成立科学思想库建设委员会，建立了统筹全院相关资源建设国家科学思想库的领导

体制，并于9月制定了《中国科学院科学思想库建设委员会条例》，明确了加快国家科学思想库建设、率先建成国家高水平科技智库的整体布局和总体思路。

根据《国家高端智库建设试点工作方案》，2015年11月，中科院被确定为国家首批综合类高端智库建设试点单位。2016年1月，在中科院科技政策与管理科学研究所基础上，整合组建了法人实体的中科院战略咨询院，作为中科院学部发挥国家科学技术方面最高咨询机构作用的研究和支撑机构，作为中科院率先建成国家高水平智库的重要载体和综合集成平台。2017年9月，中科院将科学思想库委员会和战略咨询院理事会统合组建中国科学院科技智库理事会，加强了高水平科技智库建设的顶层设计和统筹推进。同时，中国科学院进一步发挥"三位一体"综合优势，发挥学部主导作用，以中科院战略咨询院为支撑，统筹院属研究机构和高校相关专业资源，加强与政府部门、科教单位和国内外著名智库合作，初步形成了"小核心、大网络"的智库建设构架和体制机制。

在高端智库建设试点工作中，中科院聚焦事关国家重大战略、经济社会和科技创新发展的全局与长远问题，突出科技发展战略、科技和创新政策、生态文明与可持续发展战略、预测预见分析、战略情报等重点领域，调整优化研究布局，持续开展研究工作，智库建设取得重要进展。试点以来，共承担国家高端智库理事会委托的63项重大研究任务，自主部署了一系列研究项目，取得了一批重要研究成果，推出了《科技前沿快报》《科技政策与咨询快报》等系列智库产品，研究水平和能力不断提升，研究成果的决策支撑作用不断增强，智库品牌的社会影响力不断扩大。

第八章 创新人才队伍建设

功以才成，业由才广。作为国家战略科技力量和高水平科技创新人才的培养基地，中科院始终坚持“出成果、出人才、出思想”并重的发展理念，把加强创新人才队伍建设、培养造就高层次创新人才放在发展战略的关键位置，荟萃了一大批我国最优秀的科技人才，在改革开放和创新型国家建设中发挥了举足轻重、不可替代的重要作用，人才队伍建设取得显著成就。

改革开放初期，中科院在人才队伍建设方面大胆尝试、破冰试水，为突破计划经济体制束缚进行了诸多改革探索与制度创新，初步建立起适应社会主义市场经济体制的科研事业单位新型人事制度。知识创新工程期间，中科院进行了深层次、大力度的人事人才制度改革，进一步完善现代科研院所人事制度；通过实施一系列人才计划，培养和造就了大批高层次创新人才，优化了队伍结构，完成了“代际转移”，为知识创新工程的顺利实施奠定了人才基础。

党的十八大以来，以习近平同志为核心的党中央把人才作为第一资源，着力破除人才发展体制机制障碍，“聚天下英才而用之”，加快构建具有全球竞争力的人才制度体系。中科院以习近平总书记提出的“三个面向”“四个率先”为指引，以“率先行动”计划为统领，深入实施“人才强院”战略和人才培养引进系统工程，不断深化人才发展体制机制改革，充分激发创新活力，国家创新人才高地建设取得显著成效，基本形成了一支素质优良、规模适度、结构合理、适应需求、具有国际竞争力的科技创新队伍。

经过40年的探索与实践，中科院凝聚和造就了一批具有国际视野和战略思维的科技领军人才，培养和选拔了一大批高素质、富有创新活力的优秀青年人才，人才队伍整体创新能力和综合竞争实力显著提高。截至2017年年底，全院事业单位在册正式职工7.1万人，博士后0.56万人。正式职工中，专业技术人员占84.1%，其中高级专业技术人员占46.9%；平均年龄39.1岁，35岁及以下人员占44.8%。在院属机构工作的中国科学院院士有298人（占中国科学院院士总人数的37.3%）；中国工程院院士有58人（占中国工程院院士总人数的6.6%）；国家最高科学技术奖获得者11人，占全部获奖人数的37.9%。

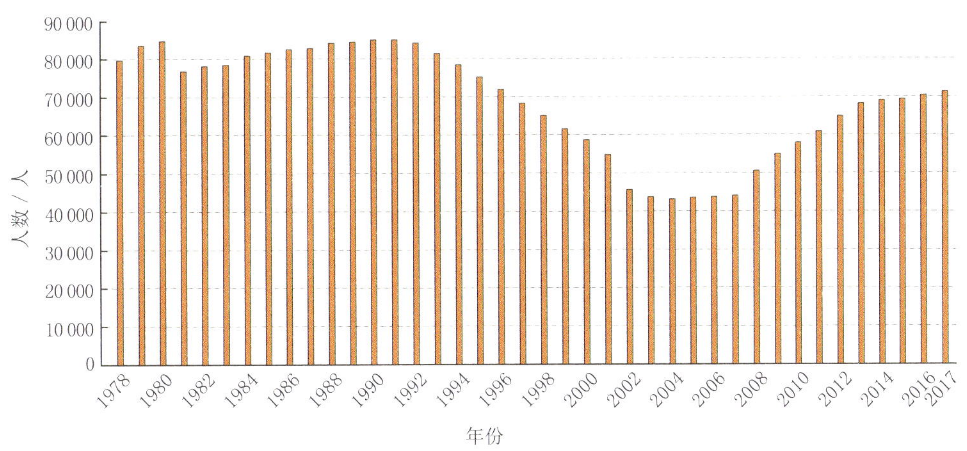

1978～2017年，中科院在册正式职工人数

表 8-1　院属机构中的国家最高科学技术奖获得者

获奖年度	姓名	单位
2000	吴文俊	数学与系统科学研究院
2001	黄昆	半导体研究所
2003	刘东生	地质与地球物理研究所
2005	叶笃正	大气物理研究所
2006	李振声	遗传与发育生物学研究所
2007	吴征镒	昆明植物研究所
2010	师昌绪	金属研究所
2011	谢家麟	高能物理研究所
2012	郑哲敏	力学研究所
2013	张存浩	大连化学物理研究所
2016	赵忠贤	物理研究所

回顾 40 年改革发展历程，中科院在创新人才队伍建设中，以人才发展战略为引领，以人才发展体制机制改革为核心，以人才计划为牵引，统筹各类人才队伍建设，着力提升创新能力，为我国高层次科技创新人才队伍建设和人才发展体制机制改革积累了丰富经验，发挥了引领示范作用。

一　以人才发展战略为引领，统领人才工作全局

40 年来，中科院始终坚持战略引领、理念先行，在不同历史时期，围绕服务国家发展战略，适应事业发展需要，科学谋划和制定人才发展战略，指导推动人才队伍建设实践。

“文化大革命”结束后，中科院迅速恢复和新建了一大批科研机构，但科技人才队伍的质量和结构不能适应发展要求，整体科研素质不高、科研人员积极性不高、队伍断层和青黄不

接、年龄老化等问题突出。中科院党组认真贯彻落实党中央要求，积极推进知识分子政策的拨乱反正，同时审时度势，率先采取恢复技术职称、设立科研津贴等一系列改革措施，使人才队伍建设迅速走上了良性发展的轨道。

1985 年，党中央作出关于科技体制改革的决定。中科院针对计划经济时期僵化的人事制度，及其导致的对技术人员限制过多、人才不能合理流动和智力劳动得不到应有尊重等问题，在全国率先探索人事制度改革，逐步实行聘用制，加大对中青年科技骨干培养，努力营造人才辈出、人尽其才的良好环境。

1990 年，中科院召开专题会议，研究如何实现科技人才“代际转移”问题，明确了加速培养跨世纪科技事业带头人的工作任务，并把建设培养造就高水平科技人才的基地作为“九五”期间的三个奋斗目标之一。1994 年，中科院解放思想、创新机制，启动实施了以公开招聘优秀科技人才为目标的“百人计划”，开启了我国引进和选拔海内外高层次人才的先河。

1998 年以后，中科院在知识创新工程试点中，明确了以人才队伍建设为核心、以人事制度改革为突破口的战略思路，提出了“按照开放、流动、联合、竞争和高效的原则，建设和保持一支具有国际水平的创新队伍”的总体目标。

2001 年，《中国科学院知识创新工程试点全面推进阶段科技创新队伍建设和发展教育行动计划纲要》出台，提出了“用好现有人才，稳定关键人才，引进急需人才，培养未来人才”的原则，实行全员岗位聘任制和“三元”结构工资制，加大吸引海外杰出科技人才回国和为国服务力度。人事制度改革和人才队伍建设为知识创新工程试点实施提供了重要的人才保障。

2003 年，中科院制定和实施了科技创新人才战略，突出“科技创新，以人为本”的理念，提出“以科技创新跨越发展战略目标为依据，以人才结构调整与优化为主线，以将帅人才培养为重点”的指导思想，按照“德才兼备”和“有利于吸引与凝聚优秀人才、有利于培养与造就未来人才、有利于人才结构动态优化”的原则，开创多层次、全方位和系统化的人才开发新格局。

2005 年，中科院制定了《关于加强创新队伍建设的指导意见》，提出工作重心的“五个转移”，明确了知识创新工程三期人才队伍建设的工作思路。

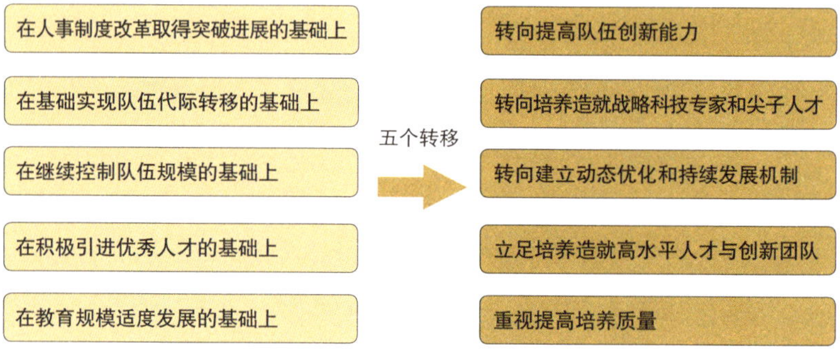

在人事制度改革取得突破进展的基础上
在基础实现队伍代际转移的基础上
在继续控制队伍规模的基础上
在积极引进优秀人才的基础上
在教育规模适度发展的基础上

五个转移

转向提高队伍创新能力
转向培养造就战略科技专家和尖子人才
转向建立动态优化和持续发展机制
立足培养造就高水平人才与创新团队
重视提高培养质量

加强创新队伍建设的“五个转移”工作思路

2010 年，根据《国家中长期人才发展规划纲要（2010—2020 年）》的任务和要求，为保障“创新 2020”的顺利实施，中科院研究制定了“创新 2020”人才发展战略，提出坚持科学发展观，树立“人才是第一资源”的观念，实施“人才强院”战略；坚持“优化发展环境，造就一流人才，坚持以用为本，支撑创新跨越”的方针；遵循人才成长规律，坚持德才兼备、以德为先的人才标准；坚持培养与引进相结合、立足培养的原则。用正确的价值观引导人才，用共同发展的理念凝聚人才，用创新的事业培养造就人才，以体制机制改革和管理创新促进人才发展，建设一支规模适度、结构合理、动态优化、充满活力的一流创新创业人才队伍。

党的十八大以来，中科院认真贯彻落实习近平总书记对中科院提出的“率先建成国家创新人才高地”的目标和要求，在“率先行动”计划中提出，坚持立足创新实践、培养与引进相结合，建设一支素质优良、规模适度、结构合理、适应需求、具有国际竞争力的科技创新队伍，努力实现“十百千万”队伍建设目标，形成一支由数十位有世界影响的科技大家、百余位战略科学家和领军人才、千余名拔尖科技人才、万余名骨干人才组成的创新队伍。“率先行动”计划确立了中科院新的人才发展战略和队伍建设目标，开启了中科院创新人才队伍建设和人才发展体制机制改革的新时代。

二 以人才发展机制改革为核心，激发创新活力

建设一流的创新人才队伍，需要建立和完善有利于优秀拔尖人才发挥作用、有利于青年科技人才脱颖而出、有利于人才队伍创新能力提升和结构动态优化的管理机制。改革开放 40 年来，中科院以用人制度改革为突破，以分配制度改革为重点，以激发人才创新活力为目标，不断深化人才发展体制机制改革。

（一）以用人制度改革为突破，不断创新人才使用机制

1. 鼓励公平竞争，促进优秀人才脱颖而出

1977 年，中科院率先在全国恢复技术职称评审，极大地调动了广大科技人员的积极性。1986 年开始，全面实行专业技术

职务聘任制。1987 年，在全国率先实行了对 45 岁以下科技人员晋升研究员、35 岁以下科技人员晋升副高职务的“特批”制度，打破计划经济体制下论资排辈的传统，在特定历史条件下缓解了人才断层问题，为顺利实现“代际转移”奠定了基础，在全国起到了重要示范作用。

为打破计划经济体制下形成的“铁饭碗”和“终身制”，实现科技队伍的动态更新，从 1991 年开始，中科院逐步开展科技人员聘用（任）制试点，至 1999 年，在全国率先实行全员聘用合同制，开创了我国事业单位人员合同管理制度的先河。2001 年，开始实施以“按需设岗、按岗聘任、择优上岗、动态更新”为主要内容的岗位聘用制度，为优秀科研人员脱颖而出创造了良好的制度环境。

2014 年，中科院启动实施“特聘研究员”计划，加强对科技领军人才和拔尖人才的激励和支持。首批“特聘研究员”218 人。

2017 年，中科院积极推进科技人才评价制度改革，引导和鼓励院属单位制定与人才发展阶段、工作性质和岗位需求相匹配的能力和绩效评价标准，对特别优秀或作出重大创新贡献的专业技术人员，放宽岗位任职年限及学历学位要求，建立岗位晋升绿色通道，不拘一格选拔和使用优秀人才。

2. 创新聘用方式，建立灵活多样的用人机制

2001 年开始，中科院在完善岗位聘用制度的基础上，推出项目聘用制度，为完成专项科研任务设置阶段性工作岗位，有效缓解了人才需求日益增长与事业编制总量有限之间的矛盾。同时，按照“不求所有，但求所用”的原则发挥国内外专家和访问学者的作用，对博士后试行项目聘用管理，对研究生实行

研究助理制度，加强流动人员队伍建设。通过一系列改革，逐步建立起岗位聘用、项目聘用和流动人员相结合的用人机制，形成了多元化的用人格局。

从 2006 年开始，中科院实行科技人员有限期聘用制度。2016 年试行“预聘－长聘”制度，择优遴选一批高层次科技人才，予以长期聘用，鼓励支持优秀科研人员脱颖而出和安心致研，促进科技人员合理有序流动，逐步建立与国际接轨的高层次人才使用机制。

早在 1984 年，经国务院批准，中科院在全国率先实行博士后制度，至今已形成独具特色、相对独立和较为完善的人才培养和使用机制，成为培养高层次青年人才的重要途径。2015 年，进一步创新博士后资助模式，与中国博士后科学基金会共同出资设立“支持‘率先行动’联合资助优秀博士后项目”，采取“站前资助”方式，吸引和激励更多优秀博士从事博士后研究，为国家完善博士后制度积累新经验。截至 2017 年年底，累计为国家培养博士后 2 万余人，在站博士后 5000 余人。

（二）以分配制度改革为重点，不断完善人才激励机制

1. 实施“三元”结构工资制，提高人才激励的有效性

1977 年，中科院经中央批准在全国率先实施了“科研津贴暂行办法”，对科研工作中有发明、发现和成绩突出的科研人员给予科研津贴。1992 年，中科院制定了《中国科学院所属事业单位收益分配管理的暂行办法》，规定可从项目经费结余和开发工作的纯收入中提取劳务酬金奖励有关人员。1995 年，中科院规定对国家科研项目经费可预提劳务酬金，院属各单位可采取多

种形式，将个人收入与其工作绩效挂钩。这些措施充分体现了对知识分子劳动的承认与尊重，调动了科技人员的积极性。

1999年，中科院建立了以岗位工资和绩效津贴为主的分配机制。2001年，开始实行“基本工资、岗位津贴、绩效奖励”的“三元”结构工资分配制度，根据不同类型科学研究的特点，采取不同的激励方式，对基础研究人才加大稳定支持力度，对应用研究和成果转化人才加大绩效奖励的弹性。“三元”结构工资制破除了按职务职级分配的“大锅饭”模式，体现了绩效优先、兼顾公平原则，是探索知识和技术要素参与分配形式的一次重大改革，有效激发了科技人才的积极性和创新活力。

“三元”结构工资制

基本工资：国家规定的岗位工资、薪级工资、津贴补贴、改革性补贴。

岗位津贴：与聘用制度挂钩，根据岗位性质和职责设立。

绩效奖励：与承担科研任务和完成情况挂钩。

2. 实行分类管理，增强人才激励的针对性

进入21世纪以来，中科院持续深化分配制度改革，逐步健全和完善以“三元”结构工资制为主体，以协议工资、法定代表人年薪和合同工资等多种分配形式为补充，“以岗定薪、岗变薪变”的收入分配制度体系。对研究所所长实行“法定代表人年薪制”，对引进海外高层次人才实行“协议工资制”，对项目聘用人员实行“合同工资制”，对技术、产品研发与成

果转移转化人才强化产权激励和成果收益共享机制。

2017 年，中科院制定《关于实施高层次人才协议薪酬的意见》，对“十百千”高层次人才实行协议薪酬，综合考虑高层次人才的知识价值、岗位职责、业绩贡献和考核评价结果等因素，强化对领军和拔尖人才的稳定支持。同时，改革研究所“法定代表人年薪制”，扩大研究所自主权。

（三）不断放权松绑，充分发挥研究所用人主体作用

改革开放以来，中科院在用人和收入分配管理制度上不断扩大研究所作为用人主体的自主权。早在 1985 年，一些研究所就开始实行“将点兵、兵投将”等工作岗位的双向选择；同时，对差额拨款和自收自支类研究所，赋予一定的收入分配自主权。1991 年，中科院在 5 个研究所试行工资总额包干，允许自行制定内部分配政策。1992 年，作为研究所综合配套改革的重要措施，研究所工资总额包干试点扩大到 14 个单位，并允许研究所实行公开招聘、择优进人，用人机制更加自主灵活。

从知识创新工程到“率先行动”计划，中科院一贯重视厘清院所两级事权，持续向研究所下放人事管理权限，近年来推进“放管服”改革，进一步发挥研究所用人主体作用，扩大研究所人事管理自主权。在岗位管理方面，实行院宏观控制关键岗位结构比例，其他岗位结构比例由院属单位结合实际确定和调整；专业技术岗位基本任职条件由研究所自主设置；研究所可根据发展需求对非事业编制工作人员进行自主管理，合理确定规模。在薪酬管理方面，逐步形成了“院宏观调控、研究所自主分配”的院所两级收入分配激励和约束机制，研究所可根据自身实际和需要，自主确定不同类型人才的薪酬构成和分配方式。

三 以人才计划为牵引，打造人才培养引进系统工程

在人才工作实践中，中科院不断深化对人才成长和科技创新活动规律的认识，根据不同时期对创新人才队伍建设的要求，适时实施多项人才计划，并加强系统整合和有机衔接，实施“人才培养引进系统工程”，构建起相互配套、紧密衔接、布局均衡、重点突出、独具特色的人才工作体系。

（一）实施“百人计划”，引进和培养科技领军人才

20 世纪 90 年代，由于历史原因，中科院“人才断层”现象日益凸显，“代际转移”任务迫在眉睫。1994 年 1 月，中科院启动实施“百人计划”，开启了我国高标准、高强度支持科技人才引进培养计划的先河，在海内外产生较大影响。

“百人计划”自实施以来，不断与时俱进、调整完善。自 1994 年 11 月首批 14 位青年学者入选至 1997 年，共有 146 位学者得到“百人计划”的支持。从 1998 年开始，根据知识创新工程试点的需要，进一步扩大引才规模，加大支持力度，在以“引进海外杰出人才”为主的同时，设立国内“百人计划”、项目“百人计划”、“海外知名学者”、自筹“百人计划”等。截至 2015 年年底，“百人计划”入选者共计 2480 人，其中“引进海外杰出人才”1972 人。“百人计划”入选者中，有 40 余位当选两院院士，近 700 人获得国家杰出青年科学基金资助，培养了一大批国家重大科技任务的首席科学家或负责人，相当一部分入选者还走上知名高校、科研机构及政府相关部门重要领导岗位。

2015 年，根据实施“率先行动”计划的新要求，中科院对

“百人计划”进行了优化调整，启动实施了率先行动“百人计划”，坚持“按需设岗、按岗招聘”，与国家引才计划有效衔接、错位发展，设置了“学术帅才”“技术英才”“青年俊才”三类项目，坚持引进培养杰出人才与青年优秀人才有机结合、引进培养科研人才与工程技术人才有机结合，强调各类优秀人才的协同发展。截至 2018 年 8 月，共支持学术帅才 24 人，技术英才 43 人，青年俊才 309 人。

2008 年国家实施引进海外高层次人才计划的“千人计划”以来，中科院坚持按需引进，坚持质量标准，坚持以事业吸引为主，引进了王中林、朱健康、袁钧英等顶尖人才。截至 2017 年 12 月，中科院入选“千人计划”创新项目 260 人，占全国的 9.2%；青年项目入选者 596 人，占全国的 20.4%；外专项目入选者 32 人，占全国的 9.6%。

（二）突出青年人才培养，保障队伍可持续发展

1. 设立一系列青年人才支持计划

为培养跨世纪优秀青年人才，1985 年，中科院设立“青年科学基金”，这是全国第一个专门面向青年科技人才设立的奖励基金。1987 年，中科院实行青年人才岗位晋升“特批”制度，此后十年间共“特批”了 1600 余人，其中研究员 400 余人，副高级专业技术人员 1200 余人。1989 年，中科院设立“中国科学院青年科学家奖”，表彰在科技创新活动中作出突出贡献的青年科技人才。此外，还先后通过建设青年实验室、设立青年人才前沿项目等措施，激发了青年科研人员的积极性，支持了青年科技人才成长和发展。

2011 年 6 月，中科院成立青年创新促进会，支持 35 岁以下优秀青年人才开展跨学科、跨专业的交流合作。截至 2018 年 11 月，共支持青年创新促进会会员 3190 人，其中优秀会员 252 人。

2. 率先开展公派留学工作

中科院是新中国最早选派科研人员赴国外公派留学的单位。早在 1978 年 1 月，中科院高能所和中国科大的 10 名科技人员就被派到联邦德国汉堡电子同步加速器研究所进修，这是“文化大革命”后我国对外派出的首批科技进修人员。1979 年 1 月 23 日，中科院和外交部联名向国务院提交了《关于充分利用民间途径选派一些出国进修人员和研究生的请示》，得到国务院批准。此后，中科院将公派留学作为人才国际化培养的主要举措之一，按照“择优遴选、多元资助、分类派出、分级管理”的原则，不断加大支持力度，加强制度建设和过程管理，促进优秀青年人才跻身国际科技前沿、提升科技创新能力。自 1979 年以来，中科院先后向美国、英国、德国、法国、日本等 40 多个国家和地区派出各类留学人员约 1.38 万人。

3. 合作设立王宽诚教育基金项目

1987 年，中科院与香港王宽诚教育基金会合作设立“中国科学院王宽诚教育基金会奖贷学金”。这是中科院首次利用境外捐赠，资助中青年科技骨干开展科学研究和学术交流。从最初的奖贷学金，到支持和奖励博士后、国际会议、高级访问学者、西部人才、优秀女青年科学家等，王宽诚教育基金项目逐步增加资助总额，调整和丰富资助项目，扩大奖励和资助范围。

2015年，王宽诚教育基金项目又进行了优化调整，设立了“王宽诚率先人才计划”，支持和激励不同类型的科技骨干人才，助力国家创新人才高地建设。30多年来，中科院王宽诚教育基金项目共资助高级访问学者739人、博士后1563人、参加国际会议906人。

（三）支持创新团队建设，带动和促进协同创新

2001年，中科院启动实施“创新团队国际合作伙伴计划”，支持国内优秀科学家，依托具有良好基础和条件的国家或院重点实验室，与海外高层次智力结成伙伴关系，形成“强强联合”的团队效应。2006年，该计划得到了国家外国专家局的支持。2015年，该计划更名为“卢嘉锡国际团队项目”，纳入“王宽诚率先人才计划”。

2011年，中科院设立“创新交叉团队”项目，支持优秀科技人才与院内外高校、科研机构、企业开展跨单位、跨学科领域的合作，提高骨干人才的科研合作和组织协调能力，促进协同创新。目前，共支持创新交叉团队187个，凝聚了院内外优秀中青年人才1000余人。

（四）实施区域人才计划，支持区域人才协调发展

20世纪90年代，西部地区高层次人才吸引困难、流失严重等问题日益凸显。1996年，作为全国首个区域性人才专项计划，中科院“西部之光”计划启动实施。1997年，中共中央组织部与中科院联合印发了《关于推进“西部之光”人才培养计划实施的意见》，有关地方政府也积极响应和支持。该计划支持范围逐步扩展到西部12个省（自治区、直辖市）的院属单位、

地方高校和科研机构，从支持引进人才到培养人才，同时设立交叉团队项目和“一带一路”团队项目，并支持西部地区科研骨干与中东部地区优秀人才交流合作。截至2017年年底，共支持2991名科研骨干扎根西部创新发展。

2004年，中科院启动实施“东北之春”人才计划，实施的三年期间，为支撑东北地区传统产业改造、高技术产业发展和生态农业与资源可持续利用，培养了一批学术带头人、技术骨干和新型产业人才，也促进了中科院与地方的科技合作。

（五）加强智力引进，提升人才队伍的国际化水平

从1998年开始，中科院实施“海外评审专家”项目，聘请海外优秀学者为中科院人才培养引进、研究所评估及评审奖励等提供咨询意见与建议。进入21世纪，先后启动了“爱因斯坦讲席教授”“外国专家特聘研究员”“外籍青年科学家”等计划，吸引外国优秀人才来华开展学术交流与合作研究。

2014年，中科院整合国际人才交流计划各类项目，形成了由杰出学者项目、访问学者项目、博士后项目和博士生项目等组成的“国际人才计划”，拓展了国际科研伙伴关系网络，提高了中科院的国际学术影响力和人才吸引力。

四 统筹各类人才队伍建设，促进队伍协调发展

在把科技人才队伍建设始终放在核心位置的同时，中科院也不断加强各类管理和技术支撑队伍建设，为各项事业全面协调可持续发展提供人才保障。

中科院始终坚持党管干部原则，不断健全完善领导干部选

拔任用和管理制度，逐步形成了包括干部选拔任用、管理监督、考核评价和后备干部选拔培养等较为完整的干部管理制度体系。在全面贯彻落实党中央关于干部工作有关规定和部署要求的同时，中科院还积极推行所长任期目标管理制度，健全干部考核体系；实行领导干部任期制，实现干部能上能下；试点国内外公开招聘所长，推进竞争性选拔领导干部工作；探索学术所领导聘任制，推动去行政化改革；加强离退休干部队伍建设。

为适应现代科研院所管理工作需要，中科院不断加强管理队伍建设，提高管理队伍职业化、专业化水平。1995 年，作为国家职员职级改革试点单位，中科院实行了职员职级制。2012 年，研究所开展高级业务主管四级职员岗位聘用工作，拓宽管理人员职业发展通道。2017 年，《中国科学院关于加强新时期管理队伍建设的指导意见》出台，提出优化完善相关政策，着力建设素质优良、规模适度、精干高效、创新活力的管理队伍，保障“率先行动”计划全面实施。

为加强技术支撑人才队伍建设，2001 年，中科院首次提出技术支撑人员序列，与科技人员和管理人员并设为三类岗位；2003 年，印发《关于进一步加强中科院技术支撑队伍建设的指导意见》，明确院属单位根据需要合理设置或调整技术支撑岗位的数量和结构。2004 年，为加强公共技术平台建设，全院增加了 1000 多个技术支撑岗位。2006 年，全院技术支撑岗位占岗位总数的宏观控制比例，由不超过 10% 提高到 10% ~ 30%。2007 年，设置正高三级技术支撑岗位。2015 年，《中国科学院关键技术人才管理办法》出台，进一步加强技术支撑人才队伍建设。

从 2011 年开始，中科院实施“3H 工程”，帮助解决科研人员在住房（Housing）、子女入学和配偶工作（Home）、医疗健康（Health）等方面的实际困难。截至2017年年底，新建和改造人才周转公寓7335套，缓解了一批青年人才的安居保障急需；通过组建学前教育联盟和委托、合作办学等方式，帮助科研人员解决子女入学困难；院属39个单位与全国29个地方医院建立合作关系，开通职工医疗绿色通道；职工健身、食堂等公共服务保障设施不断完善。"3H工程"取得显著进展，为创新人才队伍建设提供了重要支撑。

2012年，中科院实施"全员能力提升计划"，通过任职培训、岗位培训、技能培训、自主选学、境外培训、公派留学等多种方式开展各类人才的继续教育与培训。

此外，1985年，中科院选派了全国第一位科技副职干部。截至目前，全院共向地方政府和企业派出科技副职干部1700余人，为促进院地合作、服务地方经济社会发展作出了突出贡献。中科院选派科技副职的做法为全国范围内的科技副职、科技特派员等工作探索了经验。

第九章 科教融合与教育改革发展

改革开放40年来，作为新中国最早从事研究生教育的部门之一，中科院始终坚持“科研与教育并举，出成果与出人才并重”，瞄准国际科技前沿和国家战略需求，将教育与科研实践紧密结合，以院属高校为核心，依托百余家院属科研院所，培养了一大批科技领军人才和高层次创新创业人才，成为我国科技创新的生力军。同时，作为高等教育改革开放的先行者，中科院不断深化体制机制改革，形成了质量优异、特色鲜明的科教融合协同育人新模式，在我国研究生教育改革和发展中起到了重要的示范带动作用。

一 在全国率先恢复和发展高等教育

（一）率先恢复招收研究生

早在1975年，中科院就率先提出恢复我国高等教育制度。“文化大革命”结束后，我国迎来了科学和教育的春天。1977年11月，经国务院批准，中科院与教育部联合发出《关于一九七七年招收研究生具体办法的通知》，决定在中科院所属 66 个研究所和北京大学、清华大学、中国科大、浙江大学 4 所大学恢复招收研究生，标志着我国研究生教育在中止了 12 年之后得以恢复。1978 年 1 月，教育部和中科院决定将 1977 年和 1978 年招收研究生工作合并进行，统称为 1978 级研究生。中科院所属各研究所共招收 1978 级研究生 1015 人，中国科大招收 107 人，两者共占全国招生总数的 1/3。1982 年 6 月，经国务院学位委员会批准，中科院试点进行我国首次博士学位论文答辩。

全国统一招收研究生工作正在积极进行

经国务院批准，一九七七、一九七八年招生工作合并进行，统称一九七八届研究生

新华社北京一九七八年一月二十二日讯 教育卩和中国科学院最近对招收研究生的工作作了统一的安排。

这两个单位主管研究生报考工作的同志说，英明领袖华主席、党中央关于恢复研究生制度的决定，受到了各级党委和广大群众的热烈拥护，一致认为这是加速培养又红又专的科学技术人才，争取早日实现四个现代化的一项重要措施。各地党委对招收研究生工作极为重视。许多厂矿、学校、部队、机关、企事业单位积极支持在职职工报考研究生，主动为国家输送优秀人才。广大科学家、教师以实际行动揭批“四人帮”破坏研究生制度的罪行。许多科学家、教师积极要求承担培养任务，专长自然辩证法的学者如于光远积极带自然辩证法的研究生，数学家华罗庚、高能物理学家张文裕、生物学家王应睐、天文学家王绶琯、力学专家吴仲华、地学家尹赞勋等，也积极带研究生。老教授周培源、唐敖庆、杨石先、苏步青等都带头收研究生。著名画家和教授吴作人、刘开渠、李可染、蒋兆和、古元、李桦等也参加指导研究生，培养接班人。目前，要求报考研究生的极为踊跃，不少人还给有关单位来信、来电或来访，询问报考规定，要求延长报考日期。

教育卩和中国科学院根据这种情况，从方便考生出发，经国务院批准，决定将一九七七、一九七八两年招收研究生的工作合并进行，同时报考，一起入学，统称为一九七八届研究生。这届研究生的报名日期是今年三月一日至三月三十一日，予定五月初试，六月复试，九月入学。报名和初试都将在县或大中城市的区进行。研究生招生简章，今年二月下旬可自行向县（区）招生办公室索取。中国科学院和各高等学校招收研究生的报名、考试办法已经统一。过去已向中国科学院报名的仍然有效，没有报名的，三月份还可继续报名。中央和国务院各卩、委直属的研究机构，今年也将试行招收研究生，凡是面向全国招收的，办法与中国科学院和各高等学校相同。

目前，全国各地招生卩门正在紧张地进行招生前的各种准备工作。教育卩和中国科学院希望各卩门、各单位为了发展我国的科学、教育事业，主动地推荐符合条件、志愿报考的人员报考，共同做好研究生的招收和培养工作。

1978 年 1 月 23 日，《光明日报》报道全国统一招收研究生工作

（二）建立新中国第一所研究生院

1978 年 3 月，经党中央、国务院批准，中国科学技术大学研究生院（北京）成立。这是新中国第一所研究生院，也是迄今唯一一个直接由国务院批准成立的研究生院。作为与中科院京区研究所联合培养研究生的一所学校，其主要任务是承担京

区各研究所研究生的基础课教学。在教育实践中，开创了适合科研机构研究生教育的“两段式”培养模式，即第一阶段在研究生院学习基础课程；第二阶段到研究所进行科研实践，完成学业。王大珩、彭桓武、叶笃正、刘东生、吴文俊、关肇直等大批著名科学家纷纷登上讲台授课，杨振宁、李政道、吴健雄、陈省身、林家翘等著名海外华人学者前来讲学，形成了大师云集、群贤毕至的人才培养环境。

1978 年，中国科学技术大学研究生院首届开学典礼

（三）中国科学技术大学首创少年班

为适应国家对拔尖科技人才的急需，打破常规发现、选拔和培养杰出人才，探索优秀人才培养规律，在邓小平、方毅等党和国家领导人的支持和推动下，中国科大于 1978 年 3 月创办全国第一个少年班，引发海内外的广泛关注。

作为我国高等教育创新改革实践的先行者，少年班不断探索和改善教学管理模式，在全国高校率先实施自主招生、学院制模式、个性化培养以及自由选专业等一系列创新举措，形成了“破格录取、因材施教”的鲜明办学特色和培养模式，引领了我国当代高等教育的改革发展，并为世界超常教育作出了重要贡献。截至 2018 年，少年班共招收学生 1620 人，毕业学生 1589 人，其中 1430 人考取研究生，占毕业学生的 90%。少年班毕业生中，已有 2 位当选中国科学院院士，4 位当选美国等外国科学院院士，还涌现出一批活跃在科技、教育、经济、金融等领域的拔尖人才。

严济慈、吴文俊、马大猷等科学家与少年班学生在一起

1978 ~ 1981 年，中科院还曾先后接办了黑龙江工学院（随即更名为哈尔滨科学技术大学）、浙江大学和成都工学院（随即更名为成都科学技术大学）3 所高校。

二 加快高等教育改革和发展

（一）整合教育资源，更名组建中国科学院研究生院

世纪之交，为适应国家培养高层次科技人才和实施知识创

新工程的新要求，中科院决定整合全院教育资源，大力发展研究生教育。经国务院学位委员会、教育部批准，2001 年 5 月，中科院在所属中国科学技术大学研究生院（北京）的基础上，更名组建中国科学院研究生院，并将之前分散在研究所的学位授予权及博士、硕士学位授权点，全部归入中国科学院研究生院。

更名组建的中国科学院研究生院由北京 3 个教学园区（玉泉路、中关村、奥运村）、京外 5 个教育基地（上海、武汉、广州、兰州、成都）和分布全国的百余家研究生培养单位组成，形成了以京区为中心、覆盖全院的研究生教育网络体系。2006 年 12 月，中国科学院研究生院雁栖湖校区开工建设，2013 年 9 月建成启用。

中国科学院研究生院

（二）创新体制机制，构建“三统一、四结合”的研究生教育管理模式

中国科学院研究生院对全院研究所的研究生教育，实行“统

一招生、统一教育管理、统一学位授予”，形成了“院所结合的领导体制、师资队伍、管理制度、培养体系”，有效推动了全院研究生教育资源的系统整合，把住了人才培养的入口和出口关，构建了贯穿教育培养全过程的质量管理体系，为人才培养提供了体制机制保障。

2001 ~ 2012 年，全院研究生招生规模从 7344 人迅速扩大到 17 446 人，实现了中科院研究生教育的跨越式发展。在 1999 ~ 2013 年全国优秀博士学位论文评选中，中科院以占全国 8.3% 的博士学位授予人数，入选全国 15% 的优秀博士论文。

（三）支持中国科大创建世界高水平研究型大学

经过改革开放初期的恢复和发展，以及“七五”“八五”时期国家重点建设，中国科大迅速发展成为高质量人才培养和高水平科学研究的基地。1984 年 11 月，合肥同步辐射装置在

中国科学技术大学

中国科大开工建设，这是国家在高校建设的第一个重大科技基础设施，于1989年建成。1995年，中国科大成为国家首批“211工程”重点建设高校之一；1998年，成为唯一参与实施国家知识创新工程的大学；1999年7月，又成为国家“985工程”重点建设高校之一，是首批9所高校之一，并得到中科院、教育部和安徽省政府重点共建。2004年10月，三方继续重点共建中国科大，推动其创建世界高水平研究型大学。

（四）支持中国科大探索“全院办校、所系结合”新途径新模式

1994年9月，中国科大与中科院合肥分院联合成立中国科学技术大学高等研究院。2003年11月和2007年5月，中科院先后召开“全院办校、所系结合”座谈会，提出并实施了与研究所共建院系和实验室、研究院所领导和专家兼任院系领导、互聘教学科研人员、举办“科技英才班”、联合培养研究生等一系列新举措，推动“全院办校、所系结合”工作不断迈上新台阶。

表9–1 中国科学技术大学“科技英才班”一览表

序号	科技英才班名称	所在院系	合作单位
1	华罗庚数学科技英才班	少年班、数学系	数学与系统科学研究院
2	材料科学科技英才班	化学院材料科学与工程系	金属研究所
3	贝时璋生命科技英才班	生命学院	生物物理研究所、上海生命科学研究院
4	严济慈物理科技英才班	少年班、物理学院	物理研究所
5	王大珩光机电科技英才班	工程学院、信息学院、物理学院	长春光学精密机械与物理研究所

续表

序号	科技英才班名称	所在院系	合作单位
6	应用物理科技英才班	物理学院	上海应用物理研究所
7	力学科技英才班	工程学院近代力学系	力学研究所
8	卢嘉锡化学科技英才班	化学院	化学研究所、上海有机化学研究所
9	天文科技英才班	物理学院天文与应用物理系	国家天文台、紫金山天文台、上海天文台
10	赵九章现代地球和空间科技英才班	地球和空间科学学院	地质与地球物理研究所
11	计算机科技英才班	计算机学院	计算技术研究所
12	信息科技英才班	信息学院	电子学研究所
13	精密光机电与环境科技英才班	工程科学学院	合肥物质科学研究院
14	新能源英才班	工程科学学院	广州能源研究所

三 构建科教深度融合协同育人新格局

2013 年，习近平总书记对中科院提出“率先建成国家创新人才高地”的要求。中科院发挥“三位一体”优势，将科教融合培养高层次创新人才，作为实施“率先行动”计划、建设国家创新人才高地的重要任务之一。2013 年 7 月，中科院组建了中国科学院教育委员会，加强全院教育工作的顶层设计和统筹推进，促进科教深度融合发展。同时，积极支持中国科大、国科大加快建设世界一流大学步伐，并与上海市共建上海科技大学。

（一）与教育部联合实施“科教结合协同育人行动计划”

2009年，中科院制定了《中国科学院关于加强科教协同创新的指导意见》。2012年，中科院与教育部联合启动“科教结合协同育人行动计划”，组织实施科苑学者上讲台计划、重点实验室开放计划、大学生科研实践计划、大学生暑期学校计划、大学生夏令营计划、联合培养大学生计划、联合培养研究生计划、人文社科学者进科苑计划、中国科学院奖学金计划、科苑学者走进中学计划10个项目，探索高等院校与科研院所联合培养人才的新模式。截至2017年年底，59个院属研究所与57所高校开设138个“菁英班”，资助学生16 765人，毕业学生7177人。自2015年起，中科院实施面向全国300多所高校的“大学生创新实践训练计划”，近9000名本科生受益。

（二）中国科学院研究生院更名为中国科学院大学

2012年7月，经教育部批准，中国科学院研究生院更名为

中国科学院大学

中国科学院大学。国科大实行“科教融合、育人为本、协同创新、服务国家”的办学方针，汇聚中科院优质科教资源，培养造就高素质创新人才。2014年，经教育部批准，国科大招收首批本科生，以导师制、小班化、个性化、国际化为特色，建设本科生教学培养体系。发挥科教融合优势，将校园内基础课教学与研究所专业学习和科研实践相结合，并为学生提供赴世界一流大学和科研机构访学交流机会，培养学生的全球视野和科技前沿意识。

（三）全面推进科教融合学院建设

“率先行动”计划实施以来，中科院支持院属高校依托科研机构建设科教融合学院，全面推进科教深度融合。科教融合学院由研究所承办，成建制、有组织地推进院属高校师资队伍、学科、课程和质量保障体系建设，促进院属高校与科研院所在

表 9–2　国科大科教融合学院一览表

序号	科教融合学院名称	牵头承办单位	共建方
1	数学科学学院	数学与系统科学研究院	
2	物理科学学院	物理研究所	
3	化学科学学院	化学研究所	
4	生命科学学院	生物物理研究所	
5	材料科学与光电技术学院	半导体研究所	
6	地球与行星科学学院	地质与地球物理研究所	
7	资源与环境学院	生态环境研究中心	
8	计算机与控制学院	计算技术研究所	
9	电子电气与通信工程学院	电子学研究所	
10	天文与空间科学学院	国家天文台	

续表

序号	科教融合学院名称	牵头承办单位	共建方
11	工程科学学院	力学研究所	
12	公共政策与管理学院	科技战略咨询研究院	
13	微电子学院	微电子研究所	
14	宁波材料工程学院	宁波材料技术与工程研究所	与宁波市合作共建
15	存济医学院	干细胞与再生医学创新研究院	
16	未来技术学院	理化技术研究所	
17	网络空间安全学院	信息工程研究所	
18	深圳先进技术与工程学院	深圳先进技术研究院	与深圳市合作共建
19	海洋学院	海洋研究所、南海海洋研究所、深海科学与工程研究所	与青岛市合作共建
20	能源学院	大连化学物理研究所	与大连市合作共建
21	核科学与技术学院	近代物理研究所、高能物理研究所	
22	人工智能技术学院	自动化研究所	
23	纳米科学与技术学院	国家纳米科学中心	
24	化学工程学院	过程工程研究所	
25	现代农业科学学院	遗传与发育生物学研究所	
26	光电学院	光电研究院	
27	机器人与智能制造学院	沈阳自动化研究所	与沈阳市合作共建
28	福建学院	福建物质结构研究所、城市环境研究所	与福建省、福州市合作共建
29	广州学院	广州分院	与广州市合作共建
30	南京学院	南京分院	与南京市合作共建
31	重庆学院	重庆绿色智能技术研究院	与重庆市合作共建
32	西安学院	西安分院	与西安市合作共建
33	成都学院	成都分院	与成都市合作共建

表 9-3 中国科大科教融合学院一览表

序号	学院名称	承办单位
1	材料科学与工程学院	金属研究所
2	核科学技术学院	合肥物质科学研究院
3	环境科学与光电技术学院	合肥物质科学研究院
4	纳米技术与纳米仿生学院	苏州纳米技术与纳米仿生研究所
5	天文与空间科学学院	紫金山天文台
6	生物医学工程学院	苏州生物医学工程技术研究所
7	应用化学与分子工程学院	长春应用化学研究所

教学和科研平台、科研任务、国际交流合作等方面的资源共享。截至2018年上半年，国科大、中国科大组建科教融合学院40个，其中京内22个、京外18个，参与研究所102个，构建了科教融合协同发展的教育组织架构。

（四）与上海市共建上海科技大学

2013年9月，经教育部批准，中科院与上海市政府共同建

上海科技大学

立上海科技大学（简称“上科大”）。上科大致力于促进科教融合和高等教育改革，参与上海科创中心建设，学校教授与研究所科研人员交叉任职，双方科教资源开放共享、优势互补，打造小规模、高水平、国际化的研究型、创新型大学。

（五）实施“率先建成世界一流大学”行动计划

为发挥院属高校特色优势，积极参与国家“双一流”高校建设，按照“率先建成国家创新人才高地”的要求，2017 年，中科院启动实施院属高校“率先建成世界一流大学”行动计划，深入实施科教融合战略，进一步汇聚全院优质科教资源，将中国科大、国科大率先建成世界一流大学，支持上科大有特色高水平大学建设，并相应提出了一系列建设任务与改革举措。

四 教育改革与发展取得辉煌成绩

中科院是新中国研究生教育事业的开创者，是我国高等教育改革开放的先行者。长期以来，中科院人才培养工作得到了党和国家领导人的充分肯定。1983 年 12 月，邓小平批示：“科技大学办得较好，年轻人才较多，应予扶持。”1998 年 3 月，江泽民为中国科学技术大学研究生院（北京）建校 20 周年题写“科教兴国，人才为本”；同年 6 月，江泽民为中国科大建校 40 周年题词：“面向二十一世纪，建设一流大学，培育一流人才。”2008 年 9 月，胡锦涛为中国科大建校 50 周年致信祝贺，称赞学校“为党和国家培养了一大批科技人才”。

2013 年 7 月 17 日，习近平总书记在国科大为中科院提出“四个率先”目标，勉励中科院“率先建成国家创新人才高地”。

2016年4月26日，习近平总书记视察中国科大，称中国科大“作为以前沿科学和高新技术为主的大学，这些年抓科技创新动作快、力度大、成效明显，值得肯定”，勉励学校“勇于创新、敢于超越、力争一流，在人才培养和创新领域取得更加骄人的成绩，为国家现代化建设作出更大的贡献”[①]。这些肯定和鼓励为中科院不断深化教育改革、加快建设国家创新人才高地注入了强大动力。

改革开放以来，中科院为国家培养了大批高素质科技创新人才。1983年5月，国务院学位委员会首批授予的18位博士学位获得者中，有12位由中科院培养，占2/3。中科院培养出新中国第一位理学博士（马中骐）、第一位工学博士（冯玉琳）、第一位女博士（徐功巧）、第一位双学位博士（施汫立）。截

1983年5月，国务院学位委员会首批授予博士学位获得者

① 新华社．习近平：加强改革创新开创发展新局面．2016年4月27日，http://www.xinhuanet.com/politics/2016-04/27/c_1118754359.htm [2018-10-18].

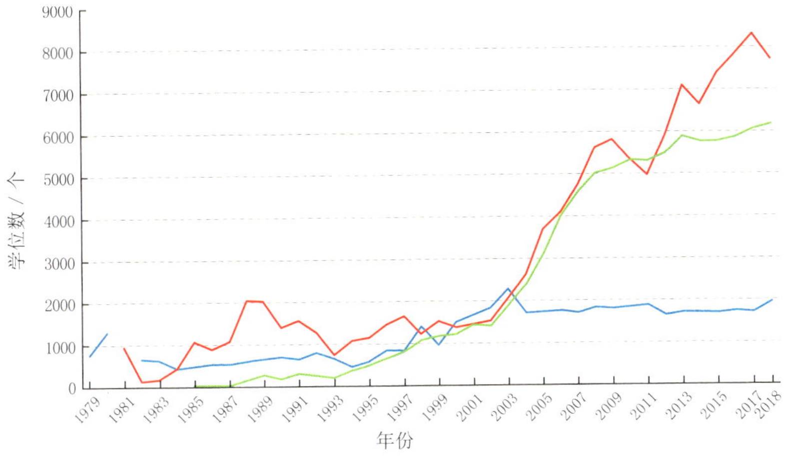

1979 ～ 2018 年，中科院授予学位数

至 2018 年 8 月，中国科大共授予研究生学位 48 735 人，其中博士学位 11 377 人；国科大共授予研究生学位 160 616 人，其中博士学位 77 956 人。两校历届毕业生中，有约 180 人当选两院院士，获国家杰出青年科学基金资助者约占全国总数的 1/4。

2017 年 9 月，中国科大、国科大同时入选“双一流”建设高校。在 2017 年 12 月公布的国家第四轮学科评估结果中，中国科大 7 个学科入选 A+ 类学科、15 个学科入选 A 类学科；国科大 18 个学科入选 A+ 类学科，30 个学科入选 A 类学科。在 2018 年 7 月的基本科学指标数据库（ESI）排名中，中国科大有 12 个学科进入全球前 1% 学科领域，其中 4 个学科进入全球前 1‰学科领域；国科大有 15 个学科入选全球排名前 1%，7 个学科入选前 1‰。

截至 2018 年 9 月，中国科大在学学生 25 692 人，其中本

中国科学院大学学位授予仪式现场

科生 7384 人、硕士研究生 12 526 人、博士研究生 5782 人；国科大在学学生 51 075 人，其中本科生 1588 人、硕士研究生 23 655 人、博士研究生 25 832 人。另有留学生 2403 人，来自 100 余个国家，博士规模位居全国第一。

回首 40 年，中科院在高等教育改革与发展实践中，率先提出并实施了一系列富有前瞻性和创新性的重大改革举措，探索出一条具有中国特色的科教融合培养创新人才之路，培养出大批活跃在我国科技、教育、经济、国防等重要领域的领军人物和中坚力量，是我国高等教育改革与发展的开拓者、引领者，在世界高等教育领域也具有重要影响和独特优势。

第十章 知识产权与科技成果转化

改革开放40年来，中科院秉承“创新科技、服务国家、造福人民”的宗旨，面向国民经济主战场，不断创新体制机制和优化科技布局，加强关键技术创新与系统集成，加强知识产权创造和运营，促进科技成果转化与产业化，支撑国家和区域创新体系及创新能力建设，发挥了重要的引领示范和辐射带动作用，为我国经济建设和社会可持续发展作出了一系列重大创新贡献。

一 探索科技成果向生产力转化的新机制

改革开放初期，党和国家工作重点逐渐转移到社会主义现代化建设上来，对科技工作提出新要求。1982年，党中央提出了“经济建设必须依靠科学技术，科学技术工作必须面向经济建设”的科技工作总方针。适应这一新形势、新要求，中科院先后于1978年、1984年和1992年三次调整办院方针，并于1988年开始实行“一院两种运行机制”，在保持一支精干力量从事基础研究和高技术创新的同时，逐步把主要力量动员和组织到国民经济建设服务的主战场，使中科院开发工作进入经济领域，探索构建由适应市场机制的宏观调控体制、生产经营体制及其相应支持系统组成，并与国内外企业界建立广泛合作与联系的高技术开发体系，为国家产业结构调整，以及开拓和发展中国高技术产业作贡献。

这一时期，中科院一方面通过组织力量承担科技攻关任务、“863计划”等国家重大任务，研究解决国民经济和社会发展中的综合性重大科技问题与关键技术，促进科技成果在工农业生产中的推广应用，带动行业科技进步；另一方面积极发挥院属单位的科技积累，组织实施“面向工程”，并与国家有关部门组织国家产学研工程，推动技术创新与开发；同时与地方政府合作，面向大中型企业开展联合研究开发，参与企业、行业技术改造，以高新技术改造传统产业，推动我国高新技术产业的形成和发展。1985年，中科院与深圳市政府合资建立了我国（不含港澳台地区）第一个科技工业园区——深圳科技工业园。

自1983年起，中科院各分院、研究所相继成立了科技咨询开发服务部，面向社会承接技术咨询和科技开发服务工作，标志着中科院科技开发工作正式拉开帷幕。此后，科技开发工作通过多种渠道和途径开展，主要包括技术转让、专利实施、咨询服务、与企业和地方开展技术经济合作，以及创办高新技术企业等。一些院属单位投资兴办了一批高新技术企业，如科海新技术联合开发中心、中国科学院计算技术研究所新技术发展公司（联想集团的前身）、北京三环新材料高科技公司、中国科健股份有限公司、东方科学仪器进出口公司、成都地奥制药集团有限公司等。

中科院倡导和鼓励科技人员创办高新技术企业，动员科技人员走出实验室，到商品经济的竞争中去求得新的发展。在1984～1997年的科技开发工作中，中科院组织了近万名科技人员从事科技开发，在计算机、新型材料、激光技术、传感器、医疗设备和生物技术等方面，形成了一批具有一定规模和效益的企业，加速了科技成果转化，取得了较好的经济效益和社会效益，同时也为探索中国高技术企业的发展积累了宝贵经验，起到了引领作用。

改革开放初期创建的高技术企业

- 1983年10月，中科院与北京市海淀区签订合作协议，创办了中科院最早的科技开发公司——中国科学院科技开发部北京市海淀区新技术联合开发中心，简称“科海新技术联合开发中心”。这是由来自中科院物理所、力学研究所、地球物理研究所的3位科研人员走出研究所，凭10万元人民币开办费和借用的3间平房起家创办的，成立当年就推广了32个科技项目，帮助海淀区兴办了9家工厂，与首钢集团等几十家大中型企业建立了密切的合作关系。
- 东方科学仪器进出口公司成立于1983年10月，前身是1980年3月经国务院批准成立的中科院进出口办公室。公司业务范围由原来单纯的代理进出口贸易发展，拓展至进出口代理和招标业务、高科技产品出口和项目承包业务、科技租赁业务、国内代理分销和运营业务、医疗器械和医疗健康服务、科技风险股权投资和资本运营业务等，逐步发展成为大型综合性科技服务集团公司。

- 1984 年 11 月，中科院计算所投资 20 万元人民币，由 11 名科研人员创立了计算技术研究所公司，即后来的联想集团。1985 年，公司推出“联想”汉卡；1990 年，推出“联想”品牌个人电脑；1994 年，联想集团在香港联合交易所上市；1997 年，“联想”品牌个人电脑在中国市场的占有率位居首位。
- 1984 年 12 月，中科院在深圳蛇口工业区创办中国科健股份有限公司。该公司以开发和生产先进医疗电子设备和高级计算机系统为主，率先制造出当时世界水平的商品化的“康发”计算机辅助工程（CAE）工作站。1994 年，中国科健股份有限公司在深圳证券交易所上市，成为中科院第一个上市公司。
- 1985 年 8 月，中科院物理所科研人员创办了北京三环新材料开发公司，对稀土永磁体钕铁硼进行开发和推广生产，先后创造了行业多个“最先”和“第一”，发展成为全球第二大、中国最大的稀土永磁材料及器件供应商，带动中国成为继美国、日本之后的第三个钕铁硼永磁材料生产国。
- 1988 年 8 月，中国科学院成都生物研究所科研人员借款 60 万元，建立成都生物研究所制药厂。1989 年 3 月，生产出第一批“地奥心血康”胶囊，被认定为“国家级新产品”。多年来，“地奥心血康”畅销全国并远销海外，被列入国家基本药物，居全国名优特新药类产品销量首位、心血管病同类药用量首位及治疗性中药类销量首位。

1999 年，国家经济贸易委员会管理的 10 个国家局所属 242 个科研机构首批转制为企业。此后，134 个国家科研机构完成了整体转制，其中包括中科院所属的成都计算机应用研究所、成都有机化学研究所、广州电子研究所、广州化学研究所、沈阳计算机技术研究所、北京软件工程研制中心、北京科学仪器研制中心、沈阳科学仪器研制中心、成都科学仪器研制中心、新乡科学仪器研制中心、南京天文仪器研制中心、科技物资中心、建筑设计研究院等 13 个事业单位。这些转制机构发挥技术优势，克服重重困难，建立现代企业制度，积极参与市场竞争，促进科技成果产业化，部分企业发展成为具有较强竞争力的创新型企业。例如，中科院成都信息技术股份有限公司于 2017 年在深圳创业板上市，其研制的“计算机选举系统”多次成功应用于党和国家重大会议选举工作。

1999 年，中科院推进院所企业实行公司制改革，建立现代企业治理结构。至 2002 年年底，全院绝大部分企业完成了公司制改造。

二 全面拓展科技合作，创新技术转移模式

（一）加强和拓展科技合作

知识创新工程期间，中科院把与地方的科技合作（院地合作）作为促进科技成果转移转化和产业化、服务区域经济社会发展的重要举措。1999 年，中科院与省市合作领导协调委员会成立，加强顶层设计，拓展院地合作范畴，丰富合作内涵，提高合作层次。至 2010 年，中科院与 31 个省（自治区、直辖市）建立了全面合作关系，形成了以长江三角洲、珠江三角洲、东北地区、西

部地区及环渤海地区为重点，覆盖全国的院地合作网络。

同时，根据国家区域发展战略，中科院先后组织实施了西部行动计划、科技援藏工程、东北振兴科技行动计划、科技支黔工程、科技支青工程、科技支甘工程、科技支新工程、支持天津滨海新区建设科技行动、三峡创新工程、广东“新高地”建设等专项工程，为促进科技成果转化和区域经济社会发展提供科技支撑。

为加强区域创新体系建设，结合中科院科技布局调整，中科院与地方政府共建了11个院属研究机构。

此外，中科院还与浙江嘉兴、广东佛山、江苏泰州等地方政府共建了30个技术创新与育成中心和1个科技创新园，依托分院建设了8个技术转移中心；院属单位还与地方共建了712个技术转移转化机构。

表10–1　中科院与地方政府共建研究机构

共建研究所名称	共建各方
广州生物医药与健康研究院	中科院、广东省、广州市
宁波材料技术与工程研究所	中科院、浙江省、宁波市
青岛生物能源与过程研究所	中科院、山东省、青岛市
烟台海岸带研究所	中科院、山东省、烟台市
苏州纳米技术与纳米仿生研究所	中科院、江苏省、苏州市、苏州工业园区
城市环境研究所	中科院、厦门市
深圳先进技术研究院	中科院、深圳市、香港中文大学
上海高等研究院	中科院、上海市
苏州生物医学工程技术研究所	中科院、江苏省、苏州市
天津工业生物技术研究所	中科院、天津市
重庆绿色智能技术研究院	中科院、国务院三峡工程建设委员会办公室、重庆市

（二）推进经营性国有资产管理体制改革

随着院所投资企业发展壮大，中科院按照明晰产权、优化结构、事企分开的原则，推进经营性国有资产管理体制改革，建立有利于科技成果转化、规模产业化和保护产权所有者权益的国有资产管理体系与制度环境。2001 年，国务院批复同意中科院经营性国有资产管理体制改革试点方案。2002 年 4 月，中科院出资设立中国科学院国有资产经营有限责任公司（简称国科控股），按照国家授权、事企分开、统一管理、分级营运的原则，对全院经营性国有资产统一履行运营及监管职责。

为推动院所投资企业建立现代企业制度，中科院于 2004 年 8 月、2006 年 3 月分别出台了《中国科学院关于加快院、所投资企业社会化改革的决定》《中国科学院关于进一步推进研究所投资企业社会化改革工作的意见》，以股权社会化改革为突破口，促进院所投资企业与社会优势资源的结合，优化企业股权结构，实现市场化运营，加快高技术产业的规模化发展。

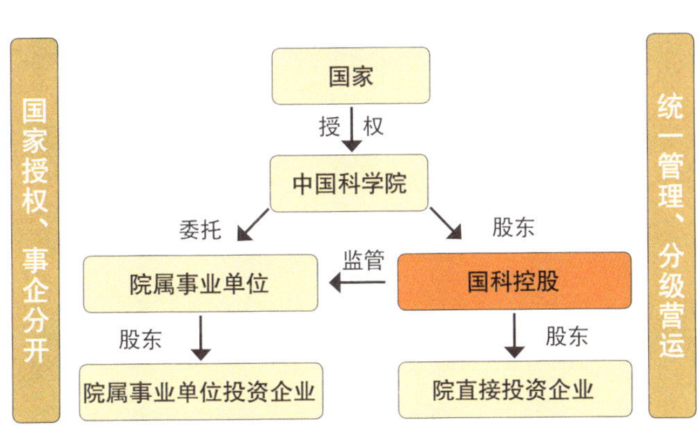

中国科学院经营性国有资产管理体制

联想控股的股权社会化改革

联想控股是由中科院计算所在改革开放初期孵化出的新技术发展公司。1994年，中科院批准联想控股员工享有企业35%的分红权。2001年，在中科院支持下，联想控股职工持股会以购买方式拥有了公司35%的股权，完成了公司制改建及现代法人治理结构的建立。

按照2004年发布的《中国科学院关于加快院、所投资企业社会化改革的决定》，2009年，国科控股在北京产权交易所挂牌转让持有的联想控股29%股权，联想控股顺利完成了股权社会化改革。

通过股权社会化改革，联想控股优化产权结构，深化资源整合和市场化进程，为新老股东和企业共赢奠定了基础，为院所投资企业股权社会化改革起到了示范作用。

（三）加强与行业和企业技术合作

围绕国家产业结构调整的战略需求，中科院先后组织实施了“中国税收征管信息系统的发展与完善”（2001年）、“开放式和智能化的数控系统平台及产业化”（2002年）和“万吨级铬盐清洁生产技术优化集成与标志性工程”（2002年）等一批重大产业化项目，探索产学研合作机制，推动科技与管理、资金、市场等社会优势资源结合，共同支持有市场前景、技术成熟度高、具有行业带动性和扩散性的科技成果转化，促进高新技术产业化与规模化，产生了显著的经济和社会效益。

此外，相关院属单位还创新合作模式，围绕汽车、化工、电气、烟草、丝绸等行业关键共性技术，与企业开展联合攻关，促进了相关行业的技术进步，科技成果转化效益显著。例如，中国科学院沈阳自动化研究所在汽车制造业的装配、焊接等领域，为一汽集团、沈阳金杯客车公司、江铃汽车公司等企业提供机器人和信息化技术支撑。中国科学院理化技术研究所研发的“维生素 D3 生产新工艺”转让企业后，打破国外垄断，使我国成为世界上掌握该生产技术的少数国家之一。中国科学院上海微系统与信息技术研究所、工程热物理研究所、电工研究所等 10 余个研究所与上海电气（集团）总公司长期开展了数十项技术合作，取得显著经济效益。

三 统筹推进科技成果转化，为经济社会发展提供有效中高端科技供给

随着我国经济发展进入新常态，转变发展方式、优化经济结构、转换增长动力的任务日益艰巨和紧迫。党的十八大提出实施创新驱动发展战略，要求科技创新支撑供给侧结构性改革，为经济社会发展提供更多有效中高端科技供给。党的十九大进一步强调，发挥科技创新对建设现代化经济体系的战略支撑作用。中科院把面向国民经济主战场，支撑服务经济社会发展，作为“率先行动”计划的重要任务，实施“促进科技成果转移转化专项行动”，并重点围绕科技创新中心、综合性国家科学中心建设和“一带一路”建设及全面创新改革试验等国家重大决策，作出一系列战略部署，提出一系列政策措施，促进知识产权运营和科技成果转化与产业化工作。

（一）重大项目牵引，面向经济社会发展推动成果产出

从 2014 年开始，中科院以遍布全国的科技合作和转移转化平台为基础，围绕新兴产业培育、支柱产业升级、现代农业发展、自然资源与生态保育、城镇化与城市环境治理 5 个领域的市场需求，部署建设科技服务网络（STS 计划）。STS 计划项目聚焦若干重大主题，发挥市场机制在资源集成和配置中的决定性作用，整合创新要素，组织重大项目，促进知识和技术成果的转移与转化、辐射与扩散。STS 计划项目围绕“率先行动”计划，重点支持科技促进经济社会发展的重大突破和重点培育方向；同时与地方政府和企业等合作，支持对区域发展能够产生重大影响的科技成果转移转化和推广应用。截至 2018 年 8 月，共部署 300 余个 STS 计划项目，在推动院地院企合作、促进科技成果转移转化和产业化方面起到了重要作用。

中科院面向国家重大需求和国民经济主战场，于 2016 年开始部署实施科技成果转移转化重点专项（“弘光专项”），承接战略性先导科技专项及院属单位“一三五”规划重点项目，聚焦已取得突破并具有引领带动作用的重大战略技术与产品，引导企业资金、社会资本和地方财政共同投入，通过技术集成、工程化开发和市场应用及推广，完成转移转化并实现产业化，形成一批重大示范转化工程，取得显著的经济社会效益。截至 2018 年 11 月，共部署 11 个“弘光专项”项目，在相关领域和产业发挥了重要的引领带动作用。中科院还通过国家重点研发计划、战略性先导科技专项、院重点部署项目等布局和组织实施了一批面向经济社会发展的重大重点项目。

此外，中科院通过国际合作，积极拓展面向“一带一路”

表 10-2 “弘光专项”项目一览表

序号	项目名称	领域
1	重离子治疗癌症装置	人口健康
2	SC200 超导质子治疗系统	人口健康
3	机场安检智能识别系统	电子信息
4	分布式农业生物质沼气规模化生产与利用	能源
5	空天地一体化网络卫星移动通信终端芯片	电子信息
6	循环流化床煤气化技术	能源
7	航空航天发动机极端精细制造装备的产业化	先进制造
8	面向国家金融安全的高分子材料	材料
9	青海盐湖年产万吨电池级碳酸锂	材料
10	高能量密度锂离子电池硅碳负极材料	材料
11	人体肺部气体磁共振成像系统	人口健康

地区的技术转移转化合作。截至2017年年底，共部署“一带一路”转移转化类项目19项，涉及民族药研发、清洁水技术、低成本医疗、传染病防治、资源矿产开发、绿色技术等领域，推动了中科院相关先进适用技术在“一带一路”地区的落地转化。

为支持具有技术优势和市场潜力的成果转化项目，2017年9月，中科院设立了“科技成果转移转化基金”，由国科控股投资发起并设立中科院创业投资管理有限公司，面向社会募集资金，提供资本支持和增值服务，构建覆盖全院、辐射全国的成果转移转化投资服务网络。

（二）完善政策措施，营造有利于成果转化的良好环境

1. 健全完善促进科技成果转移转化制度体系

为落实《中华人民共和国促进科技成果转化法》《实施

〈中华人民共和国促进科技成果转化法〉若干规定》等法律法规，中科院结合实际，于2016年8月与科技部联合印发了《中国科学院关于新时期加快促进科技成果转移转化指导意见》，贯彻科技领域“放管服”改革要求，下放科技成果使用、处置和收益管理权，为院属单位制定科技成果转移转化政策提供依据。同时，还在科技人员离岗创业、领导人员兼职和科技成果转化激励、院所对外投资等方面陆续出台了一系列管理办法，为国家相关政策在中科院细化落地、更好激励和促进全院科技成果转移转化和产业化发展，提供了制度保障，起到了积极的政策引导和激励作用。

2. 建立以知识产权为核心的科技成果管理体系

2016年，成立“中国科学院知识产权运营管理中心”，构建专利池。截至2018年8月，入池专利1054件，入池和意向入池的企业近2000家。2018年3月，中科院公开发布932件专利，面向社会拍卖，涉及电子信息、生物医药、新材料、节能环保等战略性新兴领域。这是我国专利集中拍卖数量最大、质量最高的一次。

中科院还持续开展知识产权培训，并支持国科大于2017年5月成立知识产权学院，培养知识产权专业人才。截至2017年年底，全院知识产权管理运营与服务人员近2000人，其中院级知识产权专员360名。

（三）创新体制机制，建设科技成果转移转化载体

为促进科技成果转移转化和产业化，中科院全面深化与政府、行业、科研院所、高校、大型骨干企业和投资服务机构等

合作，搭建多层次、不同类型的科技成果转移转化载体，构建科技合作网络，促进创新链、产业链和资本链嫁接融合与联动创新。一是建设中科院技术创新与产业化联盟，包括先进计算技术、智能制造与机器人、新型特种精细化学品、智慧城市、化工新材料、“一带一路”等联盟，聚集了全国250多家相关单位。二是建设STS区域中心，充分发挥平台网络集聚效应，精准对接重点区域科技需求，在山东、江苏、浙江、福建和广东等地布局了5个中心，形成了与地方政府的长效合作机制，助推区域转型发展。三是国科控股发起成立了“中国科学院上市企业联盟”，已有联想控股、中科曙光、科大讯飞、中国科传、中科信息等26家上市高科技企业和一批挂牌新三板企业加盟。9个院属单位和1个共建单位获批“国家双创示范基地”，6个院属单位所属平台入选国家级“专业化众创空间”。

2017年12月，中国科学院曼谷创新合作中心成立运行，这是中泰两国科技合作的标志性事件。作为中科院首个以促进科技合作和成果转移转化为主要目的的非营利性境外机构，该中心将建成深度融入东盟经济体的创新合作平台，通过整合国

中国科学院曼谷创新合作中心揭幕仪式

内外创新资源和中科院的先进适用技术与系统解决方案，向泰国及东南亚地区进行应用示范、推广和转移转化。首批已支持的 5 个技术转移转化项目涉及医疗设备、能源开发、新能源、荒漠化防治等领域。此外，中国科学院中国－斯里兰卡联合科教中心、中国科学院中亚药物研发中心等境外机构也在科技成果转移转化中发挥了积极作用。

为培养高层次科技成果转化和创业人才，2008 年 1 月，中科院与联想控股共同创立了中国科学院联想学院，10 年来共培训人员 10 745 人，为畅通成果转移转化通道、构建适合中国国情的“人才－成果－资本－市场”四位一体转移转化模式作出了积极贡献。

（四）聚焦重点领域，科技成果转移转化成效显著

中科院围绕战略性新兴产业培育、传统产业升级改造、美丽中国、健康中国和乡村振兴等国家战略，重点支持一批科技促进经济社会发展的关键技术突破和产业培育方向，促进科技成果转移转化，取得显著的经济社会效益。党的十八大以来，中科院转移转化项目数量快速增长，年均增幅超过 11%；科技成果转化使社会企业累计新增销售收入 2.1 万亿元，年均增幅超过 8%，累计新增利税 2803 亿元；院所投资企业营业收入 2.1 万亿元，上缴税金 550 多亿元。

聚焦人口与健康领域，在国产医疗设备和新药研发、干细胞与再生医学研究、生物安全保障和智慧城市建设等方面取得显著经济和社会效益。例如，“个性化药物”先导专项研制的 22 个新药进入临床实验，其中抗阿尔茨海默病、抗精神分裂症、超长效抗糖尿病、抗前列腺增生、抗肿瘤等多种新药的临床实

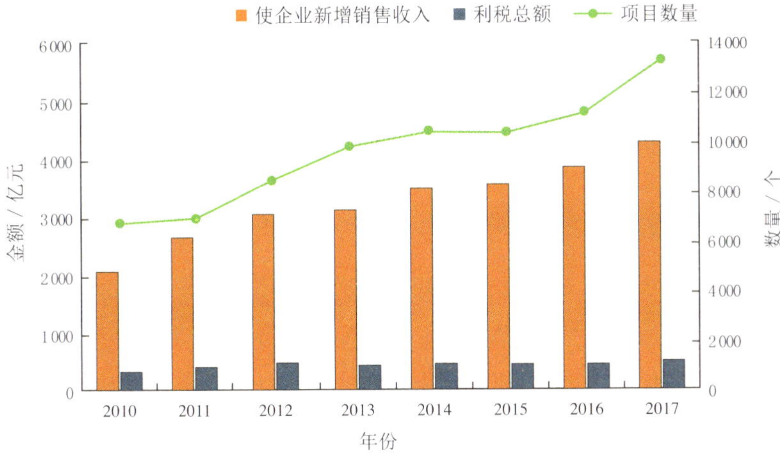

2010～2017年，中国科学院科技成果转移转化经济效益

验研究取得重要进展。世界首例利用干细胞结合胶原支架材料治疗卵巢早衰获得成功，诞生出首个婴儿；基于干细胞子宫内膜再生技术，临床治疗女性生殖系统疾病，已诞生出数十例婴儿。利用转分化技术构建肝细胞开发出的新型生物人工肝，治疗并挽救了10多例肝衰竭病患。

聚焦国家能源战略，突破一批关键核心技术，成功实现转移转化，带动了行业技术升级，为我国优化能源结构、保障能源安全、支撑引领能源革命作出了积极贡献。例如，煤制油技术成功应用于神华宁夏煤业集团有限责任公司（简称神华宁煤）、内蒙古伊泰杭锦旗、山西潞安等三个百万吨级产业化示范项目，其中神华宁煤400万吨/年煤制油工程为全球单套规模最大的产业化项目。应用甲醇制取低碳烯烃（DMTO）成套工业化技术，在神华包头建设的世界首套180万吨煤基甲醇制60万吨烯烃工业装置开车成功，实现了世界上煤制烯烃工业化零的突破。以煤制乙醇技术为核心，陕西延长完成了全球首套10万吨/年工业示范并实现产业化。

聚焦制造业转型升级，以推进制造业向精密化、绿色化和智能化发展为方向，在基础新材料、基础零部件、基础工艺等方面，形成了一批具有自主知识产权的核心技术，催生了一批重大战略性产品，促进了中国制造向全球价值链高端跃升。例如，工业机器人技术达到国际先进水平，成功实现产业化，沈阳新松机器人自动化股份有限公司移动机器人市场份额持续保持全球第一。“曙光”系列超级计算机连续 8 年（2009 ~ 2016 年）蝉联中国高性能计算机市场份额第一。依托深紫外非线性光学晶体及激光技术，一系列国际首创 / 领先的深紫外激光前沿科学装备研制成功，使我国成为世界上唯一能够制造实用化、精密化深紫外固态激光器的国家。我国首款自主研发的通用处理器芯片“龙芯”系列，形成嵌入式、桌面、服务器等三个产品系列，应用于北斗导航卫星、党政办公、数字电视、教育、工业控制、网络安全和国防等重要领域。“寒武纪”人工智能（AI）芯片实现规模应用，“寒武纪”科技成为全球 AI 芯片领域第一家独角兽公司。

聚焦“美丽中国”和生态文明建设，针对重点区域环境问题，结合国家重大生态治理和污染控制工程，在全国生态评估基础上，推动一系列先进适用技术示范与转化应用。例如，开展“农村分散型污水治理技术示范”，在浙江、江苏等多地成功示范应用。开展“南方土壤重金属污染风险区划与修复技术研发示范”，推动了国家《土壤污染防治行动计划》的出台。揭示川藏铁路灾害分布规律和风险，为川藏铁路灾害防治提供了技术支撑。一系列大气灰霾重点污染物控制前沿技术和监测设备，在保障国家和区域重大活动中成功示范应用。

聚焦农业发展方式转变，以实现稳粮增收、提质增效、加快发展方式转变为核心目标，开展关键技术综合集成示范，形成了涵盖中低产田改造、良种选育、农牧耦合以及海洋经济等配套技术体系与示范推广模式。例如，通过“渤海粮仓科技示范工程”，在99个县市建立了90个盐碱地中低产田改造核心示范基地，2013～2017年累计推广8016万亩，增粮105亿公斤。依托分子模块育种新技术体系，培育出“中科”系列、“嘉优中科”系列等适应东北稻区和长江中下游稻区的水稻模块新品种，实现了水稻优质高产多抗的协同改良。通过“海洋生态牧场示范区”建设，2015～2017年累计推广面积45.6万亩，使经济生物种类增加29%～46%，资源量增加2倍以上，经济效益超过55亿元。通过“生态草牧业实验示范”，有效改善了我国天然草地大面积退化、草原生产力低、生态功能失调等现象。

经过长期技术积累和改革发展，中科院建成了数量众多、技术先进、具有较强竞争力的高新技术企业。截至2017年年底，全院共有企业760余家，总资产超过5000亿元，其中院投资企业47家（全资和控股企业26家），境内外上市企业26家。这些高新技术企业主要分布在新一代信息技术、高端装备制造、环保及新材料、投资与现代服务等领域，为促进科技成果转化和产业化、引领带动行业技术进步、推动我国相关产业向全球价值链中高端迈进，作出了重要贡献。

第十一章

对外开放与交流合作

中科院是改革开放以来中国科技事业对外开放的先行者，也是中国科技界在国际科技舞台上的主要代表。40年来，中科院坚持走开放合作道路，逐步融入全球创新网络，不断扩大交流合作规模、创新交流合作模式，构建促进开放合作的政策保障机制，积极参与国际大科学计划和国际科技组织建设，提高科技创新能力和水平，加快缩短与国际高水平科研机构的差距，不断提升我国在全球创新格局中的位势和影响力、竞争力。

一 主动融入全球创新网络，逐步形成全方位、多层次国际交流合作格局

改革开放初期，中科院率先提出并实施一系列政策措施，恢复我国的对外科技交流，打开国际合作渠道。此后，根据国家科技发展需要和自身在不同时期的科技创新重点布局，结合国际创新资源的分布特点，中科院相应制定了不同的国际科技交流与合作战略，不断拓展国际合作网络。

（一）不断加强与科技发达国家交流合作

中科院长期致力于发展与科技发达国家一流科研机构和高校的战略合作，构建伙伴关系，为我国引入国外先进科学思想和科学理念、了解跟进国际科技前沿、加快培养科技创新人才、提高科技创新能力开辟了重要途径。中科院与英国、法国、德国等欧洲国家科研机构逐步建立起密切合作机制，与英国皇家学会、法国国家科学研究中心、德国马普学会的合作均超过 40 年，取得了显著成效。与美国能源部（DOE）在能源领域建立了科技合作关系，与其科学办公室和核能办公室分别建立了联合委员会、执行委员会机制；与美国国立卫生研究院（NIH）、美国国家标准与技术研究院（NIST）、美国国家海洋和大气管理局（NOAA）等一流机构建立了交流合作平台。与日本科学技术振兴机构（JST）、日本学术振兴会（JSPS）、日本新能源产业技术综合开发机构（NEDO）等组织开展了密切的学术交流与科技合作。与俄罗斯科学院在先进核能、资源生态环境、水声、北极科考和北极航道开发等方面开展合作。与澳大利亚联邦科学与工业研究组织（CSIRO）联合支持学术研讨会与科技合作项目。

与科技发达国家的交流合作取得丰硕成果。在基础前沿探索方面，通过国际合作和技术、设备引进，建成了北京正负电子对撞机、兰州重离子加速器、合肥同步辐射加速器、全超导托卡马克核聚变实验装置、遥感卫星地面站、武汉国家生物安全（四级）实验室等重大科技基础设施，还与瑞典基律纳航天中心联合建立我国第一个海外陆地卫星接收站；大亚湾反应堆中微子实验、暗物质和引力波探测、量子通信、人类基因组测序等方面所取得的重大科技成果均离不开国际合作。在资源生态环境方面，中英青藏高原科学考察、中德联合冰川考察、中日沙漠化防治等项目都取得了实质性成果；美国、法国、英国等大批植物学家参与编研的《中国植物志》(*Flora of China*)，是植物学界国际合作的标志性成果。在高技术研发和产业化方面，围绕空间科技、能源、材料、信息、生物技术、先进制造等领域和产业，也与国际一流科研机构、高校和企业开展了富有成效的科技合作。

（二）积极拓展与发展中国家的科技交流合作

在与发展中国家科技交流合作方面，中科院根据不同国家的具体情况及其迫切需求，通过多种方式开展信息共享、技术转移、灾害援助和人才培养等方面的交流合作。1999 年，委内瑞拉遭受特大泥石流灾害，中科院及时帮助委方进行泥石流防治和灾后重建。2001 年，委内瑞拉总统查韦斯访华时，专门就此向中科院表示感谢。2004 年，印度洋海啸突发后，中科院在 4 个小时内迅速派出专家组抵达泰国灾区，开展遇难者 DNA 样品检测。这是我国第一批抵达灾区的专家，产生了良好的国际影响。

2016 年，中科院在斯里兰卡援建“中国－斯里兰卡水技术研究与示范联合中心”，组织公共卫生、环境科学、饮用水、水文地质、慢性肾病等领域的 150 余位中外专家，对不明原因慢性肾病的病因及治疗研提“缓解行动计划建议”，惠及斯里兰卡 40 余万民众，为此，斯里兰卡总统为中科院科学家颁发了中斯科教合作杰出贡献荣誉奖杯。

同时，中科院援建“中国－柬埔寨水与环境联合实验室”，帮助柬埔寨建成了第一座水质在线监测站；协助摩洛哥建立国家科学院，帮助厄立特里亚建立国家遥感技术中心等；与东盟和南亚国家合作进行资源考察和大湄公河流域经济开发，还与印度、朝鲜、孟加拉国、伊朗等国家科研机构建立了良好合作关系。

2013 年以来，依托发展中国家科学院，中科院启动实施了“发展中国家科教合作拓展工程”，以人才培养为关键，以科技合作为内容，以海外科教基地和中国科学院－发展中国家科学院卓越中心为平台，推进中科院与发展中国家长期、可持续的互利合作。

围绕发展中国家科技创新资源特色及“一带一路”建设，中科院加快科技“走出去”步伐，在亚洲、非洲、南美洲等建设了 10 个院级海外科教基地，实现了我国科研机构在海外设

表 11–1　中科院海外科教基地一览表

序号	境外机构名称	所在国	成立时间
1	中国科学院中非联合研究中心	肯尼亚	2013 年
2	中国科学院中亚药物研发中心	乌兹别克斯坦	2013 年
3	中国科学院中亚生态与环境研究中心	哈萨克斯坦、塔吉克斯坦、吉尔吉斯斯坦	2013 年
4	中国科学院南美天文研究中心	智利	2013 年
5	中国科学院东南亚生物多样性研究中心	缅甸	2014 年
6	中国科学院南美空间天气实验室	巴西	2014 年
7	中国科学院中国－斯里兰卡联合科教中心	斯里兰卡	2015 年
8	中国科学院加德满都科教中心	尼泊尔	2015 年
9	中国科学院曼谷创新合作中心	泰国	2017 年
10	中国科学院中国－巴基斯坦地球科学联合研究中心	巴基斯坦	2018 年

立分支机构零的突破，不仅带动和促进了相关国家和地区科技创新、经济社会可持续发展和民生改善，也为拓展和加强与发展中国家的科技交流合作提供了重要平台，成为科技支撑“一带一路”建设的“桥头堡”。

围绕“一带一路”建设，中科院充分发挥科学技术在应对共同挑战、促进民心相通中的独特作用，实施“一带一路”科技合作行动计划，取得良好进展。中科院组织地学、力学、海洋、计算科学等国内外优势科研力量解决中巴经济走廊等“一带一路”重大工程建设关键核心技术难题；进行青藏高原第二次科学考察等国际联合科考，共同应对气候变化、生物多样性保护等共性挑战，为建设绿色“一带一路”提供科学决策依据；在资源环境、生命健康等领域部署了安全饮用水技术合作计划等100多个科教合作项目，聚焦解决沿线国家重大民生挑战，服务社会经济可持续发展；加大为“一带一路”国家培养科技精英人才的力度，通过组织多种人才交流与培养项目，为沿线国家和地区培养、培训了近5000名高层次科技人才，积极构建“一带一路”创新共同体的长效协调机制，有效促进共识和合作。

（三）积极参与国际科技组织建设

国际科技组织是加强和拓展国际交流合作的重要平台。改革开放40年来，中科院科学家在联合国、政府间和非政府间及区域性国际科技组织中的任职人数逐步增加、范围日趋广泛，许多职务都是中国科学家首次当选。截至2017年年底，中科院在国际科技组织中担任重要职务的科学家达456人，在联合国教科文组织（UNESCO）、发展中国家科学院（TWAS）、国际科学理事会（ICSU）等重要国际科技组织中发挥着引领作用。

TWAS 成立于 1983 年，现有 99 个国家和地区的 1000 多名院士参加，是致力于促进发展中国家科技人员和科研机构交流合作的重要国际科技组织。1988 年，卢嘉锡首次当选 TWAS 副院长；之后，周光召、路甬祥、白春礼先后当选为 TWAS 副院长。2012 年，白春礼当选 TWAS 院长，成为 TWAS 成立近 30 年来首位担任院长的中国科学家。2015 年，白春礼连任 TWAS 院长。通过 TWAS 卓越中心、TWAS 青年科学家合作网络、CAS-TWAS 院长奖学金等渠道，有力促进了我国科技界与 TWAS 的交流合作，也推动了中国与 TWAS 成员国之间的科技交流与合作。

中科院不仅积极参与国际科技组织建设，而且牵头创办国

2012 年 9 月，白春礼当选发展中国家科学院院长

际学术组织，吸纳国际学术组织落户中国。2004 年，中科院科学家牵头发起成立了“国际动物学会”，这是首个落户中国的二级以上学科国际组织。2006 年，中科院科学家发起成立了“国际数字地球协会”，实现了新的历史性突破。2008 年，中科院倡议建立了“上海合作组织框架下的国立科研机构合作机制”。2016 年 11 月，在中科院发起召开的首届“一带一路”科技创新国际研讨会上，倡议成立“一带一路”国际科学组织联盟。该组织联盟于 2018 年 11 月 4 日正式成立，成为我国创立的首个综合性国际科学组织。

截至 2017 年年底，共有国际纯粹与应用化学联合会、国际空间委员会、国际环境问题科学委员会、国际山地研究中心、国际生物多样性计划、国际科学理事会“灾害风险综合研究计划”国际项目办公室等 35 个国际学术组织依托中科院相关研究所成立了中国委员会。

此外，中科院还有一批知名科学家先后当选为国际科学院委员会（IAC）联合主席、国际科学院组织（IAP）共同主席、第三世界妇女科学组织（TWOWS）主席、国际科学理事会（ICSU）副主席等重要科技组织领导职务，中国科学家在国际组织中的活跃度和影响力逐年提升。

二 国际交流合作规模日益扩大，合作模式不断创新

改革开放 40 年来，中科院国际交流合作的范围和规模逐步扩大，国际交流合作模式由以科学家自发、零散和独立进行为主，向关联性、耦合性越来越强的院所统筹规划方向发展；由以一般人员交流和项目合作为主，向所级创新团队、

院级共建合作研究基地与国际合作研究机构等新的合作模式发展。

截至2017年年底，中科院与79个国家开展了双边合作，参与了113项多边合作；目前与53个国家的科研机构和大学等签有合作协议128份。人才交流规模从20世纪70年代末期的每年不足2000人次，增加到2017年的3万余人次，覆盖97个国家和地区。2009年启动实施“国际人才计划”以来，中科院累计支持了80个国家和地区超过3500人次的学者和600余位博士研究生来华工作和学习。中科院牵头组织、在华主办的国际学术会议数量，从改革开放初期的每年50余个增加到目前的每年近400个。自2007年和2011年分别设立“中国科学院国际科技合作奖”和“中国科学院青年科学家国际合作伙伴奖”以来，截至2017年，有59位在长期与中科院合作中作出突出贡献的高水平外国科学家获奖。经中科院推荐，有24位与中科院合作的外国科学家获中国政府友谊奖、26位获中华人民共和国国际科学技术合作奖。40年来，超过100位中科院科学家获得国际科技界的重要奖项。

（一）合作建立创新团队

从20世纪90年代中期开始，中科院与德国马普学会合作建立了青年科学家小组和伙伴小组，在全球范围内择优聘用优秀青年科学家担任组长，培养了一批科研将帅人才和优秀青年人才，取得了显著的交流合作成效。例如，第一个青年科学家小组——裴钢小组、第一个伙伴小组——卢柯伙伴小组，分别在生命与健康、纳米材料研究等领域凝聚了一批优秀青年科学家，产生了较大的国际学术影响。

（二）建立联合实验室和联合研究机构

1997 年，中科院与法国国家信息与自动化研究院（INRIA）合作，成立了第一个国家层面的中法信息、自动化与应用数学联合实验室；2001 年，与俄罗斯科学院合作，首次以“双基地”形式创建了空间天气联合研究中心；2002 年，与英国石油公司（BP）共建了中国科学院－英国石油公司中国研究中心，在清洁能源领域开展基础性合作研究。

从 2003 年开始，中科院牵头，中法合作设计和建设武汉国家生物安全实验室，2018 年通过验收，这是我国第一个生物安全（四级）实验室。2004 年，中科院与上海市和法国巴斯德研究所共建中科院上海巴斯德研究所。2005 年，与德国马普学会合作成立了中国科学院－马普学会计算生物学伙伴研究所。2006 年，与美国卡弗里基金会共建中国科学院卡弗里理论物理研究所。

2007 年，依托中国科学院自动化研究所，中科院与新加坡媒体发展局在新加坡设立了中国－新加坡数字媒体研究院（CSIDM），是院属机构在海外设立的第一个分支研究机构。2014 年，依托中国科学院分子植物卓越创新中心和中国科学院遗传与发育生物学研究所，中科院与英国约翰·英纳斯中心签署战略合作协议，共同成立植物和微生物科学联合卓越研究中心，这是中英在农业技术和微生物遗传学领域最高层次的合作。2017 年，中科院与联合国教科文组织合作，在国科大建立国际理论物理中心（亚太地区）。此外，中科院还与欧洲核子研究中心以及卢森堡、德国、匈牙利等国科研机构共建了粒子物理、深空探测研究、自由电子激光、高能核物理等境外联合实验室。

中科院还通过建设海外科教基地、组织前沿科学系列研讨会、举办国际学术会议、联合发起实施科研项目、联合培养研究生、参与或发起成立国际科技组织等多种形式和渠道，与境外科研机构、高校和企业等，开展学术交流，促进科研合作。

三 参与实施和发起国际大科学计划，支撑构建人类命运共同体

（一）代表中国参与实施和发起国际大科学计划

1999 年 7 月，由中国科学院遗传研究所牵头，我国参与了国际人类基因组计划，成为继美国、英国、法国、德国、日本之后的第 6 个参与国，也是唯一的发展中国家。此外，中科院还参与了国际水稻基因组测序计划、国际大洋发现计划、国际热核聚变实验堆计划、国际地球观测组织和平方公里阵列射电望远镜等国际大科学计划。

中科院为联合国教科文组织科学部门于 1971 年发起的政府间跨学科大型综合性的人与生物圈计划提供了机构建制、专家资源和科技支撑，通过承担人与生物圈计划国家委员会秘书处工作，促进我国科研机构和科学家深度参与这一国际合作计划，也让全球最新科技成果及时融入我国生态文明建设。

在参与国际大科学计划的同时，中科院还积极筹划倡导和发起实施新的国际大科学计划。2002 年 4 月，中科院科学家提出的“地球空间双星探测计划”（简称“双星计划”）通过国务院立项，与欧洲空间局合作实施，成为我国第一个空间探测

国际大科学计划。其后，中科院开创了“小投入、先培育”的“种子基金”合作项目部署方式，瞄准国际科学前沿，持续培育多边合作国际大科学计划。例如，2009年启动实施“第三极环境”（TPE）国际计划，2016年通过“一带一路”专项支持“泛第三极与‘一带一路’协同发展”研究，推进了“三极环境与气候变化”大科学计划的立项进程。2016年，中科院设立“干细胞与转化”“全脑介观神经联接图谱”“全球季风模拟比较研究”等国际大科学计划培育专项，布局组建国际合作网络，引领发起国际大科学计划。

（二）围绕人类面临的共同挑战，积极参与全球治理

中科院通过积极参与全球性问题国际战略研究，拓展我国参与全球治理的能力。围绕全球气候变化、环境污染和城市化、可持续能源、重大传染性疾病、粮食安全等人类共同面临的重大挑战和全球热点问题，中科院积极开展国际合作，针对关键科学技术问题系统布局、协同攻关，提供中国方案，贡献中国智慧，发出中国声音。同时，与国外科研机构和国际组织联合开展战略研究，推动科技和政策研究交流平台的建设，为拓展我国参与全球治理能力提供重要科技支撑。

自2004年开始，中科院在国际科学院委员会系列战略报告的研究工作中发挥了重要作用。2005年起，中科院积极参与“G8 + 5”国家科学院院长会议和相关活动，围绕相关议题积极建言献策，清晰表述我方观点，维护和争取国家利益，为相关声明的达成作出了重要贡献。

2008年，中科院设立了“应对气候变化国际谈判的关键科学问题”项目群，中科院学部向国务院提交了相关咨询报告，

2015 年 12 月，第 21 届联合国气候变化大会上，
中科院组织"碳专项"边会

为我国参与气候变化国际谈判提供了科学依据和理论支撑。2011 年，中科院设立"应对气候变化的碳收支认证及相关问题"先导专项（简称"碳专项"），产出了一批科研成果。2015 年 12 月，在巴黎召开的第 21 届联合国气候变化大会上，中科院发起组织以"追踪碳足迹——中国科学家在行动"为主题的"碳专项"边会，产生了良好的国际影响。2016 年，中科院牵头研制的我国首颗全球二氧化碳监测科学实验卫星成功发射，为温室气体排放、碳核查等领域研究提供基础数据，并向全球开放。这是中国科技界为应对全球气候变化采取的又一积极行动。

四 推进与港澳台地区的科技交流合作

长期以来，中科院积极推动与香港、澳门和台湾地区的科技交流与合作，不断扩大专家学者交流层次和范围，共建联合实验室，联合培养研究生，加强知识产权合作和产业融合对接。同时，以港澳台地区为桥梁，不断拓展国际交流与合作渠道。

香港回归前，中科院与香港中文大学、香港大学、香港科技大学、香港城市大学、香港理工大学和香港浸会大学共建了一批联合实验室，涉及化学、电子信息、生物医药、先进材料、智慧制造、资源环境、人工智能等多个领域，为内地与香港开展长期、稳定的科技合作奠定了良好的基础。香港回归祖国以来，中科院进一步加强与香港地区高校和企业的科技合作，重点聚焦材料、化学、生命科学、人工智能、金融科技等领域，开展联合实验室评估工作，优胜劣汰，新增一批有较好合作基础和发展前景的联合实验室。截至2018年，中科院与香港地区的6所高校共建联合实验室22个。联合实验室从最初以科学家之间的交流为主扩展为规模化的团队合作，由个人研究兴趣驱动向体制化、建制化发展，已成为开展合作研究、青年人才培养、全球科技资源共享、优势互补的国际科技合作平台。2004年，中科院还与香港裘槎基金会设立了联合实验室研究项目资助计划，支持开展实质性合作。

2018年8月15日，国务院粤港澳大湾区建设领导小组决定，中央支持中科院在香港建立院属研究机构。中科院积极筹建香港创新研究院，其主要功能包括科研创新、成果转移转化、协调联络、推动科技教育合作及科学普及活动，初期启动建设干细胞与再生医学创新中心、人工智能与机器人技术创新中心。2018年11月8日，中科院与香港特别行政区政府签署备忘录，确定中科院将在香港设立院属机构。中科院香港创新研究院将建成汇集国际高端创新人才、促进科教融合的国际一流新型研发机构，成为中科院与香港地区加强和深化交流合作的重要平台。

1992 年 5 ~ 6 月，中科院与台湾“中央研究院”科学家互访，掀开了海峡两岸科技界学术交流的新篇章。此后，两岸学术交流逐步常态化。2008 年，中科院与台湾工业技术研究院建立了院级交流机制；自 2011 年开始，中科院与台湾工业技术研究院每两年联合主办海峡两岸产业科技交流论坛，聚焦新技术、新材料、先进制造、绿能环保等领域，促进两岸高水平学术交流和科技产业合作。自 2012 年开始，中科院与台湾“中央研究院”每两年共同组织“两院生命科学论坛”，在生命科学与生物技术、医疗材料等方面加强两岸交流与合作；2013 年，与台湾“中央研究院”建立了院级交流机制。

2010 年，中科院设立“台湾青年人才计划”，吸引台湾优秀青年科技人才到中科院工作，为台湾青年来大陆发展提供平台。2017 年，中科院首次组织台湾地区本科生暑期到中科院研究所实习。目前，中科院主办或联合组织的海峡两岸学术会议每年达 30 多个，赴台交流人数从 20 世纪 90 年代初的每年 300 人增加到近 1000 人。

在澳门地区，中科院相关研究所与澳门科技大学、澳门大学等在中医药、芯片设计、智慧城市、环境科学等领域开展了交流合作。

经过 40 年来的持续努力，中科院在对外开放和交流合作中取得显著成就，成为全球高端科技合作中日趋活跃的机构，不仅在交流合作中拓展了全球视野，了解了世界科技发展大势，学习借鉴了国际先进经验，而且开辟了一批新兴前沿交叉领域和方向，培养引进了一批高水平科技创新人才，有力促进了中科院和我国科技创新能力提升，推动我国科技事业逐步实现从以跟踪为主向跟跑、并跑、领跑并存的历史性转变，成为中国科技走向世界舞台中央的中坚力量。

第十二章
党建工作与创新文化建设

中国共产党领导是中国特色科技创新事业不断前进的根本政治保证，也是中科院改革开放 40 年取得历史性成就的根本政治保证。40 年来，中科院始终认真贯彻落实党的路线方针政策，坚持和加强党的领导，全面推进党的建设，紧密结合科技创新实际，加强科技工作者的政治引领和思想理论武装，不断提高党建工作科学化水平，提高党建工作质量，为各项事业改革创新发展和科技创新能力提升提供了强大的思想动力和坚实的组织保证。

一 坚持加强党的领导，不断探索和完善科研院所党的领导体制

1977 年 9 月，经中央批准，中科院党的核心领导小组改为中国科学院党组，中科院实行党组领导下的院长负责制，郭沫若院长兼任党组书记。1984 年 1 月，在中科院第五次学部委员大会上，方毅代表党中央、国务院宣布，中科院实行院长负责制，这一体制延续至今。院党组履行《中国共产党章程》赋予的职

责，发挥政治核心作用，指导院机关和直属单位党组织的工作。2008 年 7 月，中科院在中央国家机关中率先成立党的建设工作领导小组，加强对全院党建工作的领导，推动党的建设与科研工作有机结合、相互促进。

1979 年 5 月，中科院党组决定撤销政治部，成立院直属单位党委，负责京区直属单位和院机关的政治思想工作、党务工作和群众工作。1985 年 2 月，中科院撤销直属单位党委，成立京区党委，主要职责没有变化。根据党组织属地化管理的要求，自 1983 年 11 月起，京外一些分院先后成立了直属单位党委或系统单位党委，领导分院所在地院属单位党的工作。2002 年 7 月，成立中国科学院企业党组。2016 年 1 月，撤销企业党组，成立京区企业党委。

改革开放初期，院属研究所实行党委领导下的所长负责制。1984 年 8 月，院党组批复同意中科院计算所、中科院物理所试行所长负责制。1984 年 11 月，中共中央、国务院批复同意中科院全面实行所长负责制。1985 年 4 月，院长办公会议讨论通过《中国科学院关于院属研究所实行所长负责制的暂行规定》。

党的十八大以来，中科院认真贯彻新时代党的建设总要求，坚持党要管党、全面从严治党，全面推进党的政治建设、思想建设、组织建设、作风建设、纪律建设，把制度建设贯穿其中，深入推进反腐败斗争，进一步加强了党对全院工作的全面领导。院党组不断增强政治意识、大局意识、核心意识、看齐意识，坚决维护习近平总书记核心地位，坚决维护党中央权威和集中统一领导，不断提高把方向、谋大局、定政策、促改革和领导科技创新的能力。通过修订《中国科学院章程》和《中国科学院研究所综合管理条例》，制定《中共中国科学院党组工作规则》和《中国科学院党的建设工作规则》等规章制度，为落实全面加强党的领导和党的建设提供了制度保障。院党组还提出构建以管政治方向、思想教育、发展战略、领导干部、创新人才、纪律规矩、创新文化、制度环境等为主要内容的党建工作“八管”新体系。2017 年 7 月，撤销京区党委，成立院直属机关党委，负责院机关、京区单位党的工作，加强对院属单位党建工作的指导。这些工作有力加强了党对全院各项工作的领导，为实施“率先行动”计划、加快改革创新发展提供了根本保证。

二 加强政治引领和思想武装，保证改革创新发展的正确方向

中科院党组坚持以政治建设为统领、以思想建设为基础，全面加强党建工作，确保党的路线方针政策在中科院的正确贯彻执行。改革开放初期，中科院在科技界率先解放思想、拨乱反正，恢复正常科研秩序，落实知识分子政策，平反冤假错案，为知识分子社会地位的提升和尊重知识、尊重人才思想的确立，作出了历史性贡献。同时，以党的十一届三中全会确定的路线方针政策统一全院思想认识，清除“文化大革命”中“左”的错误思想的影响，保证科研工作的恢复和稳步发展。

1983 年开始，根据《中共中央关于整党的决定》，中科院历时三年对院内党的作风和组织进行了全面整顿，统一思想，整顿作风，加强纪律，纯洁组织，大力提倡坚持四项基本原则，开展理想、道德、纪律教育。1990 年，针对当时一些党的基层组织的作用和凝聚力被削弱的情况，中科院党组提出进一步加强党的建设，重点是加强领导班子建设、思想作风建设、基层

组织建设和青年人才培养。

1998 年，中科院启动知识创新工程试点工作，院党组将党的建设和创新文化建设作为重要内容纳入试点工作，党建工作得到进一步加强。根据中央统一部署，中科院党组组织全院各级党组织和广大科技工作者广泛深入学习贯彻邓小平理论、“三个代表”重要思想和科学发展观，先后组织开展了以“讲学习、讲政治、讲正气”为主要内容的党性党风教育（1999 年）、保持共产党员先进性教育（2005 年）、科学发展观学习实践活动（2008 年）、创先争优活动（2011 ～ 2012 年）等专题教育活动。这些活动提升了中科院广大党员干部和科技工作者的政治理论水平和思想素质，为知识创新工程的顺利实施提供了正确方向和思想动力。

党的十八大以来，中科院党组在全院广泛组织深入学习贯彻党的十八大、十九大精神，学习贯彻习近平新时代中国特色社会主义思想，特别是学习贯彻习近平总书记关于科技创新的一系列重要论述，将全院广大干部职工的思想和行动统一到中央的决策部署上来。为贯彻落实习近平总书记 2013 年 7 月 17 日视察中科院重要讲话精神，中科院党组制定实施“率先行动”计划，并将习近平总书记对中科院提出的“三个面向”“四个率先”要求确立为新时期办院方针。这一时期，中科院党组还按照中央统一部署，认真组织开展党的群众路线教育实践活动，扎实开展“三严三实”专题教育，推进“两学一做”学习教育常态化制度化。通过学习教育，全院党员干部进一步坚定了理想信念，提升了党性修养，强化了责任担当，“四个意识”更加牢固，“四个自信”不断增强，有力促进了“率先行动”计划的实施。

三 加强党的基层组织建设，不断增强党组织的凝聚力和战斗力

40年来，中科院党组始终注重加强基层党组织建设，通过建立健全党员教育、管理、监督、服务的长效机制，增强党组织的凝聚力和战斗力。1988年，中科院党组制定了《中国共产党中国科学院研究所委员会工作条例（试行）》和《中国共产党中国科学院研究室党支部工作条例（试行）》，为加强科研院所基层党组织建设提供了基础性制度保障。2010年，中科院党组制定了《关于加强基层党组织建设的指导意见》，进一步推进基层党组织的制度化、规范化建设。近年来，中科院党组坚持贯彻落实党中央关于加强基层组织建设的要求，完善党建工作考评体系，开展党建工作专项督查；针对科研院所分支机构、外场科研工作增多和新建境外科教基地等新情况，推动基层党组织全覆盖；同时，结合实际，探索建立与京外院属单位上级党组织党建工作联动共管机制。

党员队伍建设是党建工作的基础。改革开放以来，中科院党组针对科研院所知识分子相对集中的特点，注重从科研骨干中发展党员，不断提高党员发展质量、优化党员队伍结构，充分发挥党员在科技创新中的先锋模范作用。20世纪70年代末期，华罗庚、王大珩等一批著名科学家入党。从1979年到1988年的10年间，全院发展党员6000多名，基本解决了知识分子入党难的问题。为贯彻落实党的十九大关于注重从高知识群体中发展党员的要求，中科院提出了一系列新举措，建立健全在科技骨干中发展党员工作的常态机制。截至2017年年底，全院共有党支部3035个，党员总数95 060

名，约占全国党员总数的千分之一；其中，在职党员 46 880 名，74.6% 具有研究生学历。党员队伍中有一大批在国内外科技界有重要影响、在科技创新实践中作出杰出贡献的优秀科学家；在院属单位工作的 356 名两院院士中，党员人数 226 名，占 63.5%。

在基层党组织建设过程中，中科院党组引导和鼓励基层党组织紧密结合重大科研任务攻关、重大科技基础设施和野外台站建设等，不断创新方式方法和活动载体，开展富有科研院所特色的主题活动，开创了众多党建工作新模式，打造出一批党建活动新品牌。中科院还先后成立了思想政治工作研究会和党建工作研究会，对总结交流党建工作经验、研究科研院所党建工作特点和规律、推动党建工作开展起到了重要的平台作用。

四 加强党的纪律和作风建设，深入推进党风廉政和反腐败工作

1980 年 3 月，中科院党组建立纪律检查委员会，同时着手恢复健全全院纪律检查机构。1983 年 4 月召开的全院纪检工作座谈会要求院属各单位按党章和有关文件规定，建立健全各级纪检机构，从组织上保证纪检工作正常开展。1985 年 2 月，院党组决定成立京区纪律检查组；同年 5 月，成立京区纪律检查委员会。1986 年 1 月，院党组成立院端正党风领导小组。1988 年 12 月设立监察局，开始健全中科院行政监察体系。1993 年成立党风廉政建设工作领导小组。2008 年 6 月，成立院巡视工作领导小组。2016 年 5 月，根据中央纪委派驻机构改革要求，院监察审计局不再与中央纪委驻院纪检组合署办公，成立监督

与审计局。2017年7月，撤销京区纪委，成立院直属机关纪委。

随着纪检监察机构的建立健全，中科院管党治党的制度体系也在不断完善。1988年印发的《中国科学院党组关于保持清正廉洁的规定》，是中科院廉政建设最初的顶层设计。此后，中科院分别就纪检监察系统组织建设、各类领导干部廉洁自律、党风廉政建设责任制、党风廉政建设和反腐败工作评价、廉洁从业风险防控体系建设等，制定了一系列规章制度，推动党风廉政建设不断深入。

党的十八大以来，中科院党组认真贯彻落实中央关于党要管党、全面从严治党的新要求，强化党风廉政建设主体责任和监督责任，大力加强党的纪律和作风建设，着力建设风清气正的中科院。为贯彻落实中央八项规定精神，中科院党组先后制定和修订了以“12项要求”为主要内容的实施办法。以中央对中科院党组专项巡视整改落实为契机，全面推进党风廉政建设，院所两级层层签订个性化党风廉政建设责任书，推动党员领导干部切实履行“一岗双责”。认真学习贯彻《关于新形势下党内政治生活的若干准则》《中国共产党党内监督条例（试行）》《中国共产党纪律处分条例》等中央文件精神，制定《中国科学院关于落实全面从严治党要求实施方案》《关于贯彻全面从严治党实践监督执纪“四种形态”的指导意见》等规章制度，制定党风廉政建设主责清单和党员干部廉洁自律负面清单，细化纪律建设和作风建设规定和要求。

党的十八大以来，院党组对院属48个单位开展了常规巡视，对22个单位的领导班子、重大科技项目、基本建设项目及院投资控股企业开展了专项巡视。2016年以来，对院属19个单位开展了政治巡视。以巡视工作“回头看”和整改落实为抓手，推动党风廉政和纪律建设向纵深发展。结合中科院实际，以廉洁从业风险防控为抓手，加大对领导干部履行经济责任、科研经费使用、作风建设、基本建设等重点领域的检查监督和审计监督力度。

五 与时俱进抓好精神文明和创新文化建设，构建良好创新生态系统

早在1979年，李昌就向中央提出，在实现四个现代化、推进物质文明建设的同时，还应“建设社会主义精神文明”。这一建议得到了中央的采纳，党的十二届六中全会作出了《关于社会主义精神文明建设指导方针的决议》。作为社会主义精神文明建设的首倡者和践行者，改革开放以来，中科院根据时代发展要求，在科技创新实践中，继承和弘扬“科学、民主、爱国、奉献”的光荣传统和“唯实、求真、协力、创新”的优良院风，继承和弘扬“两弹一星”“载人航天”精神，不断推进精神文明建设。

在实施知识创新工程期间，中科院率先提出建设“创新文化”的任务，院党组多次印发关于推进、深化和加强创新文化建设的指导意见，部署推动创新文化建设，在精神层面、制度层面和物化层面都取得了丰硕成果，凝练出“科学院精神”，形成了“创新科技、服务国家、造福人民”的价值理念，涌现出一大批通过创新文化建设促进科技创新的先进集体和个人。中科院创新文化建设在全国科技界产生了广泛影响，发挥了重要示范带动作用。

党的十八大以来，中科院围绕实施“率先行动”计划，进

一步深化创新文化建设，着力构建良好创新生态系统。通过开展“最美科学家”“一所一人一事”“率先行动故事汇”等活动，发挥“身边事、身边人”的教育引领作用；通过开展“讲爱国奉献，当时代先锋”等主题活动，弘扬爱国奋斗精神，引导广大科技工作者建功立业新时代，为实现“四个率先”目标、建设世界科技强国贡献智慧和力量。

40 年来，中科院先后涌现出陈景润、蒋筑英、蒋新松、胡可心、南仁东、王逸平等一大批爱国奉献、追求卓越的先进典型和时代楷模，成为改革开放以来我国科技界弘扬、丰富和发展创新文化的杰出代表，感召和激励了无数知识分子和青年学生勇攀科技高峰，对全社会弘扬科学精神和创新文化也起到了示范带动作用。

中科院党组重视加强统战和群团工作，领导并推动院工会、共青团、妇工委、侨联、留学人员联谊会等群团组织，充分发挥桥梁纽带作用，团结广大职工在科技创新岗位上建功立业，为全院改革创新发展汇聚强大合力。

中科院积极发挥科技和人才优势，面向社会开展科学普及和科学文化传播，先后形成了“科学与中国”院士专家巡讲团、公众科学日、科技创新巡展、老科学家科普演讲团等全国性高端科普品牌，并多次支撑了“全国科技活动周”“全国科普日”等国家重大科普活动。2015 年，中科院、科技部联合发布《关于加强中国科学院科普工作的若干意见》，明确中科院作为科普国家队的职能和目标。中科院的科学普及和科学文化传播工作产生了广泛的社会影响，为提升全民科学素养和在全社会营造浓厚科学文化氛围作出了重要贡献。

第三篇

基本经验与展望

回望过去，是为了更好地走向未来。在四十年改革开放的生动实践中，中国科学院不断解放思想，与时俱进，开拓创新，创造和积累了许多宝贵经验，成为立院之本、改革之要、发展之基，必须长期坚持和发扬光大。面向未来，中国科学院将进一步弘扬改革开放的时代精神，深入实施“率先行动”计划，全面实现“四个率先”目标，在新时代改革开放的伟大事业中再立新功、再铸辉煌。

第十三章

四十年改革开放的基本经验

在 40 年改革开放的生动实践中，中科院始终牢记使命，恪守定位，与祖国同行，与科学共进，不断解放思想，与时俱进，勇立时代潮头，引领科技创新，在不断出创新成果、创新人才、创新思想的同时，也创造和积累了许多宝贵经验，不仅为新时代中科院深入实施“率先行动”计划、加快实现“四个率先”目标提供了重要遵循，也引领带动了中国特色国家创新体系建设改革发展，为加快建设创新型国家和世界科技强国提供了重要路径。这些重要经验是中科院的立院之本、改革之要、发展之基，必须长期坚持和发扬光大。

（一）坚持党对科技事业的领导，坚持科技报国、创新为民，确保科技创新沿着正确方向不断前进

中国共产党领导是中国特色科技创新事业不断前进的根本政治保证。改革开放 40 年来，中科院始终坚持党对科技事业的领导，认真贯彻落实党的基本理论、基本路线、基本方略，牢记国家战略科技力量的使命责任，立足中国特色社会主义伟大事业，始终围绕党和国家工作大局，深入学习领会和准确把握

党中央在改革开放不同阶段对科技创新的新要求新部署，及时调整确立新的办院方针，不断明晰定位方向，不断提升发展战略，在全院各级领导干部和广大科研人员中统一思想、凝聚共识，强化使命驱动和责任担当，努力在中国特色科技创新事业中建功立业。

改革开放初期，适应党和国家工作重心的战略转移，中科院在致力于恢复正常科研秩序的基础上，明确了“侧重基础、侧重提高”方针，及时调整科研布局。中央作出改革科学技术体制的决定后，中科院提出构建“一院两种运行机制”，在保持一支精干力量从事基础研究和高技术跟踪的同时，把主要力量动员和组织到为国民经济和社会发展服务的主战场。20 世纪 90 年代，中央提出实施“科教兴国”战略，中科院面向知识经济时代，提出并试点开展知识创新工程，引领国家创新体系建设。党的十八大以来，根据中央关于深入实施创新驱动发展战略的重大部署，为贯彻落实习近平总书记对中科院提出的“四个率先”要求，中科院制定“率先行动”计划，提出并实施一系列重大改革创新举措，开启了改革创新发展的新时代。

40 年来，中科院始终坚持在党的领导下，恪守“人民科学院”的宗旨和“国家科学院”的定位，尽管不同时期的办院方针、发展战略和科研布局有所调整，但服务国家目标、维护国家利益、满足国家需求和创新为民的战略导向始终没有动摇，围绕党和国家中心任务、不断提升自主创新能力、努力作出重大创新贡献的工作主线始终一脉相承，持续彰显出国家战略科技力量的重要作用。

改革开放以来，中科院党组认真贯彻落实党在不同时期对党建工作的任务和要求，积极探索科研院所党建工作规律，创新方式方法和活动载体，开展富有科研院所特色的主题活动，加强基层党组织和党员队伍建设，党建工作制度化、科学化水平不断提高。党的十八大以来，中科院党组牢固树立“四个意识”，不断增强“四个自信”，全面推进党的政治建设、思想建设、组织建设、作风建设、纪律建设，把制度建设贯穿其中，深入推进反腐败斗争，党建工作迈上新台阶，有力保障和促进了改革创新发展。

（二）坚持以提升自主创新能力为中心，发挥国家战略科技力量的建制化优势和不可替代作用

坚持自主创新是中国特色科技创新事业不断前进的必由之路。改革开放40年来，中科院始终围绕科技创新这一中心任务，坚持面向世界科技前沿，面向国家重大需求，面向国民经济主战场，不断凝练聚焦重大创新目标，以重大成果产出为导向，充分发挥多学科和建制化优势，持续加强重大科技攻关和协同创新，不断产出具有标志性、引领性、带动性的“三重大”创新成果，不断强化国家战略科技力量，提高自主创新能力。

聚焦国家发展需求，体现国家战略意图，是提高自主创新能力的重中之重。40年来，中科院想国家之所想，急国家之所急，围绕关系国家全局和长远发展的重大科技领域，积极组织力量，部署科研项目，建议和承担国家重大科技任务。例如，20世纪七八十年代，为解决国家粮食安全的急迫需求，中科院组织院内外力量大兵团作战，开展“黄淮海科技会战”；近年来，进一步组织开展渤海粮仓科技示范工程，取得显著成效。在青藏铁路工程、北斗卫星导航系统、载人航天与探月工程等国家重大科技专项和国防科技创新中，中科院突破一系列关键核心技

术问题，发挥了重要科技支撑作用。

面对国际政治经济格局和竞争态势的急剧变化，为支撑高质量发展和维护国家战略利益，中科院敢于担当、主动布局，坚持“有所为、有所不为”，组织开展关键核心技术攻坚，着力解决相关领域和产业发展的“卡脖子”问题，努力提供系统解决方案和关键核心技术供给。在完成重大任务过程中，中科院积极发挥市场经济条件下社会主义集中力量办大事的制度优势，发挥全院“一盘棋”的建制化优势，不断创新体制机制，组织开展协同攻关，深入推进军民融合，探索建立关键核心技术攻坚体制，带动提升了我国相关领域和产业的自主创新能力。

基础研究是自主创新能力的源泉。建院初期，中科院为建立新中国自然科学的学科体系作出了开创性、奠基性的历史贡献。改革开放以来，中科院准确把握世界科技发展前沿趋势，前瞻谋划和布局基础研究及应用基础研究，持续加强学科体系建设，促进前沿领域交叉融合，不断培育新的学科生长点，不断提升原始创新能力。中科院率先建议建设国家重大科技基础设施，并承担了60%以上的建设任务，为我国开展高水平科学研究提供了一流创新平台，成为国家科技创新能力的重要标志。中科院还充分发挥高水平科技智库的作用，在国家科技发展规划、科技战略与政策等方面建言献策，为我国自主创新能力建设作出了积极贡献。

区域创新能力是国家创新体系的重要组成部分。长期以来，中科院遍布全国24个省（自治区、直辖市）的科研院所，分别成为不同区域创新能力的核心载体，为区域科技进步和经济发展作出了重要贡献。党的十八大以来，中科院贯彻落实党中央、国务院重大决策部署，积极参与北京、上海具有全球影响力的科技创新中心建设，共建北京怀柔、上海张江、安徽合肥综合性国家科学中心，参与支持雄安新区和粤港澳大湾区国际科技创新中心建设，参与支持8个区域的国家全面创新改革试验，在区域创新高地建设中发挥了重要的核心骨干和带动辐射作用。

（三）坚持以人为本，把尊重人才、关心人才、依靠人才、凝聚人才、培养人才、激发人才创新活力作为建设创新人才高地的根本任务

创新之道，唯在得人。宏大的创新人才队伍是中国特色科技创新事业不断前进的主体力量。40年来，中科院始终坚持党管人才原则，坚持“人才是第一资源”理念，把人才队伍建设作为一项系统工程，摆在全院工作的核心位置，着力建设具有全球视野和国际水平的战略科学家队伍、以院士群体为代表的科技领军人才队伍、充满创新活力的青年人才队伍和高水平创新团队，着力建设国家创新人才高地。

中科院认真贯彻落实党的知识分子政策，坚持尊重人才、关心人才，充分依靠科研人员在科技创新中的主体地位和作用。早在改革开放初期，中科院就率先推动知识分子政策的拨乱反正，在全国最早对“文化大革命”中遭受迫害的科研人员予以平反昭雪；同时努力提高知识分子待遇，改善科研工作条件。21世纪初，建立“三元”结构工资制，提高科研人员收入水平，体现了对创造性劳动的承认与尊重，调动了科研人员的积极性。近年来，实施“3H工程”，进一步改善科研人员生活和工作条件，关心科研人员安居乐业、身心健康、配偶工作安置和子女教育等方面的实际困难，帮助科研人员解除后顾之忧。

中科院坚持以全球视野吸引和凝聚优秀人才，不断优化人才队伍结构，提高创新能力和水平。20 世纪 90 年代中期开始实施的“百人计划”，不仅吸引了一批海内外优秀人才，显著增强了中科院的创新能力，支撑中科院顺利完成人才队伍代际转移，而且开创了我国高端人才计划的先河，为“千人计划”等国家和地方各类人才项目积累了经验。近年来，围绕“率先行动”计划，中科院确立“人才强院”战略，实施人才培养引进系统工程，完善人才计划和制度体系，分类支持学术帅才、技术英才和青年俊才，加强创新团队建设，促进人才队伍结构优化和能力提升。实施国际人才计划，设立爱因斯坦讲席教授、外国专家特聘研究员等人才项目，拓展了国际学术交流和科研伙伴关系网络，提高了中科院引智聚才的吸引力和凝聚力。

中科院长期立足科研实践，推进科教融合，培养创新人才。依托国家重大科技任务实施、高水平科技创新基地建设等，在科技前沿和科研一线培养了大批高层次创新人才，涌现出我国自然科学主要领域的大批科技领军人才和活跃在国际科技前沿的科研骨干，为国家创新人才队伍和创新体系建设作出了重大贡献。改革开放初期，中科院在全国率先提出并实施恢复招收研究生、创办第一个研究生院、中美联合招考物理研究生计划和公派留学等一系列改革举措。从“全院办校、所系结合”到“三统一、四结合”，不断探索构建科教融合协同育人新模式，在我国高等教育改革发展中起到了示范带动作用。近年来，进一步发挥“三位一体”组织优势，推进科教深度融合，开创了科教融合培养创新人才的新局面。

中科院不断深化人才发展体制机制改革，激发人才创新活力，调动科研人员积极性。1977 年率先在全国恢复技术职称评审。1986 年开始全面实行专业技术职务聘任制，并率先实行技术职务晋升“特批”制度，不拘一格选拔和使用优秀人才。世纪之交，在全国率先实行全员聘用合同制和岗位聘用制度，为优秀科研人员脱颖而出创造了良好的制度环境。中科院还通过建立健全灵活多样的用人机制、深化收入分配制度和人才评价制度改革、强化成果收益共享和产权激励机制等措施，不断完善人才激励机制，增强针对性和有效性，持续激发科研人员创新活力。

在加强科技人才队伍建设的同时，中科院不断创新理念和制度，统筹各类人才队伍建设，促进领导人员队伍、技术支撑队伍、科研管理队伍等全面协调发展。40 年来，涌现出一批锐意改革、敢于担当的各级领导干部，技术精湛、敬业奉献的技术支撑人才，素质优良、专业高效的科研管理人才，为中科院改革创新发展作出了重要贡献。一大批离退休老同志不仅在岗工作时为改革开放和科技创新作出了重要贡献，离退休后仍热情关心、支持和参与中科院改革创新发展。

（四）坚持改革创新、敢为人先，立足国情、遵循规律，勇当国家科技体制改革的先行者

全面深化改革是中国特色科技创新事业不断前进的强大动力。40 年来，中科院始终走在科技领域改革开放的最前沿，立足我国国情，坚持问题导向，从中国科技创新的发展阶段和发展要求出发，遵循科技发展和创新活动规律，学习借鉴国际先进经验，积极探索建设中国特色现代科研院所治理体系，引领带动中国科技体制改革与发展。

20 世纪八九十年代，中科院顺应时代要求，探索构建“一院

两种运行机制”，并在研究所领导体制、科研组织管理、拨款制度和人事制度等方面进行了一系列改革探索，引领带动了国家科技体制改革。知识创新工程期间，以人事制度改革为重点，统筹推进资源配置、评价奖励、经营性国有资产管理等改革，并进行了较大规模的研究机构调整和改革。

进入新时代，中科院把全面深化改革与实施“率先行动”计划紧密结合起来，在推进研究所分类改革、调整优化科研布局、深化人才人事制度改革、探索智库建设新体制、深入实施开放兴院战略等方面，实施一系列重大改革发展举措。特别是以研究所分类改革为突破口，探索构建分类定位、分类管理、分类评价和分类配置资源的现代科研院所治理体系，带动了科研布局调整优化和创新能力提升；院士制度改革顺利推进，成为国家全面深化改革中首批落地见效的改革举措；“一三五”规划、战略性先导科技专项、以“三重大”成果产出为导向的科技评价制度改革等改革举措也取得显著成效。

40 年来，中科院在改革开放实践中，创造了我国科技领域的许多“第一”。例如，率先设立面向全国的科学基金，首倡设立国家“863 计划”；创办新中国第一所研究生院，率先实行学位制，培养出我国第一个理学博士、工学博士、女博士和双学位博士；率先建立博士后制度，招收我国第一位博士后研究人员；率先实施“百人计划”，开创我国人才培养引进计划先河；率先开放研究所和实验室，建成我国第一个国家重点实验室；建成我国第一个国家重大科技基础设施，建成我国第一个国家级野外台站；创办我国（不含港澳台地区）第一个科技工业园区，创办中关村第一家民办科技实业机构；率先探索建设国家创新体系，首倡设立中国工程院；率先实施科技“走出去”

战略，实现中国科研机构在海外设立分支机构零的突破，倡议成立由我国发起的首个综合性国际科教组织等。

（五）坚持走开放合作道路，主动融入全球创新网络，全方位加强国际交流合作和国内协同创新

开放合作是中国特色科技创新事业不断前进的重要途径。40 年来，中科院始终坚持走开放合作道路，在开放合作中提升创新能力，不断拓展开放合作渠道和模式，不断扩大开放合作领域和规模，不断提升开放合作层次和水平，特别是近年来确立“开放兴院”战略，全方位加强国际交流合作和国内协同创新，开放合作迈向新台阶。

中科院是我国科技事业对外开放和国际合作的“排头兵”，是我国在国际科技界的主要代表。40 年来，中科院主动融入全球创新网络，在国际合作交流中积极学习借鉴科技发达国家先进经验，带动中国科技界实现从学习模仿到合作共赢的跨越。从 1979 年与美方开展两国高能物理合作，率先打开我国与西方国家科技合作的大门，到 21 世纪以来持续深化与科技发达国家的战略合作，并加强和拓展与发展中国家和“一带一路”沿线国家的科技合作，中科院形成了全方位、多层次、宽领域的国际科技合作新格局。特别是近年来实施“国际化推进战略”，以更加前瞻务实、积极主动的姿态，建设海外科教基地，参与和发起组织国际大科学计划，在重要国际科技组织中积极发挥作用，主动参与全球科技治理。中科院正在成为国际科技交流合作中最为活跃的力量之一，显著提升了我国在国际科技界的话语权和影响力，提升了我国科技创新的全球化水平，成为中国科技走向世界舞台中央的中坚力量。

中科院是国家创新体系建设的引领者和骨干力量，长期以来，积极发挥自身优势，不断加强与国家创新体系各单元的联合合作和协同创新。中科院与国家科技管理部门和行业部门、国防系统等，在科技规划与科研布局、重大科技任务组织实施、重大科技基础设施建设等方面，开展了卓有成效的协同与合作；率先建立研究所和实验室开放制度，在科研仪器设备、创新平台、科研项目、科学数据与文献情报等方面建立了开放共享和协同合作机制。中科院与研究型大学、其他科研机构和企业等，建立了优势互补、形式多样、高效协同的产学研合作组织和机制。中科院还先后与 31 个省（直辖市、自治区）建立了全面合作关系，与港澳台地区不断扩大交流合作，建立了覆盖全国的院地合作网络。这些开放合作措施，不仅增强了中科院服务经济社会发展的能力，而且促进了国家创新体系整体效能的提升。

（六）继承优良传统，弘扬创新文化，牢固树立“创新科技、服务国家、造福人民”的科技价值观，建设良好创新生态系统

建设创新文化是中国特色科技创新事业不断前进的内在要求。40 年来，中科院在秉承老一辈科学家开创的“两弹一星”精神和优秀传统文化的基础上，不断弘扬坚持真理、追求卓越的科学精神，不断注入改革开放、开拓创新的时代精神。改革开放初期，中科院是我国精神文明建设的主要首倡者和积极践行者。世纪之交，中科院将创新文化建设作为知识创新工程的重要任务之一，大力建设有利于促进科技创新的文化。近年来，进一步将“民主办院”纳入发展战略，构建充满活力、包容兼蓄、和谐有序、开放互动的创新生态系统。目前，中科院正在引导

广大科技工作者弘扬爱国奋斗精神，建功立业新时代，为创新文化建设注入新的时代内涵。

长期以来，中科院大力弘扬“创新科技、服务国家、造福人民”的价值理念，弘扬科学报国的光荣传统，教育和引导科技工作者把个人理想自觉融入国家发展伟业，把创新奋斗汇入改革开放的时代潮流。同时，大力加强学术道德和优良学风建设，提倡无私奉献，反对名利主义，提倡严谨求是，反对急功近利，提倡科研诚信，反对弄虚作假，清明学术风气，争当明德楷模。40 年来，中科院先后涌现出一大批爱国奉献、追求卓越的先进典型，成为我国科技界弘扬、丰富和发展创新文化的杰出代表。

在深入推进创新文化建设的实践中，中科院坚持与时俱进，不断升华发展，逐渐形成了“科学、民主、爱国、奉献”的优良传统和“唯实、求真、协力、创新”的院风，形成了以“服务国家、造福人民，追求真理、勇攀高峰，自强不息、艰苦奋斗，淡泊名利、团结协作，实事求是、科学民主”为主要内容的“中国科学院精神”。这些创新文化建设成果，将激励一代又一代中科院人在科技创新的道路上接续奋斗、不断前行，对全社会弘扬科学精神和建设创新文化也具有重要的示范带动作用。

第十四章
面向未来的改革创新发展思路

新时代开启新征程，新使命呼唤新担当。中科院将在总结改革开放40年来的成就和经验的基础上，进一步弘扬改革开放的时代精神，以习近平新时代中国特色社会主义思想为指引，坚持和全面加强党对科技事业的领导，坚定不移全面深化改革、扩大开放合作，以实施“率先行动”计划为统领，不断提升自主创新能力，不断出创新成果、出创新人才、出创新思想，全面实现“四个率先”目标，在新时代改革开放的伟大事业中再立新功、再创伟业，为我国早日建成世界科技强国和全面建成社会主义现代化强国，作出国家战略科技力量应有的重大创新贡献。

（一）强化使命驱动和责任担当，进一步发挥国家战略科技力量的骨干引领和示范带动作用

紧紧围绕社会主义现代化强国建设，坚持“三个面向”，坚持目标导向、问题导向、需求导向，聚焦经济社会发展和国家安全的重大战略需求、重大科技问题和重大创新目标，强化原始性、引领性、颠覆性、系统性重大科技创新，努力成为原

始创新策源地和引领发展的国家创新高地，不断提升科技供给的质量和数量，更好地服务于经济社会发展，服务于社会主义现代化强国建设。

从国家长远发展和战略利益的高度出发，找准制约国家战略利益和经济社会高质量发展的重大问题、关键问题、核心问题，明确科技创新的主攻方向和战略重点，强化系统布局和协同攻关，着力突破关键核心技术“卡脖子”问题，切实增强中高端科技供给能力，支撑现代化经济体系建设和高质量发展。加强前瞻性基础研究，努力补齐原始创新能力弱、原创理论成果少的短板；加强应用基础研究，努力补齐关键共性技术、颠覆性技术、产业核心技术受制于人的短板；提高科技成果转移转化效率，努力补齐科技供给能力弱、对现代化经济体系建设支撑不足的短板。从创新系统工程的高度抓好科技创新，从源头上解决高技术和工业化可持续发展的问题，为建设科技强国、质量强国、航天强国、网络强国、交通强国、数字中国、智慧社会提供有力科技支撑。

坚持更高标准和要求，继续深入实施“率先行动”计划，高质量完成各项改革创新发展任务，确保2020年基本实现、2030年全面实现“四个率先”目标。同时，围绕国家现代化建设“两步走”发展战略，系统研究制定中科院中长期科技发展规划，着眼全球新一轮科技革命和产业变革的战略方向，准确把握世界科技发展的新趋势和新特征，前瞻研究并提出对创新驱动发展具有全局性、引领性和标志性意义的重大科技任务，引领带动我国早日跻身创新型国家前列和世界科技强国。

（二）坚持科技创新、制度创新双轮驱动，全面深化改革，进一步引领带动新时代中国科技体制改革

科技领域是最需要不断深化改革的领域。面临改革深水区和攻坚期，要以更大勇气和毅力、更大决心和力度深化科技体制改革，敢于涉险滩、啃硬骨头，着力破解束缚科技发展的瓶颈和问题，打破“创新孤岛”，拆除“创新藩篱”，推动科技和经济深度融合，打通从科技强到产业强、经济强、国家强的通道。进一步深化产学研用合作，选择一批战略性新兴产业和龙头企业，探索建立创新联合体，鼓励研究所和科研人员走进企业。加强与国家有关部门和相关行业科技需求的对接，加强与行业科研机构和高水平研究型大学的协同创新，加强科技资源和重大创新平台向社会开放共享，支持院所投资控股企业加快产学研一体化改革创新。

深入推进研究所分类改革，进一步构建完善分类定位、分类管理、分类评价、分类资源配置的机制和政策，建立健全符合科技创新规律、开放协同、充满活力、规范有序、协调高效的现代科研院所治理体系。强化研究所分类改革的牵引、辐射和倒逼作用，着力破除深层次体制机制障碍和利益壁垒，最大限度地激发机构、人才、装置、资金、项目等创新要素的活力。强化创新研究院、卓越创新中心、大科学研究中心、特色研究所与国家重大战略部署、重大科技任务、重大政策举措和科技创新基地建设的有机衔接，更好发挥国家战略科技力量的骨干引领和示范带动作用。

围绕国家重大战略部署，加强顶层设计和统筹布局，发挥

建制化优势，构建“院部抓总、区域/领域主战、四类机构/研究所主建”的改革创新发展新格局。按照“高起点、大格局、全链条、新机制”的思路，加大创新力量和社会资源整合力度，积极参与建设北京、上海具有全球影响力的科技创新中心，共建北京怀柔、上海张江、安徽合肥综合性国家科学中心，积极承担国家实验室和国家重大科技基础设施等建设任务。围绕“一带一路”、京津冀协同发展和雄安新区、长江经济带、粤港澳大湾区、东北振兴、西部大开发等国家战略，调整优化科技布局，集成整合创新资源，加强院地合作和开放协同，推进区域创新体系和创新高地建设。

落实科技领域“放管服”改革。遵循科技发展规律、人才成长规律和科研管理规律，深化项目评审、人才评价、机构评估改革，统筹推进科技资源配置和激励机制等改革，进一步扩大科研院所和领衔科学家在科研项目和经费使用等方面的自主权，减轻科研人员负担，优化科研管理，提升科研绩效，为科技创新提供良好的体制机制和制度保障。

（三）以全球视野谋划和推进科技创新，深度融入全球创新网络，开创对外开放合作新局面

当今世界正处在大变革、大调整之中，科技创新也呈现一系列新趋势、新特征，合作更加广泛，竞争日益激烈。要准确把握世界大势，抢抓历史机遇，深入实施国际化推进战略，加快科技“走出去”“引进来”步伐，分层次、多领域、有重点地打造国际科技合作新平台，积极吸引和利用国际创新资源，抢占科技创新战略制高点，进一步提升我国在全球创新格局中的位势和影响力。

开辟多元化合作渠道，探索与不同国家科技合作的有效策

略和机制。巩固和发展与发达国家一流科研机构、高校、企业的务实合作，提升合作层次和水平。充分发挥发展中国家科学院、“一带一路”国际科学组织联盟等平台作用，深化和拓展与发展中国家和“一带一路”沿线国家的科技合作。主动参与和牵头开展国际大科学计划与重大工程，依托国家重大科技基础设施和高水平创新平台，增强对全球高端科技人才的吸引力和凝聚力。继续推进和布局建设一批海外科教基地，扩大科研设施、科研项目、科学数据等对外开放，强化创新伙伴关系。精准选择合作领域和关键技术环节，增强国际合作的针对性和有效性。支持和鼓励优秀科学家在重要国际科技组织中任职。

同时，积极参与全球创新治理，围绕气候变化、能源安全、粮食安全、人口与健康、生态环境等人类面临的共同挑战，与国际科技界携手合作，积极提供中国方案，贡献中国智慧，协力推动构建人类命运共同体，为世界科技发展和人类文明进步不断作出新贡献。

（四）加快创新人才高地建设，努力建设一支适应世界科技强国建设要求的创新人才队伍

科技创新，以人为本。要始终把人才工作放在科技创新最重要、最核心的位置，遵循科研工作和人才成长规律，深化人才发展体制机制改革，深入实施人才培养引进系统工程，进一步尊重人才、关爱人才，依托一流科研机构和重大科技任务吸引和凝聚优秀人才，通过强化激励政策、优化创新环境，充分激发人才创新活力，努力建设一支政治过硬、业务精湛、作风优良和规模适度、结构合理、具有国际竞争力、能够支撑“四个率先”目标实现的科技创新人才队伍。

坚持聚天下英才而用之，根据建设创新型国家和实施“率先行动”计划的要求，适应国际科技发展前沿趋势，在系统梳理各类人才计划的基础上，进一步解放思想，创新机制，加强顶层设计，以“十百千万”人才队伍建设目标为重点，加大引才聚才力度。统筹做好各类人才计划、人才政策的有机衔接，明确不同定位和支持方式，完善人才梯次结构，提高人才队伍整体水平和竞争力。重点围绕重大任务、重点领域，特别是基础性、前瞻性、颠覆性、战略性重大科学问题和关键核心技术，大力培育具有国际水平的战略科技人才、科技领军人才、青年科技人才和高水平创新团队。进一步巩固和深化院士制度改革成果，完善院士增选机制，优化学科布局和年龄结构，加强外籍院士队伍建设，发挥院士制度凝才聚智的导向性作用。坚持按需引进、精准培养，加强“高精尖缺”人才引进和培养，加强博士后人才队伍建设，建立健全柔性化人才引进和管理机制。加快人才、项目、基地一体化建设，推进人才队伍建设与重大科技任务和科技创新平台建设的有机结合。

不断深化人才发展体制机制改革，立足创新实践培养造就高水平创新队伍。推进体制机制和制度创新，实行有限期聘用和“预聘－长聘”制度，探索“人才双聘”新模式；完善公平竞争的环境和有序流动的机制，突破制度藩篱，促进人才合理流动。改革人才评价，建立科学、高效、务实、简约的考评体系，遵循人才成长规律，突出品德、能力和业绩评价导向，体现不同性质、不同岗位、不同层次人才特点，率先打破“四唯”（唯论文、唯职称、唯学历、唯奖项）倾向，做到“英雄不问出处”。坚持精神激励与物质激励相结合，引导科研人员淡泊名利，在科学前沿和国家重大科技任务中建功立业。同时，实行个性化支持政策和薪酬激励制度，充分体现知识性工作和创造性劳动的价值与贡献。深入实施“3H 工程”，为各类人才安心致研、施展才干创造良好条件和环境。

坚持科研与教育并举、出人才与出成果并重，深入推进科教融合，持续创新体制机制，不断完善培养体系，推动科研与教育相互促进、协同发展，走出一条具有中国特色的科教融合培养高层次创新人才的成熟道路。坚持把立德树人作为根本任务，以提高人才培养质量为中心，走内涵式发展道路，加快推进世界一流大学和一流学科建设，培养更多能够担当世界科技强国建设和中华民族伟大复兴重任的创新创业人才。

（五）充分发挥“三位一体”的独特优势，加快建设国家倚重、社会信任、特色鲜明、国际知名的高水平科技智库

率先建成国家高水平科技智库，是“率先行动”计划的重要任务之一。中科院将围绕我国建设社会主义现代化强国和世界科技强国的战略目标，以学部为主导，以战略研究体系为支撑，以重大咨询和研究任务为牵引，充分发挥国家科学思想库的作用，前瞻研判世界科技发展大趋势，深刻洞察世界科技革命和产业变革新方向，深入分析事关国家全局和长远发展的重大战略问题，做好科学思想的“国家工厂”，引领我国科学技术进步，支撑服务经济社会发展。

积极推进国家高端智库建设试点，构建完善与建设高水平科技智库相适应、有效统筹和集成全院智力资源的体制机制，加强与党和政府相关部门的对接服务，加强与国内外知名智库和相关机构的交流合作。围绕我国科技创新和经济社会发展的

重大科技问题，围绕重大创新领域和关键核心技术问题，组织开展战略咨询研究，坚持科学性和独立性，加强前瞻性和战略性，不断出创新思想，为国家创新体系建设、科技战略规划、科技发展布局，科技政策制定和学科发展等提出权威性意见，为党和政府科学民主决策提供重要科学依据和专业化、建设性咨询意见建议。加强研究体系和管理平台建设，形成富有中科院特色、具有重大影响力的高端智库系列产品和学术品牌。

依托“三位一体”的组织架构，加强智库队伍和体制机制建设。充分发挥中科院科技智库理事会的指导和统筹协调作用，充分发挥院士群体等专家的学术引领作用，充分发挥国家科研机构的建制化和多学科综合优势，构建院所协同、开放合作的战略研究与咨询体系，提升战略研究的能力与水平，增强咨询评议和重大政策建议的有效性和影响力。

（六）加强党建和创新文化建设，为全面实现“四个率先”目标提供强大思想动力和坚强保障

以习近平新时代中国特色社会主义思想为指引，认真贯彻新时代党的建设总要求，进一步牢固树立“四个意识”，坚定“四个自信”，坚持和加强党对科技事业的全面领导，坚持党要管党、全面从严治党，以更高标准和更严要求扎实推进党建工作和创新文化建设。

改进完善研究所领导体制，加强党建和领导班子建设，增强基层党组织的凝聚力和战斗力。以党的政治建设为统领，以坚定理想信念宗旨为根基，加强政治引领和思想理论武装，充分调动广大党员干部和科研人员的积极性、主动性、创造性。认真贯彻落实新时代党的组织路线，着力建设忠诚干净担当的

高素质干部队伍，着力集聚爱国奉献的高端科技创新人才。落实全面从严治党主体责任，全面落实党建工作责任制，驰而不息加强作风建设，深入推进反腐败斗争，严明政治纪律和政治规矩，严肃党内政治生活，健全完善廉洁从业风险防控体系。全面加强制度建设，把制度建设贯穿党建工作全过程，构建科学完备、务实有效的科研院所党的工作制度体系。

进一步加强创新文化建设，厚植有利于科技创新的文化沃土，构建完善创新生态系统。继承“科学、民主、爱国、奉献”的优良传统，弘扬“唯实、求真、协力、创新”的院风，自觉践行社会主义核心价值观和“创新科技、服务国家、造福人民”的价值理念。注重创新文化的代际传承和发扬光大，进一步弘扬“两弹一星”精神、载人航天精神，弘扬“干惊天动地事、做隐姓埋名人”的爱国奉献精神，弘扬和发展新时代中国科学院精神。尊重科研人员的主体地位和首创精神，营造鼓励探索、宽容失败、追求卓越、敢于创新、善于合作的学术文化氛围。加强学术道德和科研诚信建设，弘扬优良学风，营造风清气正、和谐奋进的创新环境。

一切伟大的事业都是在继往开来、接续奋斗中不断前进的。改革开放 40 年，深刻影响着中华民族伟大复兴的历史进程，深刻影响着人类社会发展的历史走向，也深刻重塑着全球创新格局和中国科技事业的未来。在新时代波澜壮阔、气象万千的改革开放洪流中，中科院承载着 40 年栉风沐雨的光辉历程和经验，肩负着建设世界科技强国的崇高使命，必将高挂云帆，乘风破浪，驶向更加辉煌灿烂的明天。

附 录 一

40 项标志性重大科技成果

一 面向世界科技前沿（15 项）

1. 高温超导体研究

超导电性是荷兰科学家卡莫林·昂纳斯（H. Kamerlingh Onnes）在 1911 年发现的。指某些材料在其临界温度以下表现出电阻为零和完全抗磁性的现象，相应的材料称为超导体。临界温度高于传统理论认为的“麦克米兰极限”（40K）的超导体被称为高温超导体。探索和发现新型高温超导体特别是液氮温区以上的超导体并研究其物理机制是各国科学家们长期追求的目标。

1987 年，物理所[①]在铜氧化物超导体的研究中作出了重大贡献，独立发现了液氮温区铜氧化物超导体，并首次在国际上公布其元素组成为 Ba-Y-Cu-O。获 1989 年度国家自然科学奖一等奖。

2008 年，中国科大和物理所在铁基超导体研究方面先

① 附录一所列中国科学院院属单位名称均使用规范简称。

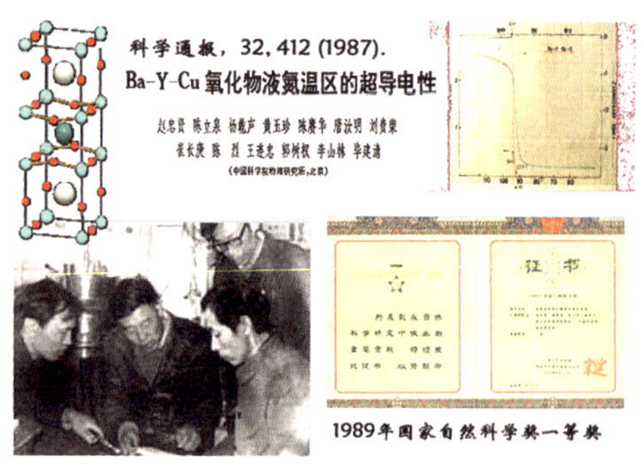

液氮温区下铜氧化物高温超导体的发现

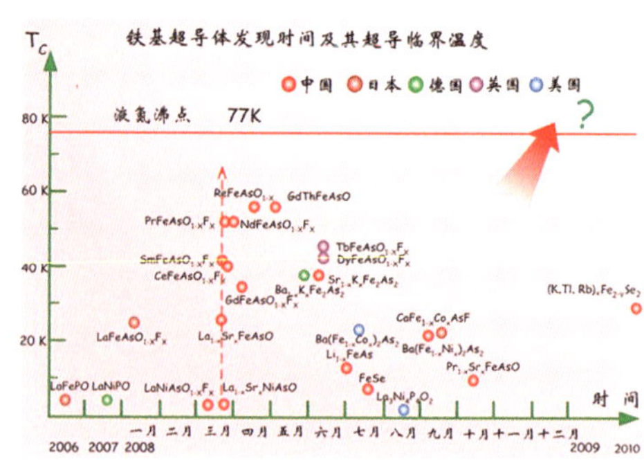

铁基超导体发现时间及其超导临界温度

后在国际上首次突破了麦克米兰极限温度，分别发现43K的$SmFeAsO_{1-x}F_x$超导体、41K的$CeFeAsO_{1-x}F_x$超导体和系列50K以上的$REFeAsO_{1-x}F_x$及$REFeAsO_{1-x}$（RE=稀土元素）超导体，并创造55K的超导体临界温度纪录。确定铁基超导体为新一类高温超导体，并在物理性质研究方面取得重要成果，具有潜在应用价值。获2013年度国家自然科学奖一等奖。

中科院在国际上仅有的两次高温超导研究重大突破中，都作出了先驱性和开创性贡献，在该领域多个方面发挥了引领作用，持续推动国际高温超导研究发展。

2. 拓扑物态领域系列研究

物理所在拓扑物态领域取得一系列国际领先的研究成果。2009年，理论发现Bi_2Te_3、Bi_2Se_3、Sb_2Te_3族三维拓扑绝缘体，并获实验验证，成为最为广泛研究的拓扑绝缘体材料体系。2010年，理论提出Cr或Fe磁性离子掺杂的Bi_2Te_3等拓扑绝缘体薄膜是实现量子反常霍尔效应的最佳体系，获2011年中国科学院杰出科技成就奖。2013年，与清华大学合作在世界上首次实验观测到“量子反常霍尔效应”，验证了理论方案。

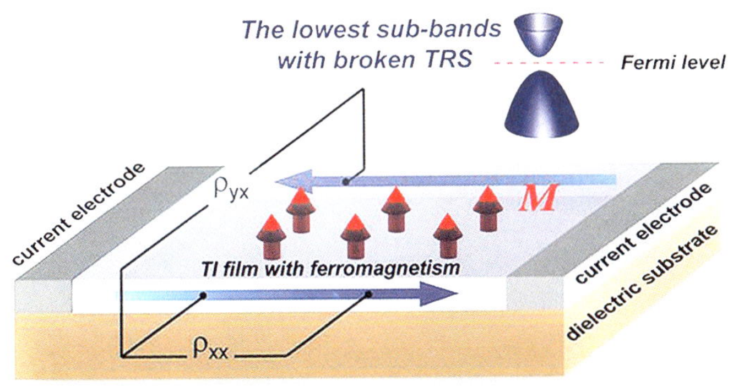

量子反常霍尔效应示意图

2012～2014年，理论预言并实验发现了两个狄拉克半金属Na_3Bi和Cd_3As_2，将凝聚态中电子态的拓扑分类从绝缘体推广到了半金属，发现了新物态——拓扑半金属态。

2015年，理论预言TaAs家族材料是外尔半金属，并首次实验证实了其中手性电子态——外尔费米子的存在，被英国物理学会《物理世界》评为“2015年十大突破”，被美国物理学会《物理》评为“2015年八大亮点工作”。2018年1月，入选美国物理学会《物理评论》系列期刊诞生125周年纪念论文集，是收录的49项重要科学成就中唯一来自中国本土的工作。

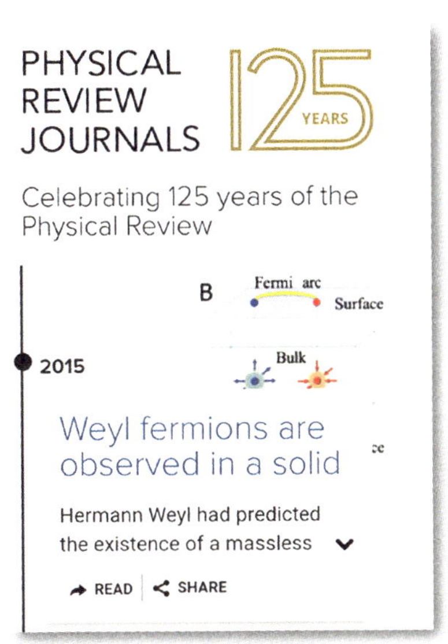

外尔费米子成果入选美国物理学会125周年纪念论文集

2017年，理论预言并首次实验发现了三重简并点半金属

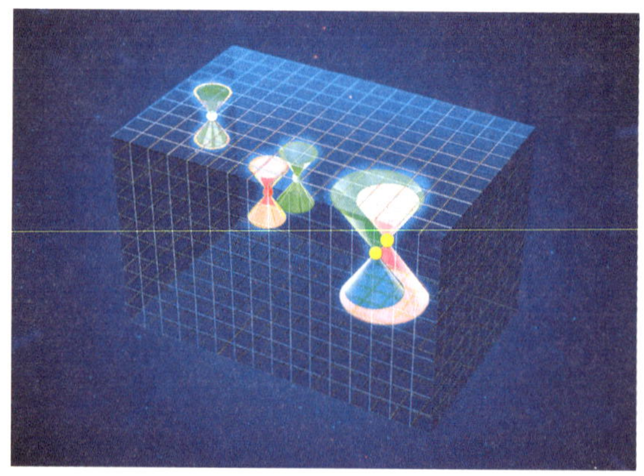

三重简并费米子示意图

WC 家族材料，发现其中的三重简并费米子型准粒子激发，为在凝聚态物质中探索非常规费米子激发提供了新思路、新方法。

2018 年，首次在铁基超导体铁碲硒材料中发现了拓扑超导表面态，并在该材料中发现了零能的马约拉纳束缚态，对构建稳定的、高容错、可拓展的未来量子计算机的应用具有重要意义。

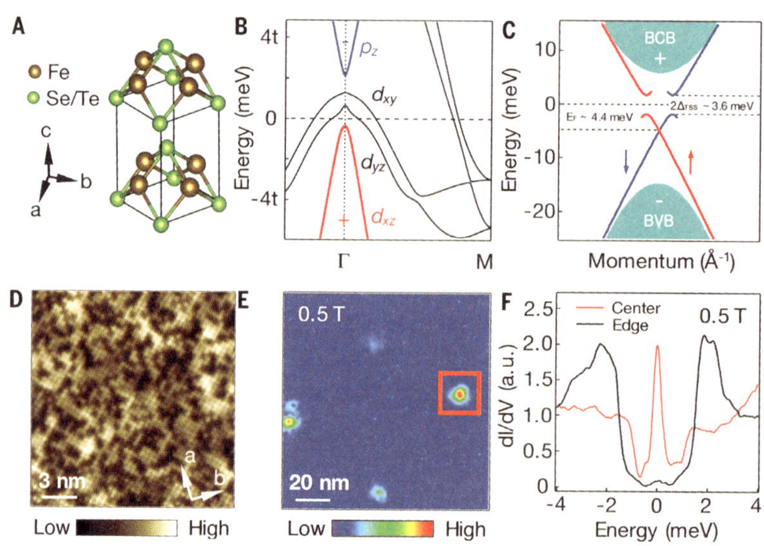

铁碲硒样品表面的磁通涡旋及在磁通涡旋中心观察到的零能束缚态

3. 粒子物理与核物理研究

中科院依托相关国家重大科技基础设施并牵头重大国际合作，在强子物理、核物理、中微子物理、高能量前沿等方面取得一系列具有国际影响力的科学成果。

1990 年以来，高能所依托北京正负电子对撞机（BEPC）、北京谱仪（BES）实验精确测量了 τ 轻子质量及 R 值，发现了 X(1835) 新粒子。2013 年，北京谱仪Ⅲ实验发现了“四夸克物质” Zc（3900），是对传统夸克模型中物质只含两个或三个夸克的重大突破，在美国物理学会《物理》评出的当年度物理学领域 11 项重要成果中位列榜首。

北京谱仪Ⅲ

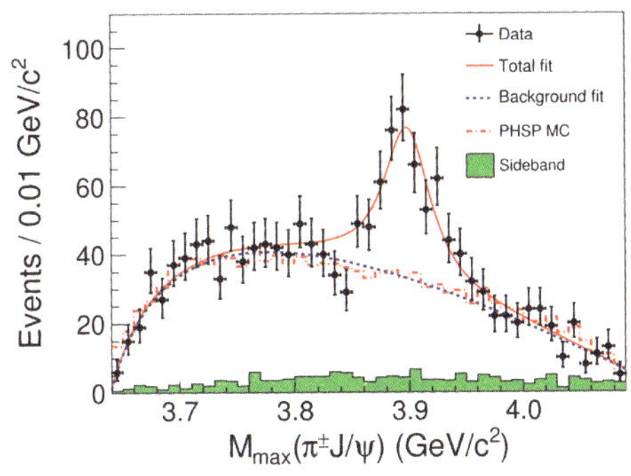

发现“四夸克物质”Zc（3900）

1992 年，上海原子核所获得了新核素铂 -202，这是中国科学家首次合成的新核素。20 世纪 90 年代以来，近代物理所合成了 34 种新核素，首次高精度测定一批短寿命原子核质量，建成国际核质量数据评估中心。这些新核素的产生是中国科学家在远离稳定线核的合成和研究中取得的重大成果。

2011 年，上海应物所在参加 RHIC-STAR 核物理国际合作研究中，与美国科学家合作，为首次发现迄今最重的反物质粒子——反氦核，发挥了关键作用。

2012 年，由高能所牵头的国际合作研究团队在大亚湾反应堆中微子实验发现了中微子振荡新模式，精确测得中微子混合角 θ_{13} 值，标志着我国中微子实验研究从无到有步入世界前列。该成果入选美国《科学》2012 年十大科学突破，获 2013 年度中国科学院杰出科技成就奖、2016 年度国家自然科学奖一等奖、2016 年度国际基础物理学突破奖。

由高能所、中国科大牵头的中国研究团队在 2012 年欧洲核子中心大型强子对撞机国际合作实验中，为发现希格斯粒子及其性质研究作出了直接贡献。

大亚湾反应堆中微子实验设施

4. 有机分子簇集和自由基化学研究

物理有机化学是有机化学的理论基础，主要涉及结构、介质和化学特性、物理特性之间的关系。上海有机所经过近20年努力，围绕物理有机化学前沿领域两个重要方面——有机分子簇集和自由基化学，进行了深入系统的研究。获2002年度国家自然科学奖一等奖，填补了该奖项此前连续4年的空缺。

《有机分子的簇集和自卷》

有机分子簇集和自卷研究成果，对在分子水平上理解某些生命现象及设计治疗动脉粥样硬化疾病的药物具有重要理论启示。自由基化学研究建立了当时国际上最完整、最可靠的反映取代基自旋离域能力的参数，被国际同行认为是里程碑式的工作。这两个方面涉及有机化合物的结构效应和介质效应，是物理有机化学研究的核心内容之一。

5. 纳米科技创新

在纳米表征领域，1988年，化学所研制出我国第一台集计算机控制、数据分析和图像处理系统于一体的扫描隧道显微镜（STM）和我国第一台原子力显微镜（AFM），奠定了我国纳米科技研究的物质基础。2001年，中国科大在国际上首次利用低温STM获得能够分辨碳－碳单键和双键的C_{60}单分子图像，并于2013年在国际上首次实现了亚纳米分辨的单分子光学拉曼成像，获2014年度中国科学院杰出科技成就奖。2013年，国

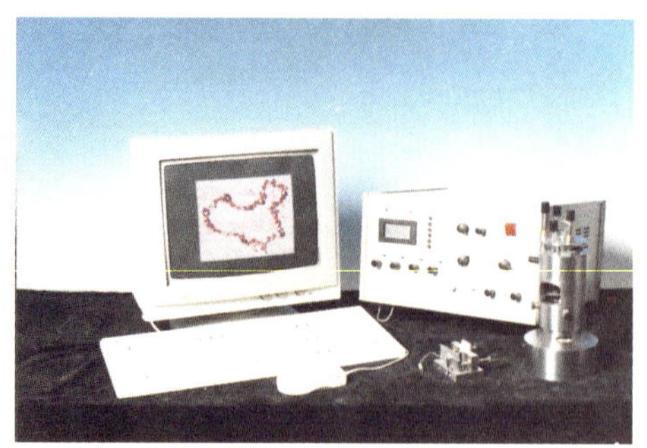

中国科学院化学研究所研制的原子力显微镜

利用原子力显微镜探针在聚合物表面刻写“中国”二字

亚纳米分辨的单分子光学拉曼成像

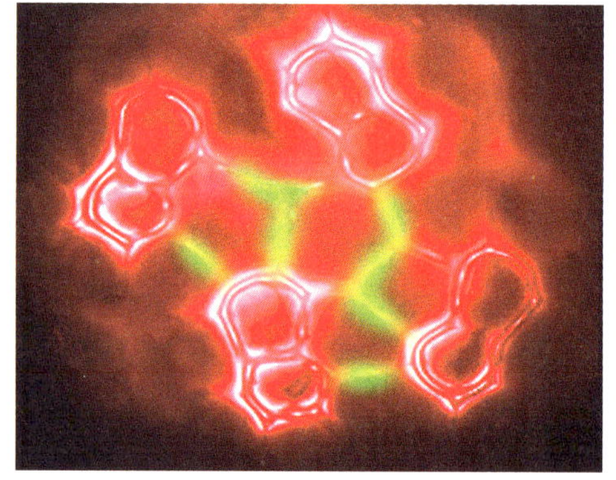

铜晶体表面 8-羟基喹啉分子的 qPlus 原子力显微镜图像

家纳米中心利用 AFM 技术在国际上首次实现了对分子间氢键的直接成像，为化学界争论了 80 多年的“氢键本质”问题提供了第一个直观证据。

在纳米材料与器件领域，物理所、金属所等单位在碳纳米管的制备、纳米结构及其物性调控、表面纳米化等方面，20 多年来产出了一批国际引领性成果，促进了该领域的研究和发展。2017 年，上海微系统所联合相关企业设计出低功耗、长寿命、高稳定性的钪 - 锑 - 碲（Sc-Sb-Te）新型高速相变材料，对于我

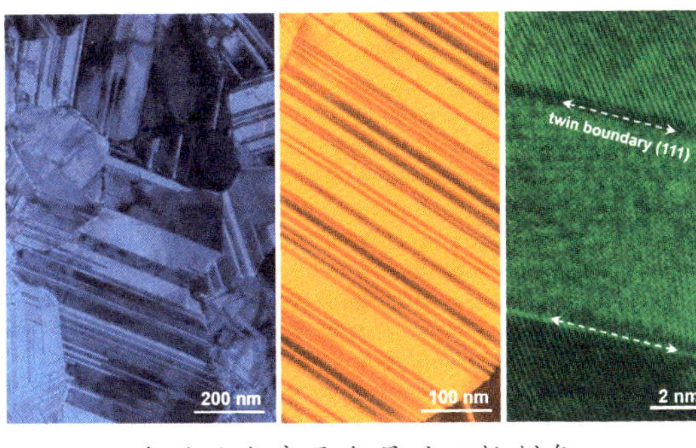

多种纳米孪晶金属的可控制备

国际上首条纳米绿色版材生产线

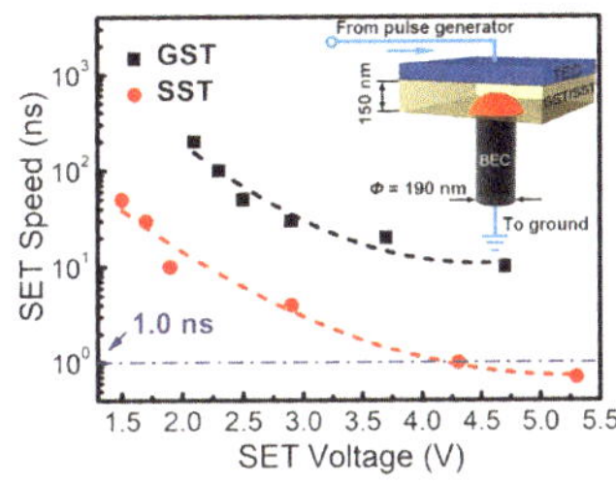

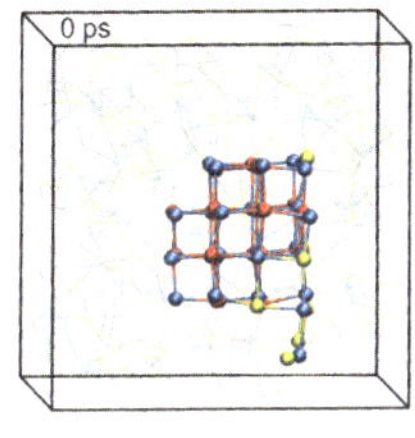

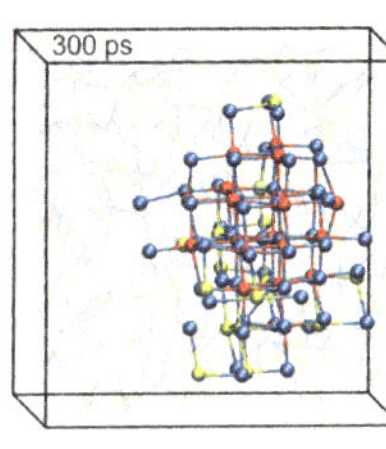

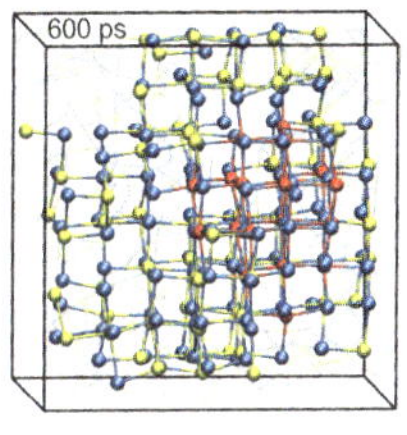

钪－锑－碲新型高速相变材料

国突破国外技术壁垒、自主开发存储器芯片具有重要意义。化学所基于长期基础研究，发展了纳米绿色印刷的完整产业链技术，并于2016年建成世界首条免砂目纳米绿色印刷版材示范线。

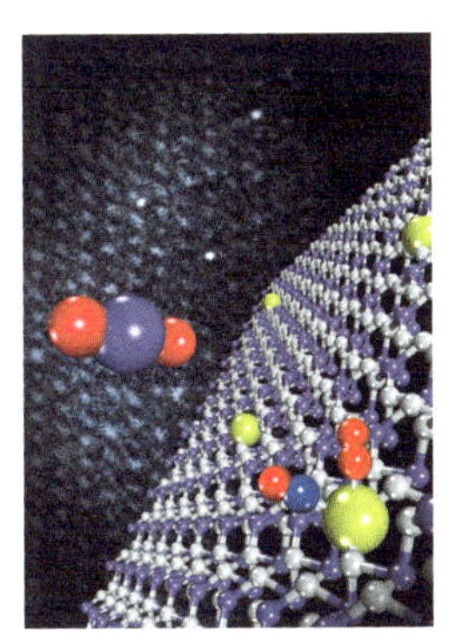

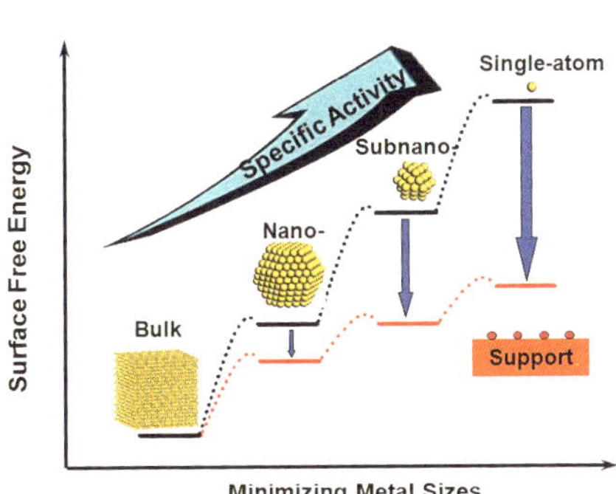

单原子催化剂结构和性质示意图

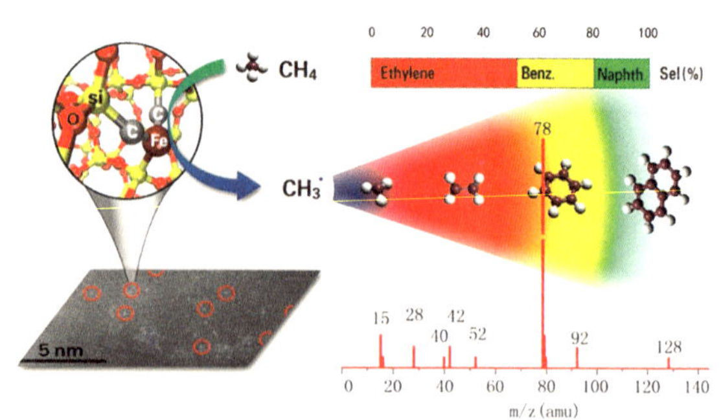

甲烷直接转化制烯烃和芳烃机理示意图

在纳米催化领域，2011 年，大连化物所在国际上首次制备出 Pt/FeO_x 单原子催化剂，并提出了单原子催化新概念，入选美国化学会 2016 年度十大科研成果。2014 年，基于纳米限域催化新概念，首创甲烷无氧制烯烃和芳烃催化过程，实现一步高效转化，获 2015 年度中国科学院杰出科技成就奖。

6. 人工合成生物学研究

继 1965 年我国在国际上首次人工合成牛胰岛素（获 1982 年度国家自然科学奖一等奖）之后，1981 年 11 月，由上海生化所、上海细胞所、上海有机所、生物物理所和院外相关单位组成的联合攻关团队，历时 13 年，在国际上首次人工合成了包含 76 个核苷酸的酵母丙氨酸转移核糖核酸完整分子。该成果获 1987 年度国家自然科学奖一等奖，对揭示生命起源和核酸在生物体内的作用意义重大，为进一步了解遗传和其他生命现象、研制和应用多种核酸类药物奠定了理论基础，标志着我国在该领域进入世界先进行列。

2018 年 8 月，分子植物科学卓越创新中心采用合成生物学“工程化”方法和高效使能技术，以单细胞真核生物酿酒酵母

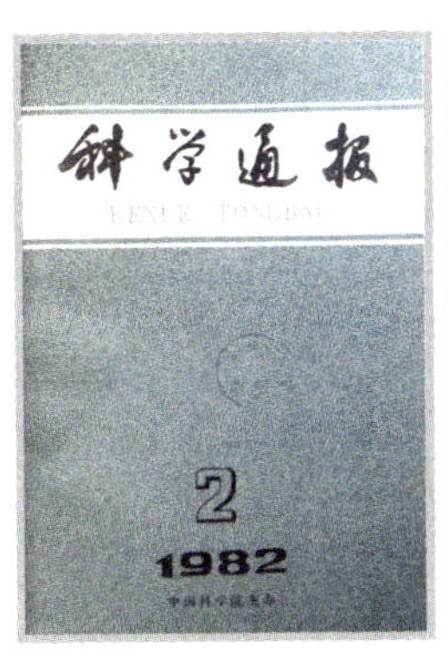

酵母丙氨酸转移核糖核酸的全合成

酵母丙氨酸转移核糖核酸的全合成研究论文

天然酿酒酵母

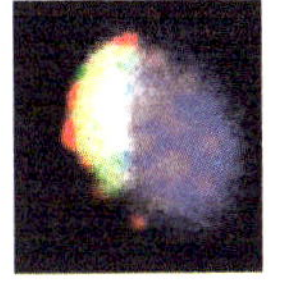

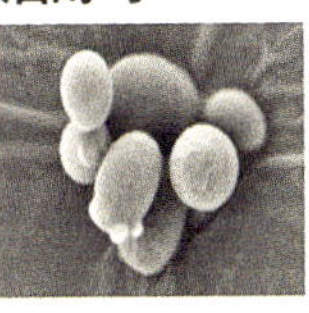

16条染色体

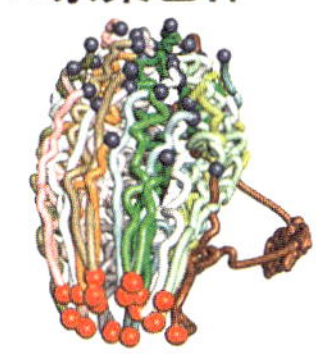

人造酿酒酵母

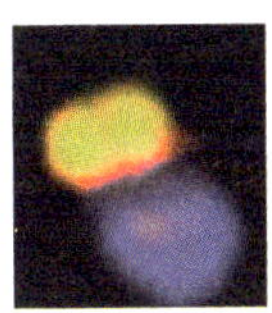

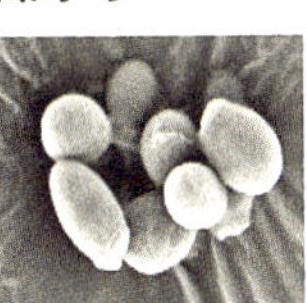

1条巨大染色体

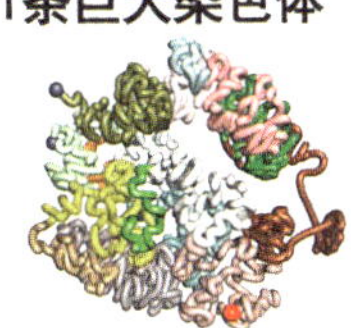

首次人工创造出单条染色体的真核细胞

（天然含有 16 条线型染色体）为研究材料，在国际上首次人工创造出仅含单条染色体的真核细胞。这是继人工合成牛胰岛素和酵母丙氨酸转移核糖核酸之后，我国科学家再一次利用合成科学策略回答了生命科学领域的重大基础问题，将加深人类对生命本质的认识。

7. 非人灵长类模型与脑连接图谱研究

脑科学与智能技术卓越创新中心在非人灵长类模型与脑连接图谱研究方面取得一系列重要原创成果。2017 年底在国际上率先攻克非人灵长类动物体细胞核克隆这一世界性难题，11 月 27 日世界上首个体细胞克隆猴“中中”诞生，12 月 5 日第二个克隆猴“华华”诞生。这是继 1997 年英国克隆羊“多莉”后克隆生物技术领域的又一重大突破，将有力促进生命科学基础研究和转化医学研究，为探究众多复杂疾病机理、建立有效诊治和干预手段及新药创制带来光明前景。

克隆猴“中中”和“华华”

2016 年，该卓越创新中心在世界上首次建立了携带人类自闭症基因的非人灵长类动物模型——食蟹猴模型，构建了非人灵长类自闭症行为学分析范式，为观察自闭症的神经科学机理研究提供了一扇重要窗口，为深入研究自闭症的病理与探索可能的治疗干预方法奠定了重要基础。

2016 年，该卓越创新中心成功绘制了更精确的人脑功能分区图谱，即人类脑网络组图谱，突破 100 多年来传统脑图谱绘制的瓶颈，提出了“利用脑连接信息绘制脑图谱”的思想，第

世界上首次建立携带人类自闭症基因的非人灵长类动物模型

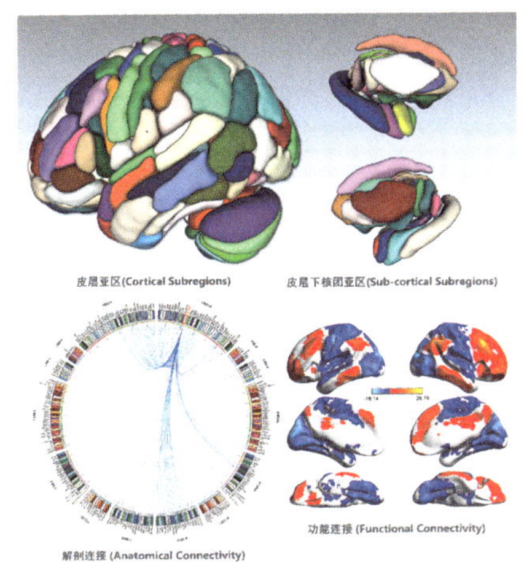

人类脑网络组图谱

一次建立了宏观尺度上的活体全脑连接图谱，为实现脑科学和脑疾病研究的源头创新提供了重要基础。

8. 基因组研究

1999 年 7 月，由遗传发育所牵头，我国参与了国际人类基因组计划，成为继美国、英国、法国、德国、日本之后的第 6 个参与国，也是唯一的发展中国家。2000 年 4 月，我国提前完成了国际人类基因组计划 1% 基因组序列工作框架图，测定了第 3 号染色体短臂上 3000 万个碱基序列，绘制了达到 99.99% 覆盖率的完成图，为我国生物资源基因组研究及参与国际生物产业竞争奠定了基础。

2000 年，遗传发育所合作参加中国超级杂交水稻基因组计划。2001 年 10 月，率先完成水稻（籼稻）基因工作框架图的绘制，并免费公布数据库。2002 年 12 月，完成全球第一张农作物的全基因组精细图——籼稻基因组序列精细图的绘制，并研制成功世界第一个覆盖水稻全基因组的基因芯片，为保持我国在杂

2001 年 2 月《自然》发表人类基因组计划框架图研究论文

2002 年 12 月《自然》发表籼稻基因组序列精细图研究论文

交水稻育种领域的国际领先地位奠定了基础。获 2003 年度中国科学院杰出科技成就奖。

2014 年，动物所成功破译了飞蝗的全基因组序列图谱，这是迄今人类破译的最大动物基因组，揭示了飞蝗聚群行为调控以及表型可塑性遗传、表观遗传调控机制；同时围绕种群暴发成灾机制等难题，取得系列突破性进展。获 2017 年度中国科学院杰出科技成就奖。

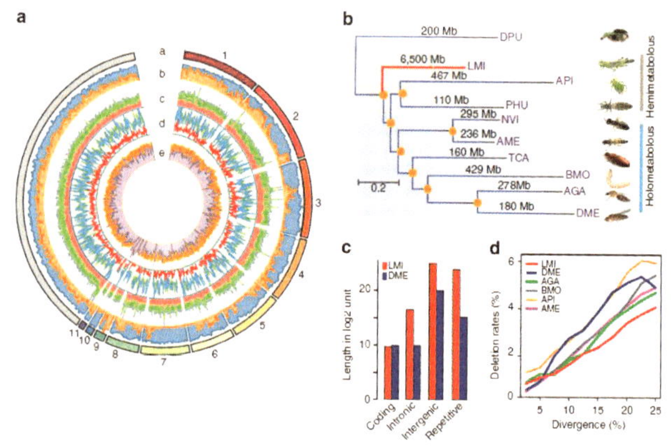

飞蝗的全基因组序列图谱

9.《中国植物志》编研及生物多样性研究

2004年，中国高等植物资源的百科全书——《中国植物志》全部完成出版。该书由中国科学院（植物所、华南植物园、昆明植物所等）牵头，历经我国四代植物分类学家41年（1918～1959年）准备、45年（1959～2004年）编研，全国80余家单位的312位作者和164位绘图人员通力协作完成。全书80卷126册，共5000多万字，记载了中国维管束植物301科、3408属、31142种，包括9080幅图版，是世界上已出版的规模最大、内容最丰富的植物志书。获2009年度国家自然科学奖一等奖。

《中国植物志》

《中国高等植物图鉴》和《中国高等植物科属检索表》

《中国植物志》是植物学领域一项开拓性、创新性、系统性、基础性工程，是半个世纪以来中国植物学研究的标志性成果，具有重大学术价值，促进了我国植物学和生物学相关学科的发展，为陆地生态系统研究和植物资源开发利用提供了重要科学依据，对中国和全球生物多样性的可持续发展作出了重大贡献，并产生了深远影响。

此前，植物所牵头编写的《中国高等植物图鉴》和《中国高等植物科属检索表》，获 1987 年度国家自然科学奖一等奖；该所关于中国蕨类植物科属的系统排列和历史来源的研究成果，获 1993 年度国家自然科学奖一等奖。

在生物多样性调查、收集保藏和保护利用方面，中科院通过战略生物资源网络建设，完成了植物园体系、标本馆体系、生物遗传资源库以及生物多样性监测及研究网络等基础资源平台建设，建立了较完整的种质资源数据库和信息共享管理系统。昆明植物所牵头于 2009 年建成了中国西南野生生物种质资源库，收集稀有濒危种、特有种、有重要经济价值及科学价值的野生植物种子近 8 万份，种质资源保藏能力达到国际领先水平。发起中国

中国西南野生生物种质资源库

植物园联盟，实施“本土植物全覆盖计划”，对我国生物多样性保护起到重要支撑。中科院战略生物资源网络建设及在此基础上开展的科学研究，对促进我国生物多样性保护、生物技术产业发展和应对国际生物资源竞争具有重要战略意义。

10. 古生物研究

南京古生物所于 1984 年发现了澄江动物化石群，进行了长达 17 年、多达 3 万余块化石的大规模采集和综合研究，取得了一系列举世瞩目的成果，第一次生动再现了 5.3 亿年前海洋动物世界的面貌，为揭示“寒武纪大爆发”奥秘提供了科学依据。该成果被誉为“20 世纪最惊人的科学发现之一”，获 2003 年度国家自然科学奖一等奖。

“金钉子”是全球年代地层划分对比的国际标准。截至 2018 年 7 月，在全球确定的 60 多个“金钉子”中，我国有 11 个，

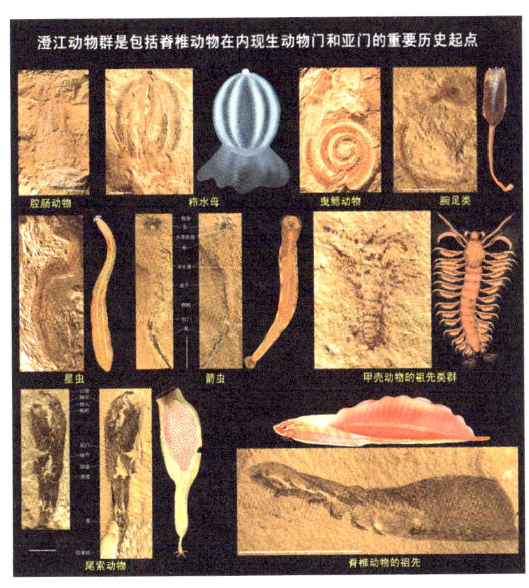

澄江动物化石群

南京古生物所主持确立的
七个“金钉子”剖面的标志

居全球之首，其中7个（长兴阶、排碧阶、吴家坪阶、赫南特阶、古丈阶、江山阶、乌溜阶）由南京古生物所完成。

古脊椎所基于多年持续的大规模野外调查和发掘，开展辽西热河脊椎动物群研究，取得了一系列重大发现和原创成果，丰富了人类对早白垩世陆地生态系统的认识，在脊椎动物许多类群的起源和系统演化研究方面具有重大意

热河生物群生态复原图

义。获2003年度中国科学院杰出科技成就奖，入选《时代》2007年度世界十大科技发现、《科学》2014年度十大科学突破。

古脊椎所通过对8万～12万年前东亚地区最早的现代人化石的发现和研究，否认了现代人“非洲起源说”的部分观点，提出了现代人在东亚出现与扩散的新假说，为研究东亚人类演化规律提供了重要化石证据，将中国古人类演化研究推进到国际前沿水平。相关成果入选《自然》2014年度十大科学事件。

发现东亚最早的现代人化石

11. 第四纪环境研究

第四纪环境领域是近年来全球变化研究的热点。地质地球所、地球环境所、寒旱所等单位，以黄土、冰川为古环境研究的重要载体，在第四纪地质学与环境研究中取得了一系列重要成果，为认识全球环境演变规律、理解现今环境变化原因、评估未来环境发展趋势提供了科学依据，处于国际地球科学前沿。

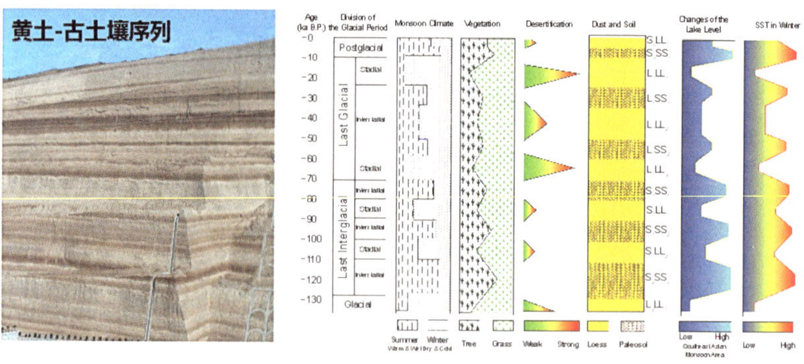

过去 13 万年东亚古季风变迁控制环境变化的模式示意图

黄土高原燕沟流域康圪崂沟
治理前和治理后

在第四纪黄土环境研究方面，中科院提出“新风成学说”，基于中国黄土重建了 250 万年以来的气候变化历史，推动了地球环境科学发展，对黄土高原水土保持、植被重建、沙地治理等具有重要实践意义，为国家黄土高原综合治理提供了决策支撑。“黄土高原综合治理定位试验研究”获 1993 年度国家科学技术进步奖一等奖。

中国冰川资源调查

在第四纪冰川研究方面，中科院查清了我国第四纪冰川分布及特征，编绘了我国第四纪冰川分布图，突破了传统第四纪四次冰期学说，发展了国际第四纪冰川与环境变化研究科学理论，对未来水资源变化和环境演变及可持续发展具有重要意义。

12. 东亚大气环流研究

大气环流研究是揭示大气运动规律、探索全球气候变化、进行气候预测和天气预报的重要途径。大气所、地球物理所对东亚大气环流运动规律进行了系统深入研究，原创性提出了气候突变概念，发现东亚和北美环流在过渡季节有急剧变化的现象，研究发现并证明了阻塞高压在持续异常天气预报中的重要性，揭示了东亚大气环流对中国气候的影响机理。获 1987 年度国家自然科学奖一等奖。

东亚大气环流研究为我国 20 世纪 80 年代建立数值天气预报模式奠定了理论基础。1980 年，大气所与中央气象台等合作成立了“联合数值预报室”，将系列成果发展成为我国气象业务的主要模式；1982 年，中央气象台按此模式首次作出 72 小时数值天气预报。

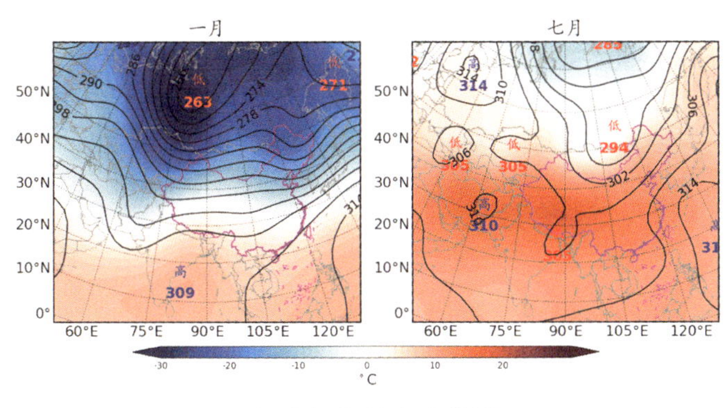

东亚大气环流示意图

13. 数学机械化方法与辛几何算法

20 世纪七八十年代，系统所发展了中国传统数学的算法化思想，提出了用计算机证明几何定理的高效代数方法——“吴方法”，开创了数学机械化这一新兴交叉学科方向。这是目前符号求解代数与微分代数方程组最完整的方法之一，已应用于解决机器人运动学、智能 CAD、视觉定位、数控最优插补、密码分析、物理规律自动发现、天体运行中心构形等数学交叉科学问题，标志着我国在自动推理研究领域达到国际领先水平。

哈密尔顿系统是表达一切守恒物理过程的数学形式，辛几何是哈密尔顿系统的数学基础。1984 年，计算数学所提出了基于辛几何的哈密尔顿系统的计算方法，开创了这一计算物理、计算力学与计算数学相互交叉、渗透的新兴前沿领域，通过系统研究取得了一批奠基性原创成果，在国际上产生了重大影响，

《几何定理的机械化证明》

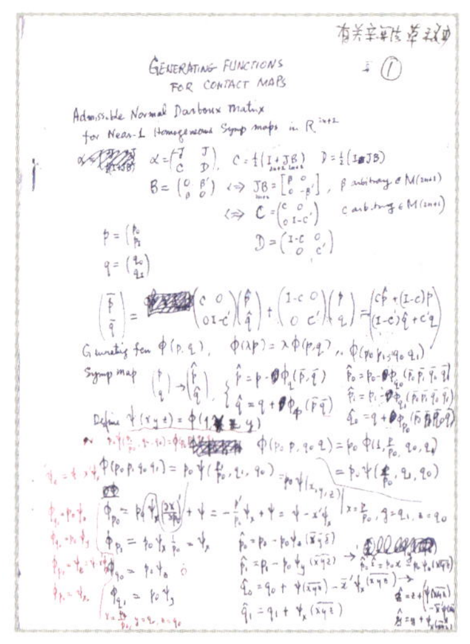

辛几何算法手稿

获 1997 年度国家自然科学奖一等奖。该算法已成为常微分方程和动力系统数值计算的主流研究方向，带来了科学和工程领域计算的革新，广泛应用于天体轨道演化、高能加速器设计、分子动力学模拟、数值天气预报、石油和天然气勘探、等离子体约束、计算量子化学等。

14. 系列大型天文观测设施

大天区面积多目标光纤光谱天文望远镜（LAMOST，又称“郭守敬望远镜”）坐落于国家天文台兴隆观测站，是大口径兼大视场的光学望远镜，其光谱获取率为世界最高。1997 年立项，2001 年开工建设，2009 年通过验收，2011 年 10 月开始光谱巡天。截至 2018 年 6 月，LAMOST 对外发布 1000 万余条天体光谱，成为世界上天区覆盖最完备、巡天体积和采样密度最大、统计一致性最好、样本数量最多的天文数据库。2018 年 8 月发现目前已知锂元素丰度最高（约为同类天体的 3000 倍）的奇特天体。国内外天文学家利用 LAMOST 数据在银河系的形成和演化、多波段天体交叉认证和星系物理等方面均取得了突破性进展。

郭守敬望远镜

500 米口径球面射电望远镜（FAST，又称“中国天眼”）是具有我国自主知识产权、世界最大单口径、最灵敏的射电望远镜。FAST 利用贵州天然喀斯特洼地作为望远镜台址，由国家天文台牵头，2007 年立项，2011 年开工建设；2016 年 9 月落成启用，入选《自然》当年度全球重大科学事件，获 2017 年度中国科学院杰出科技成就奖。截至 2018 年 8 月底，FAST 已证实发现脉冲星 44 颗，其中首次发现的毫秒脉冲星于 2018 年 4 月得到国际认证，开启了中国射电望远镜系统发现脉冲星的新时代。

500 米口径球面射电望远镜

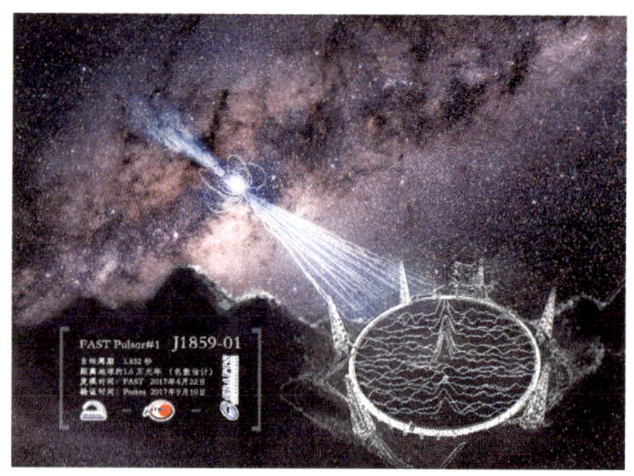

FAST 发现脉冲星 J1859-01

此外，由北京天文台牵头建设的太阳磁场望远镜、陕西天文台建设的长波授时台系统，分别获 1988 年度国家科学技术进步奖一等奖；由上海天文台牵头建设的 1.56 米天体测量望远镜，获 1992 年度国家科学技术进步奖一等奖；由中科院南京天文仪器研制中心牵头建设的 2.16 米天文光学望远镜，获 1998 年度国家科学技术进步奖一等奖；由上海天文台牵头建设的 65 米射电望远镜（又称“天马望远镜”）在我国探月工程及深空探测中发挥了重要作用。

一系列大型天文观测设施的建设运行，为我国乃至世界科学家探索宇宙奥秘提供了高水平观测手段和研究平台，提高了我国天文学的国际地位，对我国基础前沿科学研究、战略高技术发展和国际科技合作具有重要意义。

太阳磁场望远镜

1.56 米天体测量望远镜

2.16 米天文光学望远镜

65 米射电望远镜

15. 以北京正负电子对撞机为代表的大型加速器类装置

北京正负电子对撞机是我国改革开放以来建成的第一台国家重大科技基础设施，由高能所牵头建设，1983 年 4 月立项，1984 年 10 月开工，1988 年 10 月建成，1990 年 10 月投入运行，被《人民日报》称为“我国继原子弹、氢弹爆炸成功、人造卫星上天之后，在高科技领域又一重大突破性成就”，使我国在国际高能物理研究领域抢占一席之地。工程建设获 1990 年度国家科学技术进步奖特等奖。北京正负电子对撞机重大改造工程（BEPC Ⅱ）于 2004 年开工，2009 年 5 月通过验收，获 2011 年度中国科学院杰出科技成就奖、2016 年度国家科学技术进步奖一等奖。

北京正负电子对撞机

北京正负电子对撞机重大改造工程

上海光源（SSRF）由上海应物所牵头建设，1998 年 3 月立项，2004 年 12 月开工，2010 年 1 月通过验收。这是国际上性能指标领先的第三代同步辐射光源之一，也是我国已建成的规模最大的大科学装置。获 2011 年度中国科学院杰出科技成就奖、2013 年度国家科学技术进步奖一等奖。

上海光源

兰州重离子加速器（HIRFL）由近代物理所牵头建设，1976年11月立项，1979年12月开工，1989年11月通过验收，是亚洲能量精度最高的中高能重离子加速器，获1992年度国家科学技术进步奖一等奖。在兰州重离子加速器上扩建多用途的冷却储存环（CSR）工程于1997年6月立项，2000年4月开工，2008年7月通过验收，获2009年度中国科学院杰出科技成就奖。

合肥同步辐射光源（HLS）由中国科大牵头建设，1983年4月立项，1984年11月开工，1991年12月通过验收，是我

兰州重离子加速器

合肥同步辐射光源

国第一台以真空紫外和软 X 射线为主的专用同步辐射光源，获 1995 年度国家科学技术进步奖一等奖。二期工程于 1997 年 4 月立项，1999 年 5 月开工，2004 年 12 月通过验收。

中国散裂中子源

中国散裂中子源（CSNS）由高能所牵头建设，2008 年 9 月立项，2011 年 10 月开工，2018 年 8 月通过验收，是国内首台、世界第四台脉冲型散裂中子源，技术指标和综合性能进入国际同类装置先进行列，使我国在强流质子加速器和中子散射领域实现了重大跨越。

一系列大型加速器类大科学装置的建设运行，为我国物质科学、生命科学、材料科学、能源科学、环境和地球科学、地质考古学等众多学科前沿基础研究，以及微电子、微加工、石油化工、生物工程、医药和医疗诊治等领域高新技术研发提供了先进实验平台，支撑用户取得一批国际领先成果，为提升中国的综合科技实力作出了不可替代的重要贡献，带动和促进了相关产业发展。

二 面向国家重大需求（15 项，不含专用领域）

16. 载人航天与探月工程的科学与应用

中科院是中国载人航天与探月工程的发起者、组织者之一，是科学与应用目标的提出者和实施者，50 余家院属单位承担了大量重要工程任务和多项协作配套任务，突破了大批关键核心技术，为工程实施提供了强有力科技支撑。

在载人航天工程中，由空间应用中心（原空间科学与应用总体部）牵头负责空间应用系统，在神舟系列飞船、天宫一号、二号和天舟一号上共完成 70 余项空间科学与应用任务、560 项有效载荷研制任务。持续创新发展了可见光、红外、高光谱成像和微波遥感技术，推动了我国空间对地观测技术的跨越发展；开创了我国系列化的生命科学、微重力流体和材料科学、基础物理、天文学等空间研究。2008 年，首次实现了在轨二次释放卫星和对非合作目标的远距离逼近和精确绕飞。2016 年，在天宫二号空间实验室任务中，完成三大科学领域的 14 项科学实验，其中空间冷原子钟将目前人类在太空的时间计量精度提高 1 ～ 2 个数量级，是空间量子科技领

天宫二号空间实验室应用任务

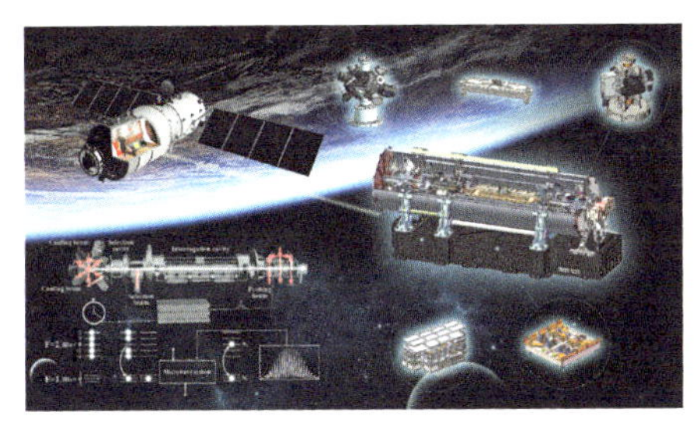

空间冷原子钟功能结构与工作原理

域发展的一个重要里程碑。“中国载人航天工程”“航天员出舱”“交会对接”（均含空间应用系统）分获 2003 年度、2009 年度、2013 年度国家科学技术进步奖特等奖、一等奖和特等奖。

伴随卫星拍摄的神舟十一号与天宫二号交会对接

在探月工程中，国家天文台等负责科学目标制定、地面应用系统、探测有效载荷、测控系统甚长基线干涉测量（VLBI）、工程配套载荷和关重件研制、科学数据研究等六大任务。2004 年至今，圆满完成嫦娥一号、二号、三号工程研制和科学探测任务，突破地月数传链路、地月 VLBI 测定轨、有效载荷、科学探测数据处理方法等关键技术，取得了在国际上首次获取全月面亮温及其分布规律、发现嫦娥三号着陆区一种新的岩石类型并重构了月球雨海区地质演化历史等一系列重大原创成果，为探月工程作出了突出贡献。“绕月探测工程”“嫦娥二号工程”分别获得 2009 年度、2012 年度国家科学技术进步奖特等奖。

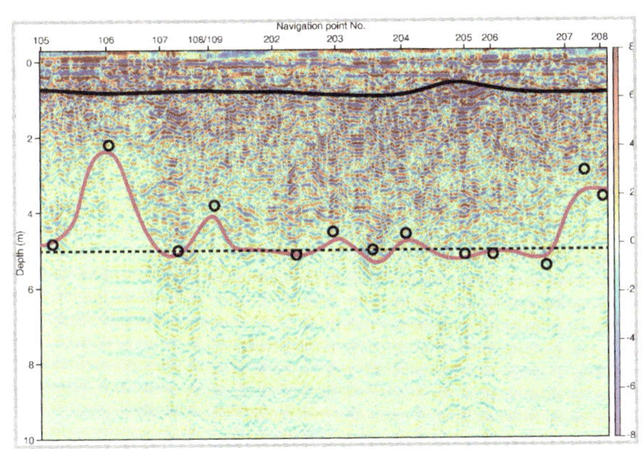

嫦娥三号着陆区浅层结构特性面

在载人航天与探月工程中，中科院攻克了一系列技术难关，取得了一大批具有重大科学与应用价值的成果，为推动我国空间科学和空间应用发展、保障国家空间安全和战略利益作出了重要贡献。

17. 北斗卫星导航系统系列卫星研制

北斗卫星导航系统是中国航天史上规模最大、系统建设周期最长、技术难度最复杂的航天系统工程，是我国自主建设、独立运行、与世界其他卫星导航系统兼容共用的全球卫星导航系统。中科院作为主要建设单位之一，微小卫星创新研究院、上海天文台、国家授时中心、武汉物数所和光电院等 14 个单位承担了北斗二号、全球系统试验卫星、北斗三号 MEO 全球组网卫星，引领我国先进卫星技术跨越发展，为北斗卫星导航系统全球组网作出了重要贡献。

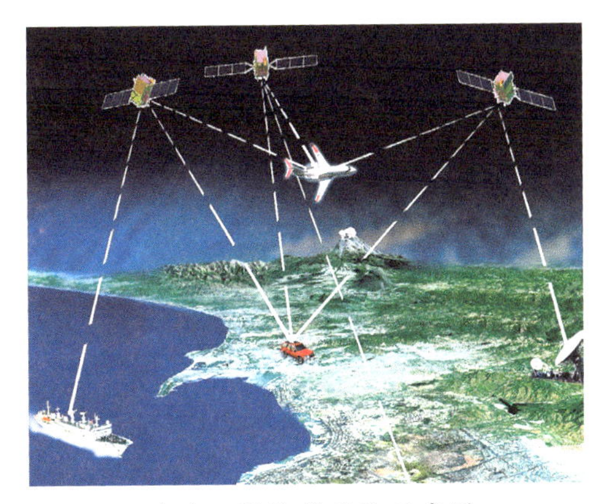

北斗卫星导航系统示意图

在全球系统试验卫星任务中，中科院自主研制并成功发射了2颗新一代全球系统试验卫星，其中2015年3月30日发射了首发星。该成果获2017年度中国科学院杰出科技成就奖。

在北斗三号工程中，自主研制的四组八颗全球组网卫星分别于2018年1月12日、3月30日、8月25日和10月15日成功发射。星载原子钟等关键单机及器部件实现了国产化应用，并在高精度导航、定位、授时服务等方面提供可靠保障。该工程建设标志着北斗导航系统从区域走向全球，具有里程碑意义。

北斗卫星导航系统于2000年年底开始向中国及周边地区提供服务，2012年年底向亚太大部分地区提供服务，计划于2018年底服务“一带一路”沿线国家和地区，2020年完成全球组网，在交通运输、海洋渔业、水文监测、气象预报、大地测量、智能驾考、救灾减灾、手机导航、车载导航等诸多领域产生广泛经济社会效益，并为国家安全提供有力保障。

北斗三号第3、4颗组网卫星发射

星载铷原子钟（上）和氢原子钟（下）

18. 空间科学实验系列卫星

自 2011 年开始，空间中心牵头、院内外众多单位协同参与实施中科院空间科学战略性先导科技专项，通过自主和国际合作科学卫星计划，在相关科学前沿领域实现一系列重大突破，并带动相关高技术发展。

2015 年 12 月 17 日，暗物质粒子探测卫星“悟空号”成功发射。这是迄今世界上观测能段范围最宽、能量分辨率最优的空间探测器，已成功获取国际上最高精度的电子宇宙射线能谱，并首次发现宇宙高能电子 TeV 拐点及其 TeV 以上的精细结构。

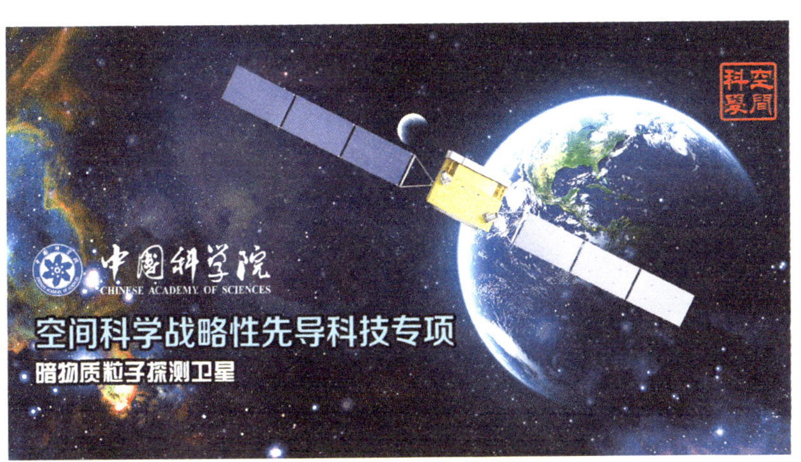

暗物质粒子探测卫星“悟空号”示意图

2016 年 4 月 6 日，我国首颗微重力科学实验卫星“实践十号”成功发射，科学目标是研究揭示微重力和空间辐射条件下物质运动及生命活动规律，促进生命科学等基础研究和地面生物工程、新材料等高技术发展。该卫星返回舱于 4 月 18 日成功返回，完成的 19 项科学实验中 15 项为国际首次，取得一批重要研究成果。

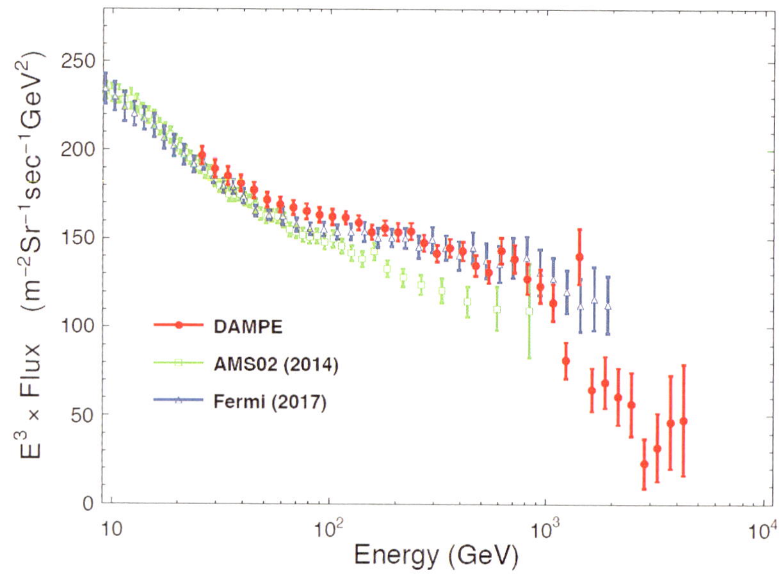

“悟空号”获得最高精度高能电子宇宙射线能谱

2016年8月16日，世界首颗量子科学实验卫星“墨子号”成功发射，在国际上率先实现了千公里级星地双向量子纠缠分发、星地高速量子密钥分发、地星量子隐形传态等三大科学目标，标志着我国在量子通信领域跻身国际领先地位。

2017年6月15日，我国首颗硬X射线调制望远镜卫星“慧眼”成功发射。该卫星是研究黑洞、中子星等致密天体前沿问题的重大空间科学项目，在2017年10月16日美国国家科学基金会宣布的首次发现双中子星并合产生引力波联合观测成果中发挥了不可或缺的作用。

此外，2016年12月22日，中科院还成功发射了我国首颗、世界第三颗全球二氧化碳监测科学实验卫星，该卫星可以每季度获取全球大气二氧化碳分布图和全球植被叶绿素荧光分布图，其获得的卫星数据向全球开放共享。该卫星为温室气体

“实践十号”回收现场

“墨子号”登上《科学》封面

量子科学实验卫星与国家天文台兴隆站星地对准实验

“慧眼”示意图

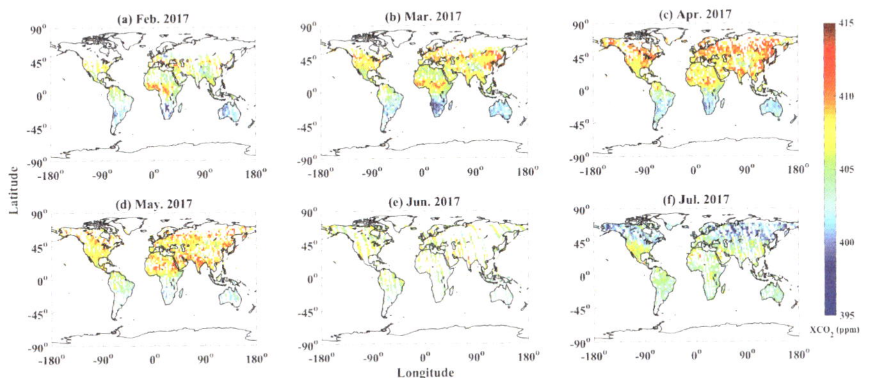

利用中国碳卫星观测全球陆地碳浓度的季节变化

排放、碳核查等领域研究提供基础数据，为节能减排等宏观决策提供数据支撑，增加我国在国际碳排放方面的话语权。

19. 深海科考和载人深潜器技术

“蛟龙号”载人深潜器是我国首台自主设计、自主集成研制的作业型深海载人潜水器，也是目前全球下潜能力最深的作业型载人潜水器。声学所、沈阳自动化所分别完成了“蛟龙号”三大国际领先技术中的两项攻关任务（声学系统、控制系统），获 2013 年度中国科学院杰出科技成就奖。“蛟龙号”于 2012 年 6 月 27 日创造了最大下潜 7062 米的中国载人深潜纪录，标志着我国载人深潜技术跻身世界先进行列，其研发与应用获 2017 年度国家科学技术进步奖一等奖。

2012 年 9 月，海洋所建成“科学号”海洋科学综合考察船，具有全球航行能力及全天候观测能力，是我国综合性能最先进的科考船。以此为核心，构建了国际一流的深远海综合探测体系，显著提高我国深远海探测与研究能力，获 2015 年度中国科学院杰出科技成就奖。

2016 年 6 ～ 8 月，深海所组织中科院深渊科考队在马里亚纳海沟挑战者深渊开展了我国首次综合性万米深渊科考活动，多型设备突破万米深度，获取大量万米深渊生物和环境样品，标志着中国深渊科考挺进万米时代。沈阳自动化所自主研发了万米级自主遥控水下机器人“海斗号”（2017 年 2 月实现最大深度 10 888 米），成为继日本、美国之后第三个具备研制万米

“蛟龙号”载人深潜器

“蛟龙号”控制系统仿真平台

“科学号”海洋科学综合考察船

“海斗号”水下机器人

级无人潜水器能力的国家。

2017年，沈阳自动化所自主研发的“海翼号”水下滑翔机3次突破水下滑翔机的世界下潜深度纪录，最大下潜深度达6329米，海上连续工作时间超过3个月，使我国成为继美国之后第二个具有跨季度自主移动海洋观测能力的国家。

声学所、沈阳自动化所和理化所参与研制、深海所牵头负责海试的“深海勇士号”是我国第二台拥有自主知识产权的深海载人潜水器，水下工作深度达4500米，国产化率高达95%。2017年8～10月在南海成功进行了载人深潜工程试验。2018年3～6月，“深海勇士号”在我国南海围绕深海科学、深海考古、深海救援等多个应用场景开展了高频次、高强度及

“海翼号”水下滑翔机

“深海勇士号”深海载人潜水器

复杂海况条件下的下潜作业，取得了丰硕成果。

此外，从 20 世纪 80 年代开始，南海海洋所牵头，会同全国 32 个单位开展南沙群岛及其邻近海区的综合科学考察，获得水文、地质、生物及油气资源等大量数据和资料，在丰富发展我国热带海洋科学基础理论的同时，为维护我国南沙群岛主权与海洋权益提供了重要科学依据，对南海资源开发、环境保护和综合管理等具有重要应用价值。

1985 年第一次南沙登礁考察

深海科考和载人深潜器的关键技术突破，带动了我国海洋科学与技术的全面提升，实现了我国深海装备由集成创新向自主创新的跨越，为我国经略海洋和建设海洋强国提供了重要科技支撑。

20. 量子通信与量子计算研究

在量子通信研究方面，中国科大在发展远距离量子通信网络技术上处于国际领先水平。2012 年 2 月，建成国际上首个规模化的城域量子通信网络。2017 年 8 月，世界首颗量子科学实验卫星“墨子号”在国际上首次实现千公里星地双向量子纠缠分发、星地高速量子密钥分发、地星量子隐形传态；“天宫二号”成功实现了基于小型化终端的星地量子密钥分发。2017 年 9 月，世界首条连接多个城市的量子通信“京沪干线”正式开通；同时，结合“京沪干线”和“墨子号”的天地链路，实现了世界首次洲际量子视频通信，标志着我国已构建天地一体化广域量子通信网络雏形。

量子通信“京沪干线”

在量子计算研究方面，中国科大在多粒子量子纠缠的制备与操纵上处于国际领先地位，从 2004 年开始始终保持着纠缠光子数目的世界纪录。2015 年，在国际上首次成功实现多自由度量子体系的隐形传态，被英国物理学会评为当年度国际物理学十项重大突破榜首。多光子纠缠及干涉度量学研究成果获 2015 年度国家自然科学奖一等奖。2016 年 12 月，在国际上首次实现十光子纠缠，再次刷新了光子纠缠态制备的世界纪录。

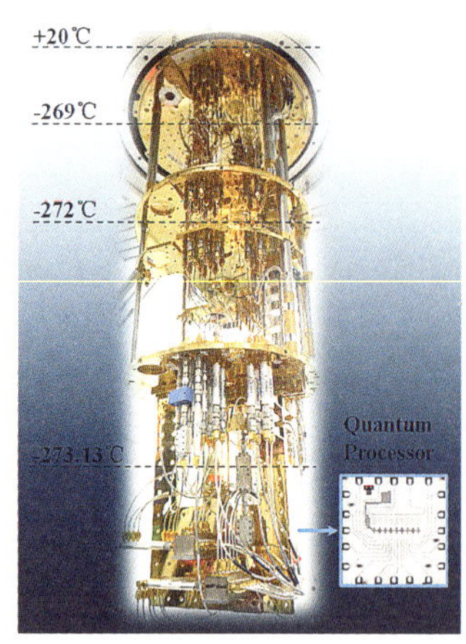

光量子计算机概念框架图

2017 年 5 月，自主研制成功世界首台基于单光子的量子计算机原型，实现了 10 个超导量子比特的纠缠，入选第四届世界互联网大会领先科技成果。2018 年 2 月，联合阿里云开发的量子计算云平台上线，成为继 IBM 后全球第二家向公众提供 10 比特以上量子计算云服务的系统。2018 年 7 月，在国际上首次实现 18 个光量子比特的纠缠，刷新了所有物理体系中最大纠缠态制备的世界纪录。

21. 极大规模集成电路关键技术

上海微系统所历经 30 余年的努力，分别突破绝缘体上硅（SOI）和 12 英寸大硅片技术，先后成功研发出拥有核心自主知识产权的 4 ～ 8 英寸 SOI 和 12 英寸大硅片并实现产业化，制定了我国首部 SOI 技术企业标准，打破了国外技术封锁，跻身国际高端硅基材料市场，是我国硅集成电路技术和微电子材料的重大突破。获 2006 年度国家科学技术进步奖一等奖、2007 年度中国科学院杰出科技成就奖。

微电子所牵头组织全国性产学研用联盟，通过 7 年攻关，先后突破 22 纳米高 k 介质 / 金属栅工程、14 纳米 FinFET 器件、新型闪存器件、可制造性设计等关键技术，在关键工艺模块上形成较为系统的知识产权布局（专利 2406 项，其中国际专利 483 项），并于 2013 年首次实现向大型制造企业的许可转让，进入产业化开发阶段，为我国纳米级极大规模集成电路产业技术升级提供了技术支撑。获 2014 年度中国科学院杰出科技成就奖。

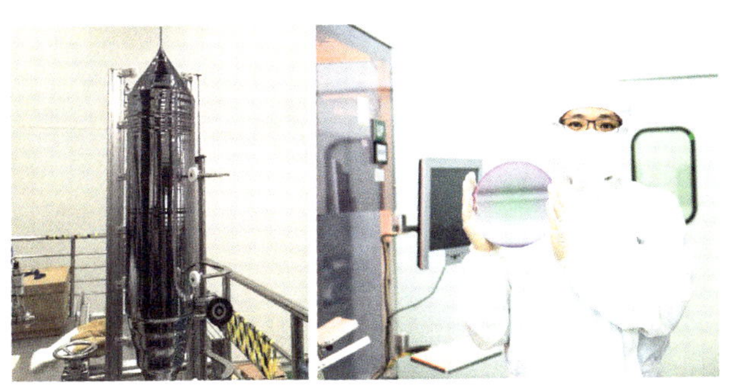

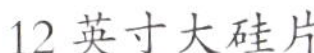

12 英寸大硅片

大规模体硅 FinFET 器件阵列

22. 高性能计算

“七五七”大型向量计算机

1983 年，计算所和院内外 80 多个单位共同研制的“七五七”工程千万次计算机通过鉴定，这是我国自行研究设计和试制的第一台大型向量计算机系统，获 1985 年度国家科学技术进步奖一等奖。

1995 年，该所突破了大规模并行处理的一些关键技术，研制成功曙光 1000 大规模并行机系统，获 1997 年度国家科学技术进步奖一等奖。2004 年研制成功的曙光 4000 系列高性能计算机具有十万亿次浮点运算能力，使中国高性能计算技术和产业跻身世界前十，获 2005 年度中国科学院杰出科技成就奖。2008 年研制成功的曙光 5000A 在第 32 届全球高性能计算机 TOP500 排行榜上继续位列第十。2010 年研制成功的曙光“星云”是我国首台实测性能超千万亿次的超级计算机，排名世界第二。2009 ~ 2016 年，曙光系列超级计算机连续 8 年蝉联中国高性能计算机市场份额第一。

曙光 5000A

曙光“星云”高效能计算机系统

软件所长期致力于曙光、联想、神威、天河等一系列国产高性能计算机的软件研发，研制出新一代高性能共性基础算法库，发展了适用于大型异构环境的区域分解算法；突破了千万核规模下全隐式求解器设计关键技术，获 2016 年度国际高性能计算应用最高奖——戈登·贝尔奖和 2017 年度中国科学院杰出科技成就奖。

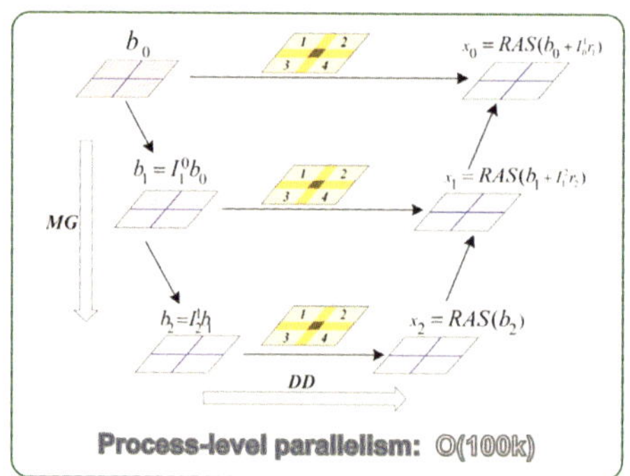

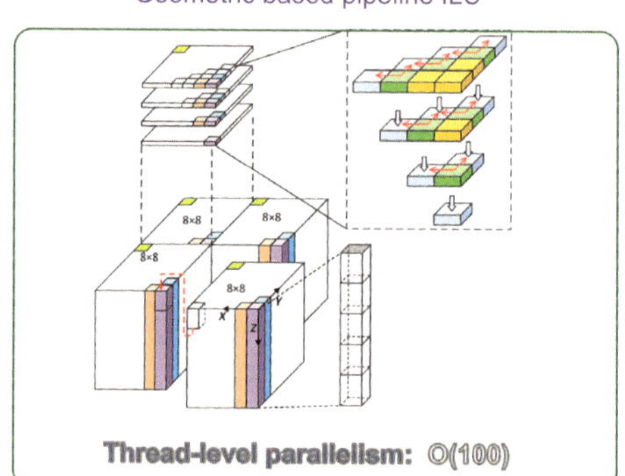

世界首个千万核规模下全隐式求解器的主要设计思想

23. 国产芯片与系统软件研发

2002 年，计算所成功研制出我国首款自主研发的通用处理器芯片“龙芯 1 号”，标志着我国初步掌握了当代通用处理器芯片的关键设计技术。2003 年，成功研制出我国首款 64 位通用处理器芯片“龙芯 2B”；2009 年，成功研制出我国首款多核通用处理器芯片“龙芯 3A”。获 2003 年度中国科学院杰出科技成就奖。经过 10 余年的研发，“龙芯”已经形成了嵌入式应用、桌面应用、服务器等三个产品系列，应用于北斗导航卫星、党政办公、数字电视、教育、工业控制、网络安全和国防等重要领域。

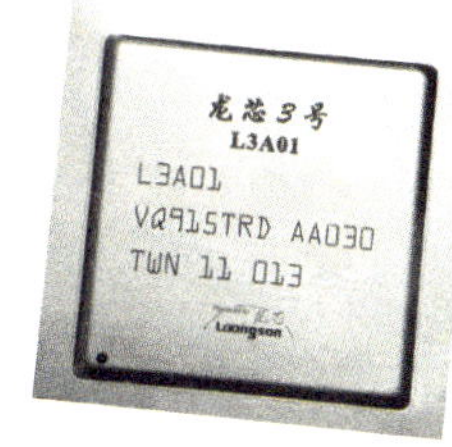

“龙芯 1 号”“龙芯 2B”“龙芯 3A”处理器芯片

近年来，该所研制出国际上首个深度学习处理器芯片——“寒武纪”，相对通用处理器等传统芯片可提升智能处理能效 100 倍以上，应用于华为 Mate10、荣耀 V10 和 P20 等数千万手机上。2016 年 11 月，入选第三届世界互联网大会领先科技成果。2016 年，孵化出世界首个人工智能芯片独角兽公司。

“寒武纪”处理器芯片

《时序逻辑程序设计与软件工程》

1983年，软件所基于时序逻辑的软件工程环境的理论与设计研究，提出了世界上第一个可执行时序逻辑语言XYZ/E，可支持软件开发的全过程，获1989年度国家自然科学奖一等奖。

1985年，计算所孵化的联想集团研制成功联想式汉字微型机系统LX-PC，获1988年度国家科学技术进步奖一等奖；1990年，成功开发出联想ELSA486/50微机及测试系统，获1992年度国家科学技术进步奖一等奖。

联想式汉字微型机系统

联想ELSA486/50微机及测试系统

24. 机器人与人工智能技术

1995年，沈阳自动化所牵头研制出6000米级无缆自治水下机器人（CR-01），1995年、1997年两次赴太平洋开展调查工作，使我国具有了对除海沟以外绝大部分海域进行详细探测的能力，相关技术与能力跻身世界前列，获1998年度国家科学技术进步奖一等奖。

2012年，该所自主研制出中国首台6000米无人无缆潜器（AUV）“潜龙一号”，具有自动定向、定深、定高、垂向移动、

“潜龙一号”和“潜龙二号”无人无缆潜器

横向运动、位置和路径闭环控制、水面遥控航行等功能。2014年，“潜龙二号”研制成功，具有高智能自主避障能力和稳定航行控制能力，标志着我国水下自主机器人技术达到国际先进水平。

该所工业机器人技术成功实现产业化，新松公司移动机器人市场份额持续保持全球第一。近年来，还开发了极地科考冰雪面移动机器人、旋翼飞行机器人、纳米操作机器人、超高压线巡检机器人、反恐防爆机器人等特种机器人。

合肥研究院2013年研制的我国首台全尺寸人形救援机器人“愚公”，具备复杂环境下自主行走和多任务作业能力，达到国际先进水平。

新松移动机器人

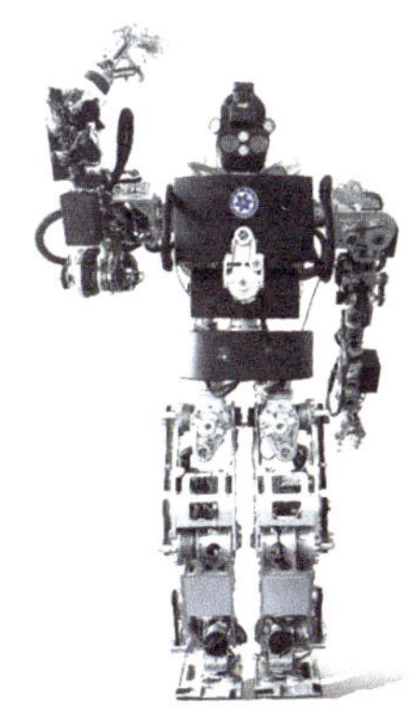

机器人“愚公”

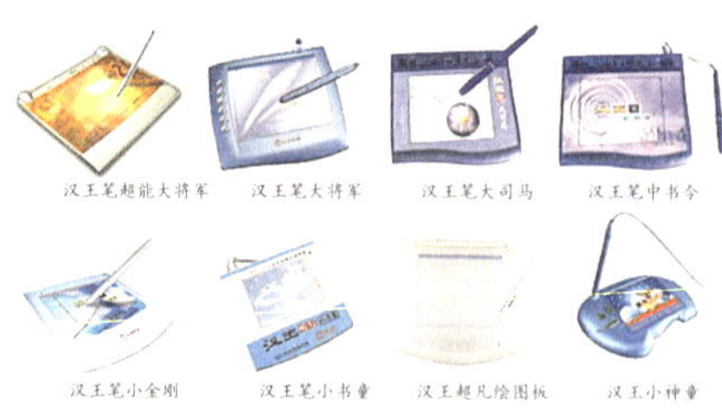

汉王系列手写笔产品

1999 年，自动化所孵化的汉王科技公司研发出国际上第一个大字符集手写汉字输入系统——汉王形变连笔的手写汉字识别方法与系统，获 2001 年度国家科学技术进步奖一等奖。

自动化所等研发的虹膜识别技术、人脸识别技术、语音识别技术、智能视频监控技术、分子影像技术等得到广泛应用，AI 程序“CASIA- 先知 1.0”、仿生机器鱼高效与高机动控制等在特定领域得到重要应用。

2017 年首届全国兵棋推演大赛总决赛人机对抗赛中，AI 程序“CASIA- 先知 1.0”获胜

计算所 1992 年研制出智能型英汉机器翻译系统 IMT/EC（IMT/863），获 1995 年度国家科学技术进步奖一等奖，为我国机器翻译技术进入国际市场开辟了道路。

智能型英汉机器翻译系统 IMT/EC（IMT/863）

中国科大使用科大讯飞智能语音交互技术研发的机器人佳佳

科大讯飞公司在智能语音与人工智能核心技术领域居国际领先水平，多次在国际顶级比赛和权威评测中刷新世界纪录，在美国《麻省理工科技评论》2017 年“全球最聪明 50 家公司”榜单中位列第六。

25. 先进核能研究

在核聚变领域，合肥研究院自主设计、建设、运行了世界上首台全超导非圆截面托卡马克核聚变实验装置（EAST，俗称“小太阳”），为世界稳态近堆芯聚变物理和工程研究搭建了重要实验平台。1998 年 7 月立项，2000 年 10 月开工，2007 年 3 月通过验收。2017 年 7 月 3 日，EAST 获得超过 100 秒的完全非感应电流驱动（稳态）高约束模等离子体，成为世界首个实现稳态高约束模运行持续时间达到百秒量级的托卡马克核聚变实验装置，其科学研究成果为国际热核聚变实验反应堆（ITER）长脉冲高约束运行提供了实验支持，为我国下一代聚变装置——中国聚变工程实验堆（CFETR）的设计和预研奠定了基础。EAST 的建设运行使我国托卡马克研究走向世界前沿，成为该领域国际上最重要的研究中心之一。获 2007 年度中国科学院杰出科技成就奖、2008 年度国家科学技术进步奖一等奖、2013 年度国家科学技术进步奖一等奖。

托卡马克核聚变实验装置

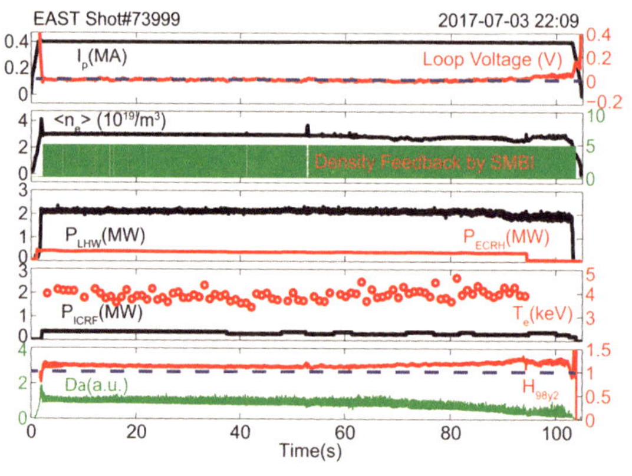

100 秒量级稳态高约束模等离子体

在核裂变领域，2011 年，近代物理所牵头开展加速器驱动系统（ADS）关键核心技术研究，2016 年在国际上首次提出加速器驱动先进核能系统方案并建成样机，集安全处理核废料、增殖核燃料和产能于一体，可将铀资源利用率由目前不到 1%

提高到95%以上，处理后核废料量不到乏燃料的4%，放射寿命由数十万年缩短到约500年。近年来，上海应物所牵头建成钍基熔盐堆（冷）实验研究基地，实现钍铀循环、堆本体工程设计、系列高温熔盐回路、安全与许可等原型系统与一系列关键技术突破，引领国际钍基熔盐堆研发，并为建设实验堆奠定了科技基础。

ADS超导质子直线加速器离子源系统

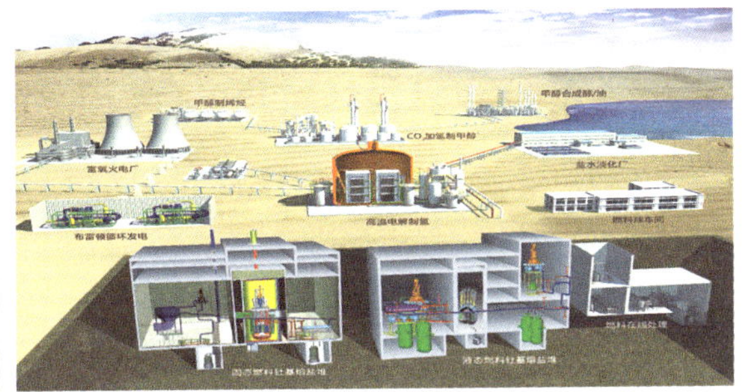

钍基熔盐堆（冷）实验研究基地示意图

26. 超强激光技术及装置

超强超短激光被认为是人类已知的最亮光源，能在实验室内创造出前所未有的超强电磁场、超高能量密度和超快时间尺度综合性极端物理条件，在台式化加速器、阿秒科学、超快化学、材料科学、激光聚变、核物理与核医学、高能物理等领域有重大应用价值。

2002年，上海光机所突破光学参量啁啾脉冲放大超强超短激光新原理系列关键科学技术，获得峰值功率高于国际同类研究一个量级的16.7太瓦激光输出，获2004年度国家科学技术进步奖一等奖。2011年，物理所采用高对比度啁啾脉冲放大技术，在国际上首次利用飞秒钛宝石放大激光装置获得大于1拍瓦的峰值功率。2013 年和 2016 年，上海光机所相继研制成功创当时世界最高激光峰值功率纪录的 2 拍瓦和 5 拍瓦激光系统。2017 年率先实现 10 拍瓦激光放大输出，引领超强激光科学国际前沿。

上海超强超短激光实验装置

自 20 世纪 60 年代以来，作为我国激光惯性约束聚变（ICF）装置研究的发源地和核心团队，上海光机所先后完成了神光Ⅰ、神光Ⅱ系列高功率激光装置建设，为高能密度物理前沿研究和国家战略高技术发展提供了核心战略支撑。1986 年建成的神光Ⅰ装置（激光 12 号实验装置），标志着我国 ICF 五位一体实验研究的重大突破，获 1990 年度国家科学技术进步奖一等奖；2001 年建成的神光Ⅱ装置和 2005 年成功研制国内唯一的多功能探针

神光Ⅰ装置（激光 12 号实验装置）

神光升级驱动器靶室

系统；2017 年通过验收的神光驱动器升级装置成为我国 ICF 研究核心快点火与先进闪光照相能力综合研究平台。

27. 高精度衍射光栅制造技术和大口径碳化硅反射镜

衍射光栅是一种具有纳米精度周期性微结构的精密光学元件，是各类光谱仪器的“心脏”，在天文学、光通信、激光器、信息存储、惯性约束激光核聚变等众多领域中有重要应用。将光栅做大做精是世界性难题，而光栅刻划机作为制作光栅的母机，被誉为“精密机械之王”。长春光机所经过多年努力，突破一系列关键核心技术，于 2016 年 11 月自主研制成功大型高精度衍射光栅刻划系统，并成功刻划出世界最大面积的中阶梯光栅（400 毫米 ×500 毫米），解决了我国光谱仪器“有器无心”的问题，打破了国外垄断和封锁，提升了我国光谱仪器产业迈向高端和拓展国际市场的能力。

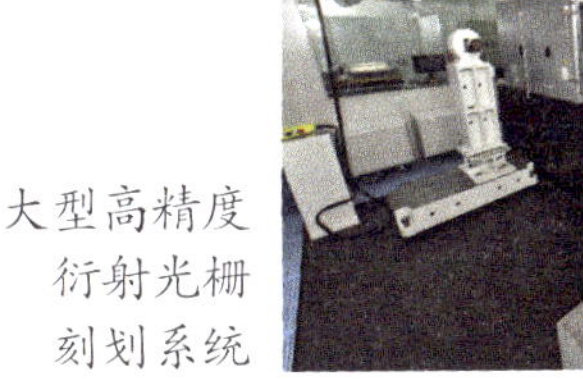

大型高精度衍射光栅刻划系统

世界最大面积的中阶梯光栅（400 毫米×500 毫米）

大口径光学反射镜是高分辨率空间对地观测、深空探测和天文观测系统的核心元件，碳化硅（SiC）陶瓷材料是国际公认的高性能反射镜材料，我国完全依赖进口，长期受制于人。长春光机所完成了国际公开报道中最大口径 4 米碳化硅反射镜制造，碳化硅镜坯制备、非球面加工检测以及改性镀膜，核心制

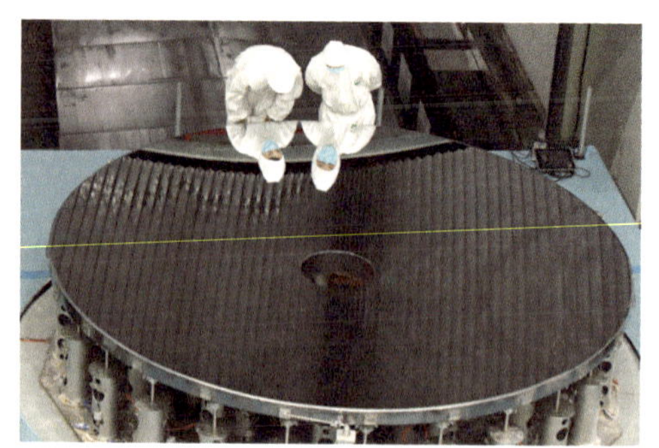

4 米口径高精度碳化硅非球面反射镜

造设备和制造工艺具有自主知识产权，于2018年8月通过验收。该成果标志着我国在大口径光学制造领域取得重大技术突破，形成大口径系列反射镜研制能力，对我国基础研究、防灾减灾、公共安全、国防安全等具有重要战略意义。

28. 青藏高原科学考察研究

被誉为世界屋脊、亚洲水塔、地球第三极的青藏高原，是我国重要的生态安全屏障、战略资源储备基地，是中华民族特色文化的重要保护地，对于研究地球与生命演化、全球气候变化和人类可持续发展具有重大意义。

在20世纪60年代珠穆朗玛峰等地区综合科学考察的基础上，1973～1980年，中科院自然资源综合考察委员会联合全国近80个单位的上千名专家，开展了全面、系统的第一次青藏高原综合科学考察，积累了大量第一手科学考察资料，在青藏高原隆起及其对自然环境与人类活动影响等多个方面取得了开创性成果，填补了青藏高原研究空白，确立了我国在青藏高原综合科学研究方面的世界领先地位，也为青藏高原生态保护和经济社会发展提供了科学依据。获1987年度国家自然科学奖一等奖。

第一次青藏高原综合科学考察

此后，中科院相关单位陆续组织开展了横断山（1981～1986年）、喀喇昆仑山—昆仑山（1987～1992年）、可可西里（1989～1990年、2005年）、珠穆朗玛峰（2005年）、西昆仑古里雅冰帽（2015年）等多次大规模综合科学考察。

2017年8月，青藏高原所牵头发起第二次青藏高原综合科学考察研究，聚焦水、生态、人类活动，通过长期大尺度定位监测和大规模系统深入调查，创新考察研究的技术、手段和方

第二次青藏高原综合科学考察研究（右图为科考队员在色林错湖泊上作业）

法，对青藏高原的水、生态、人类活动等环境问题进行研究，揭示青藏高原环境变化机理及其对人类社会的影响，将对推动青藏高原可持续发展、优化生态安全屏障体系、推进国家生态文明建设、促进全球生态环境保护产生重要和深远的影响。

29. 青藏铁路工程冻土路基筑路技术与示范工程

举世瞩目的青藏铁路工程对促进区域经济社会发展和民族团结、保障国家战略安全具有重大意义。冻土路基融沉和有效保护多年冻土是青藏铁路建设面临的最大难题。

寒旱所通过气候变化－冻土－工程－环境的综合研究，创造性地提出了冷却路基、降低多年冻土温度的设计新思路，并开展工程技术措施集成研究和工程示范，为铁路建设提供了科学依据和设计参数；提出动态反馈设计新理念，实现了工程设计从静态向动态的转变；构建了青藏铁路多年冻土工程稳定性的长期监测平台，支撑保障青藏铁路长期运营和维护。

该系列研究成果全面提升了我国多年冻土区筑路技术水平，有效解决了青藏铁路工程建设的重大技术难题，对冻土地区工程建设与环境演化研究也有重要指导意义和广泛应用价值，具有显著的经济社会效益。获 2005 年度中国科学院杰出科

现场试验

青藏铁路热棒路基技术

技成就奖、2017 年度国家科学技术进步奖一等奖。“青藏铁路工程”获 2008 年度国家科学技术进步奖特等奖。

30. 地球深部资源探测理论、技术与装备

在矿床地球化学方面，地化所先后对我国重要的 17 个矿种的 250 个层控矿床开展了系统研究，论证了层控矿床的概念、术语、成矿方法和成矿机理，提出了符合我国地质情况的层控成矿理论。获 1987 年度国家自然科学奖一等奖。

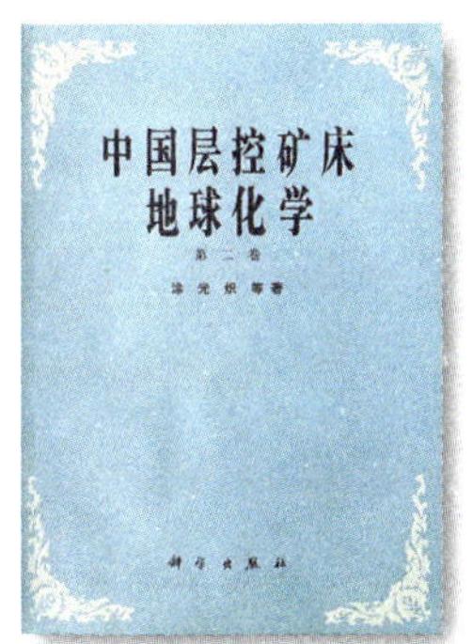

《中国层控矿床地球化学》

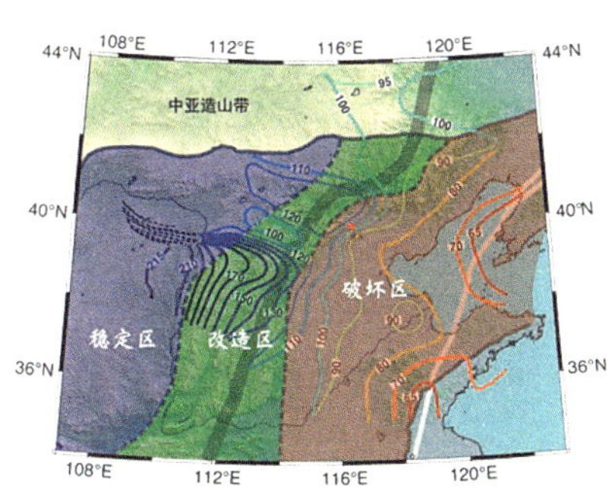

华北克拉通破坏范围

在深部资源探测理论方面，地质地球所建立了“华北克拉通破坏”理论体系，发展了板块构造理论和地磁极性转换场形态学理论，引领了大陆演化研究，提升了我国固体地球科学研究的国际地位；揭示了华北中生代大规模成矿与克拉通破坏的内在联系，提出

了成矿预测新模型，为我国深部资源探测提供了科学依据。获2014年度中国科学院杰出科技成就奖。

地面电磁探测系统

在深部资源探测技术和装备方面，该所研发了具有自主知识产权的高性能磁场传感器和地面电磁探测系统，提出了短偏移瞬变电磁勘探方法，解决了相关配套材料和工艺问题，使主动源电磁探测深度从几百米拓展到几公里，可大范围实现大深度、高精度、快速度、低成本探测。获2015年度中国科学院杰出科技成就奖。

近年来，该所牵头研制出卫星磁测载荷、航空超导全张量磁梯度测量装置、航空瞬变电磁勘探仪、探矿重力仪、多通道大功率电法勘探仪、金属矿地震探测系统、深部矿床测井系统、组合式海底地震探测装备等8套装备，关键技术填补国内空白，多项技术指标达到国际水平，部分装备打破国外垄断，支撑我国“向地球深部进军”。

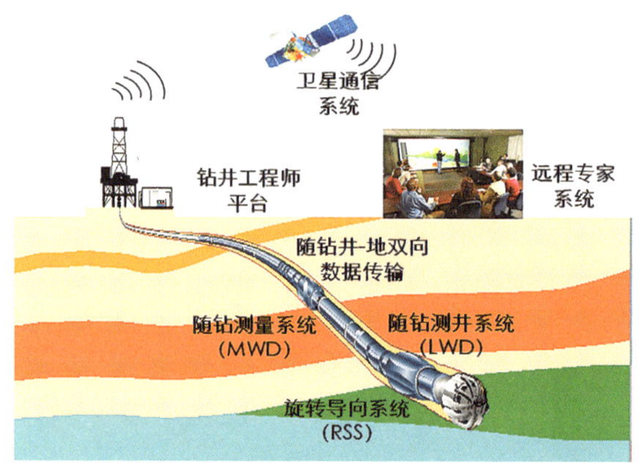

深部智能导钻系统示意图

三 面向国民经济主战场（10 项）

31. 黄淮海科技会战和渤海粮仓科技示范工程

20 世纪七八十年代，中科院组织院内外众多科研单位和上千名科技工作者，在京津冀鲁豫皖苏等五省二市，针对旱、涝、盐碱等多种自然灾害造成粮食产量长期低而不稳等情况，创建了黄淮海平原中低产地区农业综合治理模式，经过 20 余年的科技攻关与生产实践，改造中低产田 1378 万亩，使粮食亩产由 194 公斤上升到 1000 公斤，农业生态环境、农业生产条件得到极大改善，农民生活水平明显提高。“黄淮海平原中低产地区综合治理的研究与开发”获 1993 年度国家科学技术进步奖特等奖。

在此基础上，2013 年，中科院与科技部联合冀鲁辽津等省市，启动实施了“渤海粮仓科技示范工程”，针对环渤海低平原区淡水资源匮乏、盐碱荒地制约粮食生产和现代农业发展问题，重点突破土、肥、水、种等关键技术，集成构建不同类型区粮食增产技术体系，建立规模化示范区，取得一系列重大进展和成果。2013 ~ 2017 年累计推广 8016 万亩，实现增粮 105 亿公斤，节水 43 亿立方米；预计到 2020 年，实现年增产 50 亿公斤。

人民日報

RENMIN RIBAO

人民日报社出版

中科院决定投入精兵强将打翻身仗

农业科技“黄淮海战役”将揭序幕

今年起用五至八年时间与地方联合承包综合治理低产田

生产水平将有大幅度提高粮食年总产可增加五十亿公斤

《人民日报》报道农业科技“黄淮海战役”

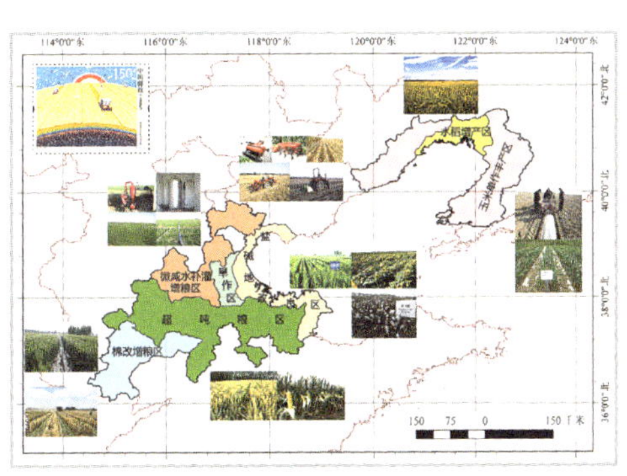

“渤海粮仓”科技示范工程

在黄淮海平原中低产地区农业综合治理和渤海粮仓科技示范工程中，中科院作为组织者和先锋队发挥了重要的核心骨干和引领示范作用，为提升我国现代农业科技水平、保障国家粮食安全作出了重大贡献。

32. 煤炭清洁高效利用核心技术和工业示范

山西煤化所自主研发了高温铁基浆态床煤炭间接液化技术，关键技术指标国际领先，获 2005 年中国科学院杰出科技成就奖。以该技术为核心建设的首批三个百万吨级产业化示范项目取得了重大进展，神华宁煤 400 万吨 / 年和内蒙古伊泰杭锦旗 100 万吨 / 年煤炭间接液化项目已分别成功地实现了满负荷和超负荷运行；山西潞安 100 万吨 / 年煤炭间接液化示范项目也已投产出油，正在向满负荷运行迈进。该技术成功实现规模化工业示范和推广应用，标志着我国掌握了世界领先的百万吨级煤炭间接液化工程的工业核心技术。

大连化物所开发出具有自主知识产权的甲醇制取低碳烯烃（DMTO）成套工业化技术，甲醇转化率近 100%，低碳烯烃选择性达 90%，处于世界领先水平。2010 年 8 月 8 日，应用该技

神华宁煤 400 万吨 / 年煤制油工业示范装置

术的世界首套 180 万吨煤基甲醇制 60 万吨烯烃工业装置（神华包头）开车成功，实现了世界上煤制烯烃工业化零的突破。获 2011 年度中国科学院杰出科技成就奖、2014 年度国家技术发明奖一等奖。截至 2017 年年底，DMTO 技术已许可 24 套装置，烯烃产能 1388 万吨 / 年（约占全国 1/3）；投产运行 12 套装置，烯烃产能 646 万吨 / 年。该所煤经二甲醚羰基化制乙醇（DMTE）技术于 2017 年 1 月在陕西延长成功进行了 10 万吨 / 年工业示范，该技术还可利用炼焦厂或钢厂尾气生产无水乙醇。

神华包头 60 万吨 / 年甲醇制取低碳烯烃工业装置

陕西延长 10 万吨 / 年煤制乙醇工业示范装置

2016 年，大连化物所突破了 90 多年来煤化工领域高水耗、高能耗的水煤气变换模式，开创了煤基合成气一步高效生产烯烃新路线，从原理上创立了一条低耗水的煤转化新途径。

2008 年，福建物构所世界首创万吨级一氧化碳气相催化合成草酸酯和草酸酯催化加氢合成乙二醇（煤制乙二醇）成套技术，在内蒙古通辽市成功实现了世界首套 20 万吨 / 年煤制乙二醇工业示范装置，改变了我国乙二醇原料长期依赖进口的局面，获 2009 年度中国科学院杰出科技成就奖。已技术许可 6 套装置并建成投产运行，形成 120 万吨产能。

煤基合成气直接转化制低碳烯烃

内蒙古通辽 20 万吨 / 年煤制乙二醇工业示范装置

煤炭清洁高效利用核心技术和工业示范，提升了我国新型煤化工领域的研究水平，突破了一批战略性关键技术，在若干方向上占据了国际技术制高点，为企业转型、产业升级和战略性新兴产业发展提供了关键技术支撑，对我国发挥煤炭资源优势、缓解石油资源紧张局面、保障能源安全、保护生态环境具有重要战略意义。

33. 非线性光学晶体研究及装备研制

福建物构所相继于 1979 年和 1986 年发明出新型非线性光学晶体——低温相偏硼酸钡（β-BaB_2O_4，简称 BBO）和三硼酸锂（LiB_3O_5，简称 LBO）。BBO 是世界上第一个具有实用价值的紫外非线性光学晶体，LBO 是可见与紫外光区频率变换特别是大功率器件应用的首选晶体，在科学研究以及精密加工、信息通信、医疗、半导体等行业具有广阔应用空间。LBO 获 1991 年度国家技术发明奖一等奖。BBO 与 LBO 晶体材料及元器件研制打破了国外垄断，以该技术为核心孵化出的福晶科技公司，长期保持全球最大非线性光学晶体和激光晶体制造商地位。

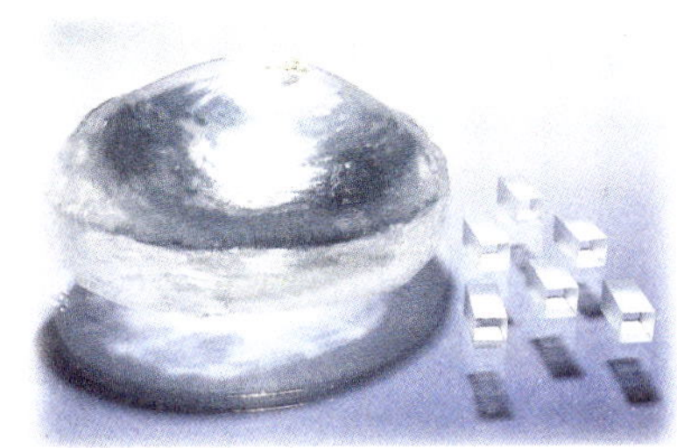

β-BaB_2O_4 晶体

LiB_3O_5 晶体

理化所经过 20 余年的努力，在深紫外非线性光学晶体及激光技术方面实现突破，在国际上率先突破非线性光学晶体 KBBF（$KBe_2BO_3F_2$）大尺寸生长技术和精密化、实用化深紫外全固态激光技术，研制出多个系列的实用化、精密化深紫外全固态激光源，并与物理所、大连化物所、半导体所等单位合作研制成功一系列国际首创/领先的深紫外激光前沿科学装备，构建了“晶体—光源—装备—科研—产业化”的完整创新链，标志着我国成为世界上唯一能够制造实用化、精密化深紫外固态激光器的国家。

1984 年，金属所在钛镍钒急冷合金中发现具有五次对称的二十面体准晶，有力地论证了准晶的存在，打破了固体材料传统的晶体和非晶体分类标准，为物质微观结构及材料研究打开了全新的研究领域。获 1987 年度国家自然科学奖一等奖。该成果及后续有关研究工作为推动航空航天准晶热障涂层、太阳能选择性吸收薄膜、准晶复合材料、准晶热电材料等新材料研发及应用积累了理论基础。

177.3 纳米固定波长深紫外全固态激光源

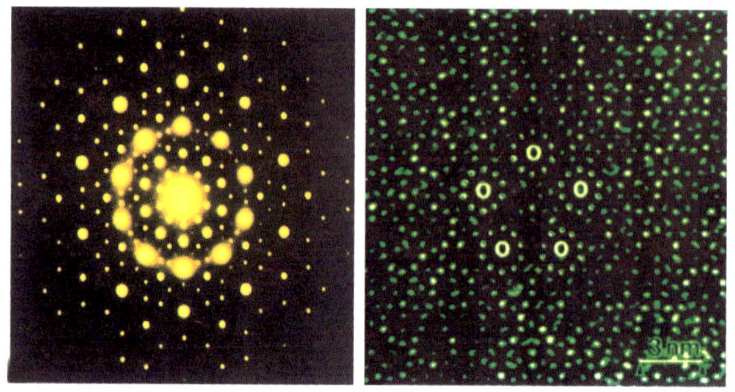
Ti-Ni 准晶相的高分辨电子显微镜图（左）
和五次对称衍射图（右）

34. 干细胞与再生医学研究

2009 年，动物所以合作方式，首次利用诱导性多能干细胞（iPS 细胞），通过四倍体囊胚注射得到存活并具有繁殖能力的小鼠，在世界上第一次证明了 iPS 细胞的全能性，为进一步研究 iPS 技术在干细胞、发育生物学和再生医学领域的应用提

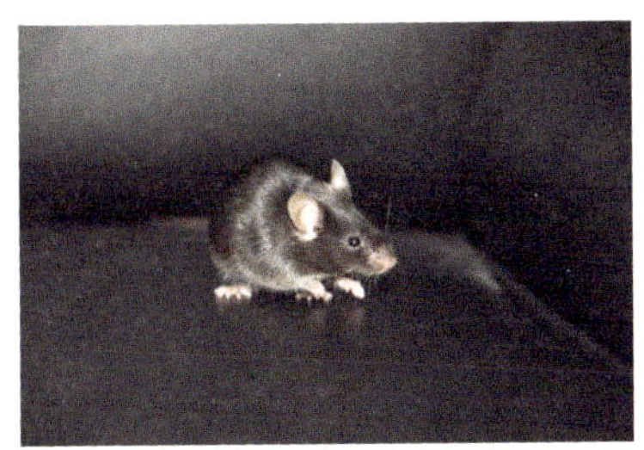

从 iPS 细胞发育而成的小鼠

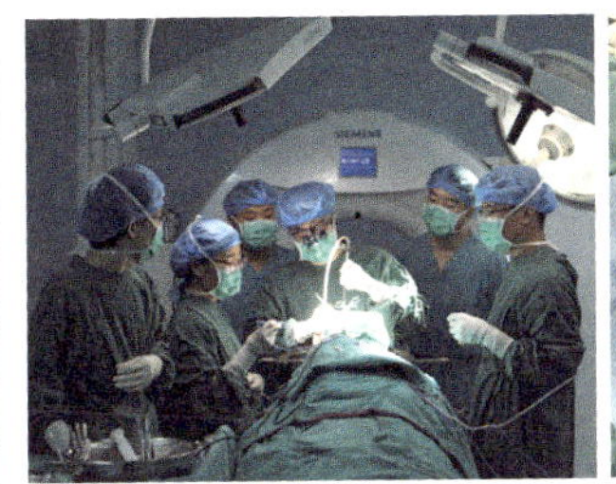
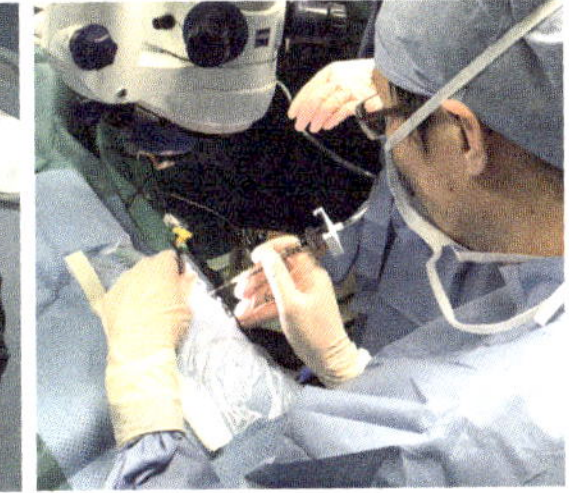

世界首次利用经 HLA 配型的人胚干细胞分化细胞治疗帕金森病（左）和年龄相关性黄斑变性（右）

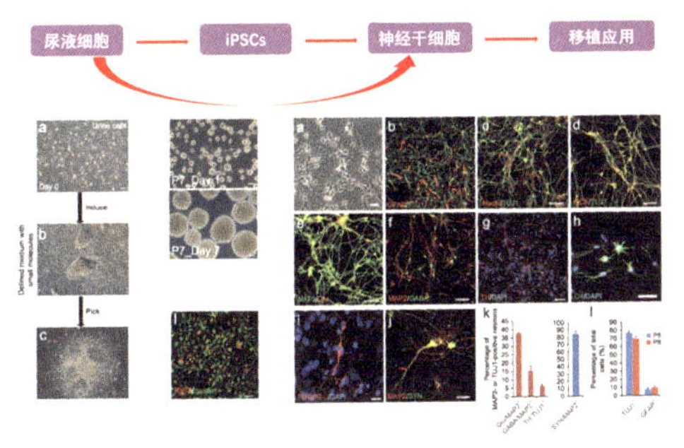

利用患者尿液细胞获得可移植的神经干细胞

生物人工肝反应器

供了技术平台。获 2013 年度中国科学院杰出科技成就奖。此后，该所还率先建立哺乳动物孤雄和孤雌单倍体胚胎干细胞系，并形成具有国际优势的功能基因筛选和研究的技术体系；发现孤雌单倍体干细胞经过基因组印记修饰后可以替代精子，建立了“同性生殖”新方法等。

2012 年，广州生物院用尿液上皮细胞诱导产生神经干细胞，为神经类疾病的治疗提供了新途径。

2016 年，分子细胞科学卓越创新中心成功利用转分化技术构建肝细胞，开发出新型生物人工肝，治疗并挽救 10 多例肝衰竭病患，并实现产业转化。

基于干细胞子宫内膜再生技术出生的婴儿

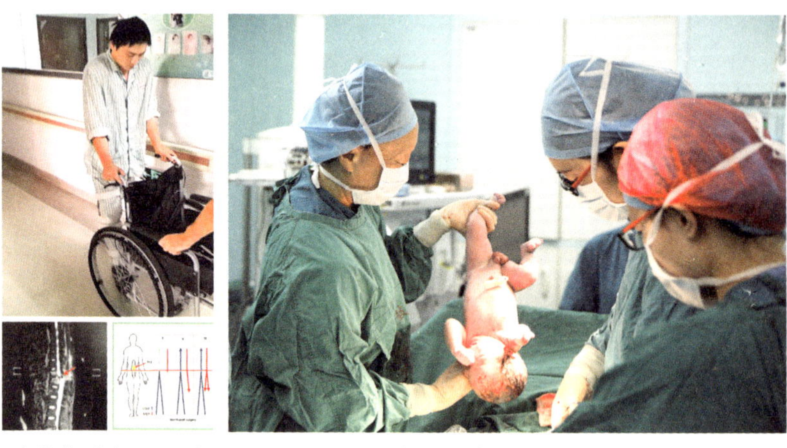

引导脊髓损伤再生
智能生物材料转化

干细胞治疗卵巢早衰临床研究
诞生首位健康婴儿

遗传发育所于2015年起利用神经再生胶原支架结合细胞移植治疗脊髓损伤获得良好效果；2013～2018年利用干细胞结合胶原支架材料治疗子宫内膜损伤和卵巢早衰获得成功，有望成为女性生殖系统疾病的有效疗法。

35. 新药创制

上海药物所创新性地研制出丹参多酚酸盐及其粉针剂，于

2005 年 5 月获得新药证书和生产批件，被中国制药行业评为最具市场竞争力医药品种。2006 年投产以来，累计销售收入超过 200 亿元，惠及 1500 万名以上患者，对我国中药现代化具有示范带动作用。获 2013 年度中国科学院杰出科技成就奖。

2009 年，该所历时 10 余年自主研发出我国第一个具有自主知识产权的国家一类氟喹诺酮类抗菌新药——盐酸安妥沙星，显著提高了抗菌活性和代谢性质，打破了我国长期依靠仿制药的局面。

经过 20 多年的努力，2018 年 7 月 17 日，该所合作研发的甘露寡糖二酸（GV-971）完成临床三期试验，治愈效果明显，标志着我国具有自主知识产权的治疗阿尔茨海默病新药取得重大突破。GV-971 新颖的作用模式与独特的多靶作用特征，颠覆了世界医学界对阿尔茨海默病发病机理的传统认识，为阿尔茨海默病药物研发开辟了新路径。

1986 年，成都生物所研制出预防和治疗冠心病、心绞痛的纯中药制剂“地奥心血康”。1988 年被列为国家级新药。依托

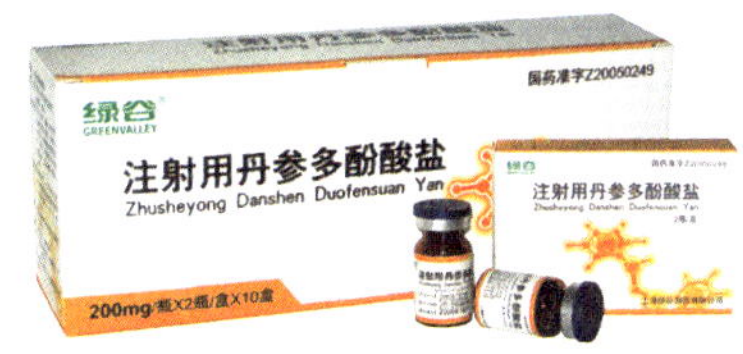

丹参多酚酸盐药物

盐酸安妥沙星片

地奥心血康

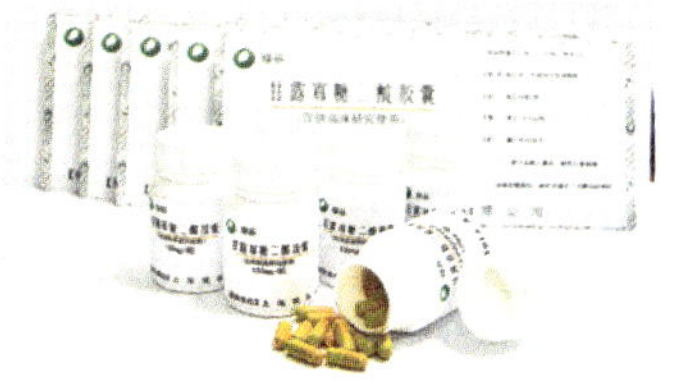
甘露寡糖二酸（GV-971）胶囊

该成果创办的中科院成都地奥制药集团有限公司是首届全国高新技术百强企业之一。2012年3月14日，“地奥心血康”胶囊在荷兰上市，成为我国首个在欧盟注册上市的具有自主知识产权的治疗性药品。

2014年，上海有机所研发出肿瘤免疫靶向小分子抑制剂（IDO）“吲哚胺2,3－双加氧酶”，可用于治疗前列腺癌、胰腺癌、乳腺癌、胃癌等多种肿瘤疾病。2017年9月，以4.57亿美元向本土生物制药企业转让许可。

肿瘤免疫靶向小分子抑制剂

36. 远缘杂交与分子育种研究

遗传发育所历经50多年不懈努力，通过系统的远缘杂交研究，培育出小麦与偃麦草远缘杂交的“小偃”系列小麦新品种，为小麦染色体工程育种开辟了一条新途径。其中“小偃6号”不仅推广面积大、时间长，又是我国小麦育种最重要的骨干亲本之一，已衍生出高产优质小麦品种80余个。该所2006年通过国家审定的小麦品种“科农199”，成为黄淮麦区的主栽品种之一。

“科农199”

“中科 804”

该所经过十余年攻关，综合运用基因组学、计算生物学、系统生物学、合成生物学等手段，创建新一代水稻超级品种培育的系统解决方案和育种新技术。在理论上深度解析了水稻耐寒性、杂种优势、广谱抗病与产量平衡等方面的分子机制；培育出适应东北稻区和长江中下游稻区等多个不同生态区的水稻模块新品种，如“中科 804”、“中科 902”、“嘉优中科”系列等，实现了水稻优质高产多抗的协同改良。该成果标志着我国初步建立起分子模块育种技术新体系，在现代育种理论研究和新一代设计型品种培育方面走在世界前列，是继农业“绿色革命”和杂交水稻后的第三次重大突破。获 2013 年度中国科学院杰出科技成就奖、2017 年度国家自然科学奖一等奖。

37. 海洋生态牧场研究与示范

针对我国近海渔业资源严重衰退、海洋生态环境严重恶化等突出问题，海洋所从 20 世纪 70 年代开始，提出在近岸海域实施“海洋农牧化”的创新思路，在山东胶州湾和广东大亚湾进行了试验示范，重点围绕鱼类、对虾、海参、贝类、藻类等优势水产经济种类，开展优质新种质创制与健康养殖技术研发，建立海湾型、岛礁型等可复制、可推广的海洋生态牧场模式，为实现渔民增收、渔业增效、产业升级提供技术和装备支撑。其中，“海湾扇贝引种、育苗、养殖研究及应用”获1990年度国家科学技术进步奖一等奖。

海湾扇贝养殖

海洋生态牧场示意图

在此基础上，该所持续创新海洋生态环境构建关键技术与设施，制定了海洋生态牧场建设标准，实现了海洋生态环境从局部修复到系统构建的发展、生物资源从生产型修复到生态型修复的发展、资源环境从单一监测评价到综合预警预报的发展。2015～2017年，在大连、唐山、烟台、日照等地建设了5个海洋生态牧场示范区，应用示范推广面积达45.6万亩，生态环境显著改善，生态系统更趋稳定，核心区多保持在一类水质，经济生物种类增加 29% ～ 46%，资源量增加 2 倍以上，渔户平均年收入由 5 万元提高到 11 万元，经济效益突破 55 亿元，推动了海洋渔业的技术革新、产业升级和可持续发展。

38. 科技救灾

长期以来，中科院秉持创新为民、科技报国理念，积极发挥科技和人才优势，开展地震、洪涝、滑坡、泥石流、干旱、沙尘暴、火灾、赤潮等自然灾害遥感监测和防治技术研发，提出一系列防灾减灾理论与方法，研制出一批救灾急需的高端设备，发挥了重要科技支撑作用，为国家和区域防灾救灾重大决策提供了科学、及时的智库支持，为保障人民生命财产安全作出了积极贡献。

在 2008 年四川汶川地震、2010 年青海玉树地震和甘肃舟曲泥石流灾害、2013 年四川雅安地震、2014 年云南鲁甸地震等灾害中，遥感地球所、成都山地所、地理资源所、上海微系统所、心理所等 20 多个单位，利用卫星和航空遥感监测技术、无人机等灾害监测装备、应急能源、无线应急通信设备、搜救机器人、地理信息数据和演示系统、防病防疫、低成本医疗、应急饮水设

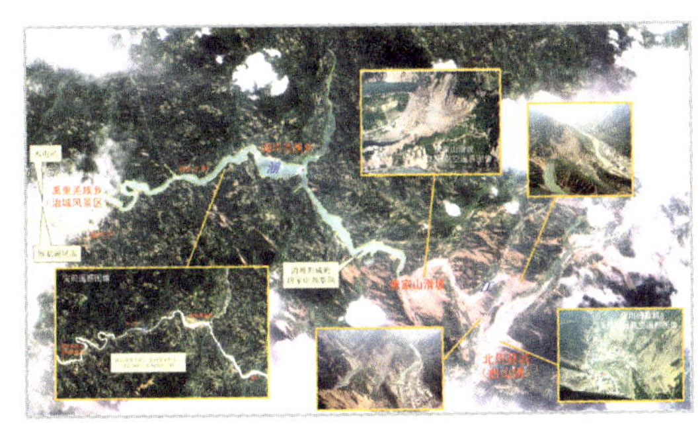

北川县唐家山滑坡堰塞湖
动态变化遥感监测图

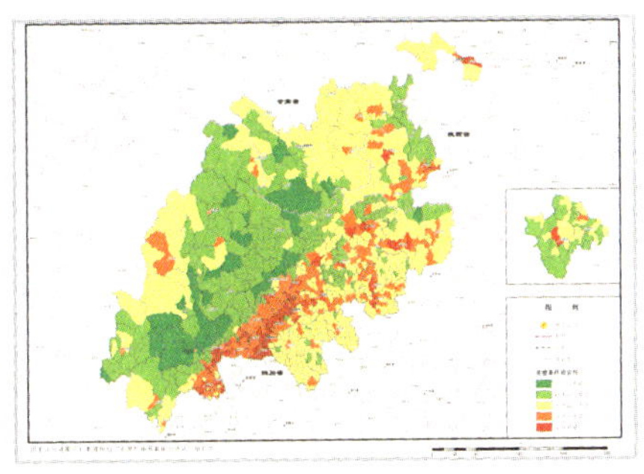

国家汶川地震灾后重建规划区
重建条件适宜性评价图

备、心理救助、资源环境承载能力评价等方面的科技积累和技术人才优势，在应急救灾、灾害排查、次生灾害防治、灾后恢复重建等方面，提供了重要的技术支撑保障和决策咨询服务。

39. 中国生态系统研究网络

1988 年以来，中科院整合有关研究所野外观测研究站，建立了中国生态系统研究网络（CERN），旨在通过对全国不同区域和不同类型生态系统的长期监测与试验，结合遥感与模型模拟等方法，研究我国生态系统的结构与功能、过程与格局的变化规律，开展生态系统优化管理与示范，提高我国生态学及相关学科研究水平，为我国生态与环境保护、资源合理利用和国家可持续发展及应对全球变化等提供长期、系统的科学数据和决策依据。

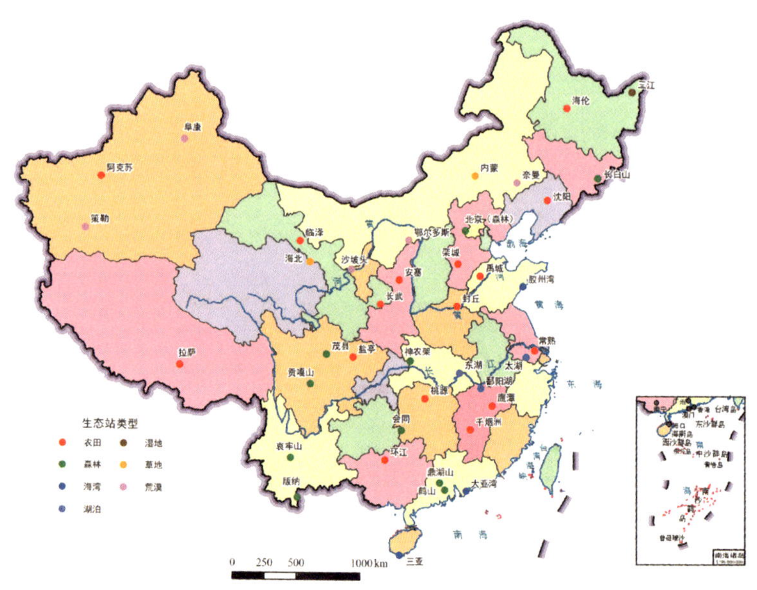

中国生态系统研究网络

该图基于自然资源部网上服务平台标准地图服务系统下载的审图号为 GS（2016）1599 号标准地图制作，底图无修改；台湾省资料暂缺。

经过 30 年建设发展，CERN 已成为集生态系统动态监测、科学研究、技术示范、科技咨询和科普教育为一体的国家科技平台，包括 44 个生态站、5 个学科分中心和 1 个综合研究中心，积累了大量监测和实验数据，取得了一系列研究成果，推动了我国生态环境领域科技进步和生态文明建设。获 2012 年度国家科学技术进步奖一等奖。

沙漠所沙坡头沙漠试验研究站始建于 1955 年，是中科院最早建立的野外长期综合观测研究站。基于大量监测和试验，研究提出了“以固为主、固阻结合”的沙区铁路防护体系模式，保障了穿越流动沙丘的包兰铁路建设和顺利运行，并得到广泛推广。“包兰线沙坡头地段铁路治沙防护体系的建立”获 1988 年度国家科学技术进步奖特等奖。沙坡头沙漠试验研究站于 1992 年加入 CERN，2006 年成为国家野外科学观测研究站。

沙坡头地区包兰铁路人工固沙植被防护体系鸟瞰图

40. 地域空间开发和功能区划研究

20 世纪中期开始，地理所和南京地理所主持开展了我国综

《中国综合农业区划》

合农业区划工作，1981 年编制出我国第一部《中国综合农业区划》，首次全面、系统地论述了我国农业资源特点、生产状况以及农业区划方案，为我国农业生产结构和布局的宏观决策提供了重要的科学依据，为我国后续农业区划工作奠定了理论和实践基础。获 1985 年度国家科学技术进步奖一等奖。

1984 年，地理资源所提出了我国社会经济空间组织的“点 - 轴系统”理论及国土开发与经济布局的“T 型”空间构架，科学反映了我国经济发展潜力的空间组合框架，1987 年被写进全

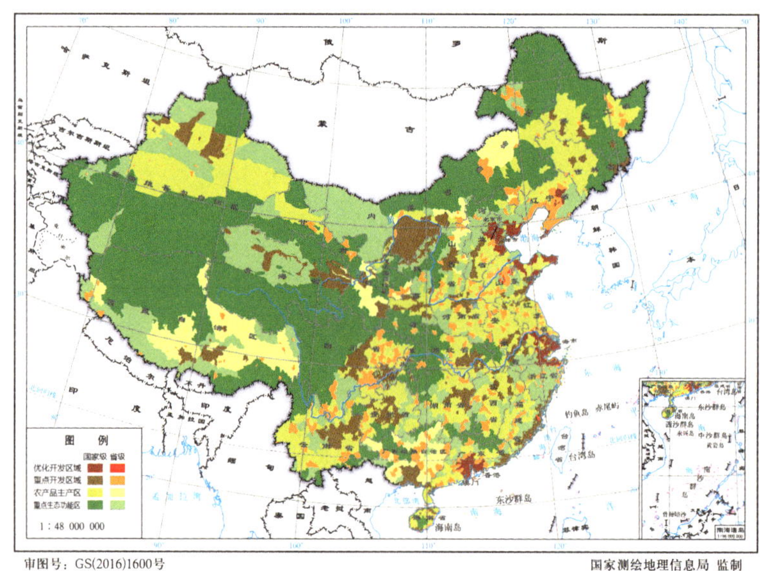

全国主体功能区划方案

该图基于自然资源部网上服务平台标准地图服务系统下载的审图号为 GS（2016）1600 号标准地图制作，底图无修改；台湾省资料暂缺。

国国土规划纲要。此后，该所创建了地域功能理论和主体功能区划技术规程，研编出我国首部全国主体功能区划方案，被纳入国家规划并提升为国家战略和基础制度，获 2009 年度中国科学院杰出科技成就奖。2015 年，该所利用创建的区域资源环境承载能力系列研究方法和预警模型，首次对全国区域可持续发展状态进行了诊断。上述成果对推动我国国土空间治理体系和治理能力现代化、促进生态文明建设起到重要作用。

附 录 二

中国科学院改革开放四十年大事记

1978 年

1 月　《人民文学》1978 年第 1 期发表徐迟的报告文学《哥德巴赫猜想》，生动地描绘了中国科学院数学研究所陈景润的传奇经历，呼唤对科学和科学家的尊重。《人民日报》随即转载，迅速在科学界和广大读者中引起强烈反响。陈景润勇攀数学高峰的事迹感动人心，成为全国家喻户晓的科学英雄。

1 月　教育部和中国科学院决定将 1977 年和 1978 年招收研究生的工作合并进行，统称为 1978 级研究生。中国科学院所属各研究所共招收 1978 级研究生 1015 人，中国科学技术大学招收 107 人，两者占全国招生总数的 1/3。

1 月　中国科学院上海分院召开"'两线一会'特务集团"冤案平反大会，对遭受迫害的有关人员予以彻底平反。这是"文化大革命"之后最早平反的冤假错案，在全国产生了积极反响。

1 月　中国科学院选派高能物理研究所和中国科学技术大学的 10 名科技人员到联邦德国汉堡电子同步加速器研究所进修。这是"文化大革命"后我国对外派出的第一批科技进修人员。

1月19日　中国科学院党组召开全院揭批“四人帮”运动的工作会议。参加会议的有院属京区各单位党委主要负责同志和运动办公室负责同志共140人。会议检查了院揭批“四人帮”的工作情况，交流了经验，部署了工作。

3月1日　经国务院批准成立中国科学技术大学研究生院。这是新中国第一个研究生院，于1978年10月9日正式开学。

3月8日　中国科学技术大学创办的全国第一个少年班举行开学典礼。

3月18日　全国科学大会在北京隆重举行。开幕式上，邓小平发表了重要讲话，阐述了“科学技术是生产力”“知识分子是工人阶级的一部分”“实现四个现代化，关键是科学技术的现代化”等重要论断，摘掉了长期加在知识分子头上的“资产阶级知识分子”帽子，为我国科技发展扫清了障碍。中国科学院参与承担大会筹备工作，方毅在大会报告中提出了“侧重基础，侧重提高，为国民经济和国防建设服务”的办院方针。大会闭幕前，郭沫若发表了书面讲话《科学的春天》。全国科学大会的召开，标志着“科学的春天”的到来。

4月4日　经党中央批准，中国科学院数学研究所杨乐、张广厚赴瑞士参加国际分析会议并顺访英国。这是“文化大革命”后我国科学家首次以个人身份赴西方国家参加学术活动。

12月26日　中国向美国派出的首批52名留学人员启程出发。

1979年

1月　中共中央于15日批复同意中国科学院恢复学部活动。中国科学院学部委员茶话会于23日在人民大会堂举行，王震、方毅、邓颖超出席并讲话。在“文化大革命”中被迫停止的学部活动正式恢复。

1 月 23 日　中国科学院和外交部联名向国务院提交《关于充分利用民间途径选派一些出国进修人员和研究生的请示》，得到国务院批准。

3 月 3 日　中国科学院与瑞典皇家科学院在北京签订科学合作协议。

3 月 10 日　中国科学院研究生委员会成立。

7 月 1 日　方毅任中国科学院院长。

8 月 20 日　国家计划委员会、中国科学院、教育部联合发出《一九七八— 一九八五年全国基础科学发展规划纲要》及数学、物理学、化学、天文学、地学、生物学、理论和应用力学等 7 个基础科学学科发展规划（草案）。

12 月 1 日　《中国科学院研究所暂行条例（草案）》印发，院属研究所实行党委领导下的所长负责制。

1980 年

1 月 12 日　中国科学院向国务院报送《关于设立“郭沫若奖学金”的请示》，拟使用郭沫若院长生前交由中国科学院党组处理的稿费，在中国科学技术大学设立郭沫若奖学金。华国锋、邓小平、方毅等党和国家领导人批示同意。这是经国务院批准设立的新中国第一个奖学金。

1 月 25 日　中国科学院党组在北京友谊宾馆召开院各民主党派恢复组织活动大会。中国科学院京区 26 个单位的 140 多名民主党派成员和有关单位党委负责人参加了大会。

3月18日　中国科学院党组纪律检查委员会成立。

5月25日　中国科学院主办我国改革开放后的第一个国际会议——青藏高原国际科学讨论会，邓小平接见了与会的外国科学家。

10月9日　中国科学院物理研究所陈春先研究员率先在中关村创办“北京先进技术发展服务部”。这是中关村第一家民办科技实业机构。

11月26日　中国科学院选举增补283名学部委员。这是中国科学院学部成立以来第一次采用分学部差额选举和无记名投票方式进行的选举。

1981年

1月29日　中共中央书记处听取了中国科学院工作汇报。中共中央总书记胡耀邦等中央领导出席会议。中共中央书记处同意《关于中国科学院工作的汇报提纲》，并对科学院工作作出重要指示。

2月13日　中国科学院学位委员会成立。

5月18日　中国科学院第四次学部委员大会通过《中国科学院试行章程》。重新定位学部为中国科学院最高决策机构，既是全院的学术领导核心，又是全院科研活动及相关工作的管理机关，还是国家科学技术事业发展的学术咨询机构。

5月19日　中国科学院第四次学部委员大会推选卢嘉锡为中国科学院院长。

11月25日　国务院批准，中国科学院数学物理学部、化学部、地学部、生物学部、技术科学部和中国科学技术大学为全国首批博士学位和硕士学位授予单位。

1982 年

1 月 15 日　国务院学位委员会、教育部联合批准中国科学技术大学为全国首批授予学士学位的高等学校。

2 月 6 日　胡耀邦约见李昌，对中国科学院科研工作方向提出了 5 点意见。

3 月 2 日　中国科学院科学基金委员会成立，这是新中国第一个面向全国的科学基金。

6 月　经国务院学位委员会批准，中国科学院试点进行我国首次博士学位论文答辩。

7 月 2 日　院务会议审议通过《中国科学院一九八一至一九八五年科学事业发展计划纲要》。

1983 年

1 月 5 日　胡耀邦参观中国科学院科研成果展览交流会。

2 月 27 日　应中国科学院邀请，诺贝尔物理学奖获得者、美国哥伦比亚大学物理学家李政道教授来华讲学访问。

3 月 1 日　根据国务院关于编制十五年（1986 ~ 2000 年）科技发展规划的部署，中国科学院启动编制《中国科学院 1986—2000 年科学发展规划》。

4 月 25 日　国务院批准北京正负电子对撞机工程立项。当年 12 月 15 日经中共中央书记处批准列为国家重点工程项目。

5 月 4 日　中国科学院与北京市海淀区合资建立科海新技

术联合开发中心。这是中国科学院最早的科技开发公司。

5月27日　国务院学位委员会首批授予的18位博士学位获得者中，有12位由中国科学院培养，占总数的2/3。

7月27日　中国科学院体制改革工作小组在京召开“院体制改革试点座谈会”，确定中国科学院山西煤炭化学研究所等16个单位开展改革试点。

12月　中共中央书记处就中国科学院今后一个时期的方针和任务作出指示，要求中国科学院“大力加强应用研究，积极而有选择地参加发展工作，继续重视基础研究”。这一指示成为中国科学院1984年公布的新的办院方针。

12月16日　应中国科学院邀请，菲尔兹奖获得者、美国普林斯顿高等研究所数学家丘成桐教授来华讲学访问，分别受到胡耀邦、方毅等党和国家领导人的会见。

12月25日　应中国科学院邀请，诺贝尔奖获得者、美国纽约州立大学石溪分校物理学家杨振宁教授来华讲学访问，分别受到邓小平、万里、方毅、严济慈等党和国家领导人会见。

1984年

1月5日　中国科学院第五次学部委员大会在京举行。方毅代表党中央、国务院宣布，将学部委员大会改为国家在科学技术方面的最高咨询机构，学部委员是国家在科学技术方面的最高荣誉称号。

3月22日　中共中央下发《关于中国科学院领导班子调整配备的通知》，卢嘉锡任院长，严东生任党组书记。

5月　国务院批准中国科学院高能物理研究所和理论物理

研究所在全国率先试点博士后制度。同年 11 月开展试点工作。

8 月 14 日　中国科学院党组批复计算技术研究所、物理研究所《关于试行所长负责制的请示报告》，同意两所试行所长负责制。

10 月 7 日　北京正负电子对撞机建设工程开工，邓小平等党和国家领导人为工程奠基。

11 月 1 日　中国科学院成立 35 周年庆祝会在北京人民大会堂举行，方毅、胡启立等中央领导同志出席并讲话。

11 月 20 日　合肥同步辐射装置在中国科学技术大学开工建设。这是国家在高校建设的第一个重大科技基础设施，于 1989 年建成。

11 月 22 日　中共中央、国务院批复中国科学院《关于改革问题的汇报提纲》，同意中国科学院实行所长负责制。

1985 年

1 月 4 日　中国科学院学部主席团 5 位执行主席研究讨论建立院士制问题，在邀请全国人大常委中的 17 位学部委员座谈讨论的基础上，向中央领导同志提出了建立院士制的报告。

2 月 8 日　邓小平视察中国科学院紫金山天文台。

5 月 3 日　中国科学院通过《中国科学院聘任研究人员（试行）条例》《关于中国科学院试行专业职务聘任制的报告》《关于试行专业职务聘任制的实施意见》等 3 个文件，同意在 30 个院属单位进行专业技术职务聘任制试点。

7 月 1 日　中国科学院批准了数学研究所、理论物理研究所等 2 个研究所和 17 个研究室首批对国内外开放，接待国内外科学工作者进行合作研究，并按规定给予资助。

7 月 24 日　中国科学院青年科学基金设立。这是全国第一个专门面向青年科技人才设立的奖励基金。

7 月 30 日　中国科学院与深圳市政府共建的深圳科技工业园正式奠基。这是我国（不含港澳台地区）最早建立的科技工业园区。

1986 年

2 月 14 日　国务院批准，在中国科学院自然科学基金局基础上组建国家自然科学基金委员会。

2 月 17 日　中国科学院首批授权数学研究所等 117 个研究机构评审聘任副研究员。

2 月 20 日　《中国科学院院刊》创刊。

3 月 3 日　王大珩、王淦昌、杨嘉墀、陈芳允 4 位中国科学院学部委员向邓小平呈送《关于跟踪研究外国战略高技术的建议书》，得到邓小平高度重视和支持。“863 计划”随即诞生。

5 月 28 日　中国共产党中央委员会宣传部批准中国科学院主办的《科学报》对国外公开发行。

12 月 31 日　中国科学院上海分子生物学实验室通过评定验收，成为我国第一个国家重点实验室。

1987 年

1 月 22 日　周光召任中国科学院院长、党组书记。

2 月 14 日　中国科学院向中央汇报改革方案，提出了“把主要力量动员和组织到国民经济建设的主战场，同时保持一支精干力量从事基础研究和高技术跟踪”的办院方针，得到中央肯定。此后，在1991年制定的《中国科学院政策纲要》中，将上述办院方针表述为“把主要力量动员和组织到为国民经济和社会发展服务的主战场，同时保持一支精干力量从事基础研究和高技术创新”。

3月15日　中国科学院科技扶贫领导小组成立。

9月9日　中国科学院、国家经济委员会召开记者招待会，介绍中国科学院改革情况并宣布成立“科技促进经济发展基金会”。

10月24日　中国科学院与香港王宽诚教育基金会建立合作关系。此后，香港王宽诚教育基金会在中国科学院先后设立了“中国科学院王宽诚教育基金会奖贷学金”“中国科学院王宽诚科研奖金”“卢嘉锡学术交流基金”“中国科学院王宽诚博士后工作奖励基金”“中国科学技术大学王宽诚育才奖”“紫金山天文台王宽诚行星科学人才培养基金”等项目，培养高层次科技人才。其中，“中国科学院王宽诚教育基金会奖贷学金”是中国科学院首次利用境外捐赠资助中青年科技骨干开展科学研究和学术交流。

1988年

3月18日　周光召在全国科技工作会议上根据中国科学院办院方针，提出“一院两种运行机制”建院模式的构想，对中国科学院的科学研究和高技术开发两种不同类型工作，采取不同的运行机制、管理体制和评价标准。

6月17日 中共中央政治局常委、国务院总理李鹏在山东省禹城农业试验区视察中国科学院沙河清试验基地和中国科学院禹城综合试验站。

10月24日 赵紫阳、邓小平、杨尚昆、李鹏、万里、胡启立、姚依林、王震、严济慈等党和国家领导人参观北京正负电子对撞机。

11月17日 卢嘉锡当选第三世界科学院副院长。

1989年

1月8日 中国科学院受国家科学技术委员会委托，组织各部门科学家完成了《中长期科技发展纲要16·基础性研究》的编写，并通过了国家科学技术委员会组织的专家评审。

6月21日 中国科学院对干部任用制度进行改革尝试，首次从院外单位选拔现职所级领导干部到院属单位任职，聘期4年。

6月22日 中国科学院院长奖学金设立，分为院长特别奖和院长优秀奖两种，用以表彰研究生在科学研究和技术创新方面取得的突出成绩。

10月6日 中共中央总书记江泽民在中国科学院高能物理研究所与首次获得中国科学院青年科学家奖的21名科学家进行座谈，并视察北京正负电子对撞机。

11月14日 北京联想计算机集团公司成立。该公司前身为中国科学院计算技术研究所公司。

1990年

5月14日　江泽民视察中国科学院南海海洋研究所海南热带海洋生物实验站。

6月2日　李鹏约见周光召，听取关于增选学部委员问题的情况汇报，讨论了改善和吸引优秀科技人才等问题。

10月26日　国务院第69次常务会议讨论并通过了增选中国科学院学部委员的请示报告。

1991年

1月12日　江泽民视察中国科学院长春应用化学研究所，并题词："发扬奉献、主人翁、科学、团结的精神。"

11月21日　李鹏视察中国科学院上海生物化学研究所生物工程基地。

11月22日　江泽民视察中国科学技术大学国家同步辐射实验室，并为实验室题名。

12月19日　中国科学院党组审议并原则通过《中国科学院政策纲要》，于1992年1月印发。

1992年

1月7日　江泽民视察中国科学院半导体研究所和化学研究所，向广大科技人员祝贺新春。

1月24日　江泽民视察中国科学院紫金山天文台，并为紫金山天文台题词："发展天文事业，攀登科学高峰。"

4月21日　师昌绪、张维、侯祥麟、张光斗、王大珩、罗沛霖等中国科学院学部委员向党中央、国务院报送《关于早日建立中国工程与技术科学院的建议》。江泽民于5月11日作出批示，要求中国科学院牵头提出意见，尽快报党中央、国务院决策。

5月17日　台湾“中央研究院”院长吴大猷教授应中国科学院邀请访问大陆。应吴大猷邀请，中国科学院学部委员张存浩、邹承鲁等7位科学家于6月访问台湾，成为40多年来首批访台的大陆科学家。两岸科学交流自此逐步常态化。

6月5日　李鹏视察中国科学院遗传研究所。

7月4日　中国科学院发布《关于研究所改革试点的指导意见》和《研究所改革试点实施办法》，选择14个研究所进行综合配套改革试点。

8月14日　江泽民视察中国科学院兰州化学物理研究所和近代物理研究所，并为“兰州重离子加速器国家重点实验室”题名。

8月22日　中国科学院公布《中国科学院学部委员章程（试行）》。

11月7日　中国科学院所属深圳科健集团有限公司注册成立。该公司于1994年成为中国科学院第一个上市公司，也是在深圳证券交易所上市的我国首家高技术公司。

1993年

2月4日　中国科学院和国家科学技术委员会联合研究形成《关于建立中国工程院有关问题的请示》，报党中央、国务院。

2月25日　首届中国青年科学家奖揭晓，6位获奖学者中，中国科学院有4位。

4月9日　中国科学院与国家科学技术委员会共同设立“香山科学会议”，召开第一次会议，主题是21世纪初基础科学展望和“九五”国家基础研究发展战略。

7月16日　江泽民视察中国科学院青海盐湖研究所。

8月7日　中国科学院与国家科学技术委员会、中国专利局、中国科学技术协会等在北京联合举办“首届科学技术博览会”，中国科学院近百个项目参展，12项获得金奖。

10月19日　国务院第11次常务会议决定中国科学院学部委员改称中国科学院院士，同时决定成立中国工程院。

1994年

1月22日　中国科学院推出“百人计划”，在2000年前按学科领域需要从国内外公开招聘100名左右高素质、高水平优秀青年人才，培养跨世纪高层次学术带头人。这是我国第一个人才培养引进计划。首批入选“百人计划”的14位青年学者名单于11月2日公布。

4月20日　中国科学院牵头，联合北京大学、清华大学共同实施“中关村地区教育与科研示范网络”（NCFC），首次实现了中国与国际互联网（Internet）的全功能连接，中国科学院成为我国首家全功能接入国际互联网的机构。

5月18日　受国家科学技术委员会委托，中国科学院学部组织百余名院士完成了对国家“八五”科技攻关计划执行情况的中期评估。在对18个重点领域项目评估的基础上，向国家计划委员会提出了中期评估总体报告。

5 月 21 日　中国科学院计算机网络中心建成 CN 域名服务器，并对中国用户进行域名注册登记。

6 月 3 日　中国工程院成立，30 名中国科学院院士经学部主席团推荐后入选首批中国工程院院士。

6 月 8 日　中国科学院第七次院士大会审议通过《中国科学院院士章程》，选举产生首批中国科学院外籍院士，巴顿、张立纲、陈省身、冯元桢、李政道、林家翘、李约瑟、雷文、司马贺、田长霖、丁肇中、吴健雄、杨振宁、丘成桐等 14 名科学家当选。

10 月 26 日　江泽民为中国科学院建院 45 周年题词："努力把中国科学院建设成为具有国际先进水平的科学研究基地、培养造就高级科技人才的基地和促进我国高技术产业发展的基地。"

11 月 1 日　中国科学院建院 45 周年茶话会在人民大会堂举行，江泽民出席会议并发表重要讲话。

1995 年

3 月　中国科学院与德国马普学会合作成立第一个青年科学家小组。此后，于 1999 年合作成立第一个青年科学家伙伴小组。

3 月 31 日　《中国科学院关于推进结构性调整，深化改革若干问题的指导意见》印发，提出在科技布局上构建四大体系：基础性研究体系；为社会持续发展进行资源、环境、生态研究的体系；解决经济建设和社会发展中关键性、战略性和综合性科技问题的应用研究发展体系；从事高新技术开发、实现科技成果转化、促进高新技术产业形成和发展的体系。

4月 《中国科学院所长负责制条例（试行）》《中共中科院研究所委员会工作条例（试行）》《中科院研究所职工代表大会条例（试行）》印发实施。

6月16日 《中国科学院职员试行办法》印发，同年10月起实行职员制。

6月25日 江泽民视察中国科学院长春应用化学研究所，并参观了长春热缩材料股份有限公司，为该公司题词："搞好热缩材料生产，发展高新技术产业。"

12月5日 中国科学技术大学首批进入由国家教育委员会、国家计划委员会和财政部共同组织实施的国家重点建设项目"211工程"。

1996年

2月5日 中国科学院宣布院电子信息网络全部开通，该网络联接院部机关、12个分院、102个研究所，实现了全院百所联网。

3月18日 由中国科学院和中国科学技术协会决定，联合在全国10多个中心城市举办"百名院士百场科技系列报告会"。

4月8日 《中国科学院关于深化职称改革，实施按需设岗、按岗聘任专业技术职务的若干意见》印发，在研究所结构性调整和学科、任务定位的基础上，设立结构合理、系列配套、职责清楚、权利明确的专业技术岗位。

5月4日 李鹏视察中国科学技术大学结构分析研究开放实验室。

11月2日 《中国科学院关于实施"西部之光"人才培养

计划的管理办法》印发。“西部之光”人才培养计划从开发西部、促进西部地区科技和经济协调发展的角度出发，旨在培养西部地区学术带头人与技术骨干。

1997 年

4 月 14 日　受国家科学技术委员会委托，中国科学院学部召开 5 个学部常委扩大会议，对国家“九五”“攀登计划”候选项目进行咨询评议。

5 月 9 日　中国科学院改革领导小组召开会议，讨论通过《关于实施研究所定位管理试点方案》。

7 月 16 日　路甬祥任中国科学院院长、党组书记。

8 月 11 日　中国科学院向新闻界宣布，从 1997 年度开始，扩大“百人计划”招聘规模，每年招聘人数从 20 人增加到 100 人。

12 月 9 日　中国科学院向党中央、国务院呈报《迎接知识经济时代，建设国家创新体系》的研究报告，提出建设国家创新体系并在中国科学院开展知识创新工程试点的建议。

1998 年

2 月 4 日　江泽民在中国科学院《迎接知识经济时代，建设国家创新体系》研究报告上作出重要批示：“知识经济、创新意识对于我们二十一世纪的发展至关重要。东南亚的金融风波使传统产业的发展会有所减慢，但对产业结构调整则提供了机遇。科学院提了一些设想，又有一支队伍，我认为可以支持他们搞些试点，先走一步。真正搞出我们自己的创新体系。”

3月26日　国务院决定，从1998年7月1日起，实行资深院士制度，对年满80周岁的中国科学院院士授予“中国科学院资深院士”称号。

4月7日　中国科学院决定设立高级访问学者制度，并印发《中国科学院高级访问学者管理条例》。

6月9日　中共中央政治局常委、国务院总理朱镕基主持召开国家科技教育领导小组会议，审议并原则通过中国科学院《关于“知识创新工程”试点的汇报提纲》。

6月13日　“中国科学院引进国外杰出人才计划”启动实施。

7月9日　中国科学院召开知识创新工程试点动员部署大会，知识创新工程试点工作随即展开。

8月27日　中国科学院和美国国家科学院在美国共同举办第一届中美前沿科学研讨会。

9月8日　教育部批准中国科学院招收外国和港澳台地区研究生。

9月20日　中国科学技术大学建校40周年。此前，江泽民为该校题词：“面向二十一世纪，建设一流大学，培育一流人才。”

9月24日　江泽民视察中国科学院合肥等离子体物理研究所。

10月12日　中国科学院召开新闻发布会，宣布启动知识创新工程首批12项试点工作。

11月17日　首届“中国科学院优秀博士后”评选揭晓，30位博士后当选。同时，50名学者获得首届“中国科学院王宽诚博士后工作奖励基金”奖励。

1999 年

1 月 26 日　启动实施“海外评审专家”项目，聘请海外优秀学者为中国科学院人才培养引进、研究所评估及评审奖励等提供咨询意见与建议。

4 月 28 日　中国科学院与北京市政府签署科技合作协议，在环境保护、先进制造技术等 10 个领域开展合作。

7 月 25 日　中国科学院、教育部和安徽省政府共同签订《中国科学院、教育部和安徽省人民政府关于重点共建中国科学技术大学的协议》。至此，中国科学技术大学成为国家首批建设的 9 所“985 工程”高校之一。

8 月 20 日　江泽民视察中国科学院大连化学物理研究所。

8 月 22 日　江泽民为中国科学院建院 50 周年题词：“攀登科学技术高峰，为我国经济发展、国防建设和社会进步作出基础性、战略性、前瞻性的创新贡献。”

9 月 18 日　中共中央、国务院、中央军委在北京召开大会，隆重表彰为研制“两弹一星”作出杰出贡献的近 400 名科技专家，其中 45 位来自中国科学院。在 23 位获得“两弹一星功勋奖章”的科学家中，有 21 位中国科学院院士（学部委员），16 位曾在中国科学院工作。

11 月 1 日　中国科学院建院 50 周年庆祝大会在北京举行，朱镕基出席会议并讲话。

12 月 18 日　经中国科学院、国家烟草专卖局批准，合肥经济技术学院整建制并入中国科学技术大学。

2000年

1月21日　中国科学院宣布实施"西部行动计划"。此后，陆续组织实施了"科技援藏工程""东北振兴科技行动计划""科技支黔工程""科技支青工程""科技支甘工程""科技支新工程""支持天津滨海新区建设科技行动""三峡创新工程""广东新高地建设"等专项工程。

3月3日　中国科学院推出2000年度《科学发展报告》《高技术发展报告》《中国可持续发展报告》，初步形成中国科学院"科学与社会"系列发展报告构架。

8月26日　江泽民视察中国科学院长春光学精密机械与物理研究所。

9月11日　中国科学院设立海外杰出学者基金，鼓励和吸引海外杰出人才为祖国服务。

9月25日　朱镕基视察中国科学院地质与地球物理研究所、遥感应用研究所。

10月27日　中国科学院沈阳材料科学国家（联合）实验室获科学技术部批准，成为我国第一个批准筹建的国家实验室。

12月21日　朱镕基主持召开国家科技教育领导小组第八次会议，审议并原则通过了《中国科学院关于全面推进知识创新工程试点工作》的报告。

12月29日　国务院学位委员会、教育部联合批准，将"中国科学技术大学研究生院（北京）"更名为"中国科学院研究生院"。更名组建中国科学院研究生院仪式于2001年5月22日举行，2003年12月与中国科学院管理干部学院整合。

2001年

1月8日　江泽民视察联想集团，听取中国科学院关于高技术产业发展的汇报。

2月2日　中国科学院、中国共产党中央委员会宣传部、科学技术部启动“科技下乡西部行”活动，13位农业专家到云南、贵州等地进行技术咨询服务。

2月19日　中国科学院数学与系统科学研究院吴文俊院士获首届国家最高科学技术奖。

3月2日　《中国科学院知识创新工程试点全面推进阶段科技创新队伍建设和发展教育行动计划纲要》印发，实行全员岗位聘任制和“三元结构”工资分配制，加大吸引海外杰出科技人才回国和为国服务力度。

8月17日　中国科学院学部等主办的“西部开发与西藏发展战略研讨会”在拉萨召开。这次研讨会是西藏解放以来召开的规模最大、规格最高的学术会议。

10月19日　中国科学院12个野外站入选首批国家重点野外科学观测试验站。

11月14日　中国科学院开放研究实验室更名为“中国科学院重点实验室”。

2002年

1月22日　中国科学院工作会议确定中国科学院新时期的办院方针：“面向国家战略需求，面向世界科学前沿，加强原始科学创新，加强关键技术创新与集成，攀登世界科技高峰，为我国经济建设、国家安全和社会可持续发展不断作出基础性、战略性、前瞻性的重大创新贡献。”

4月12日　根据2001年国务院批复同意的中国科学院经营性国有资产管理体制改革试点方案，中国科学院出资设立中国科学院国有资产经营有限责任公司，按照国家授权、事企分开、统一管理、分级营运的原则，对全院经营性国有资产统一履行运营及监管职责。

8月20日　中国科学院组织召开国际数学家大会，江泽民出席开幕式并致辞。这是国际数学家大会第一次在发展中国家举行。

9月4日　中国科学院召开资源规划项目（ARP项目）实施动员会。ARP项目是中国科学院实现科学资源规划的信息系统工程。

10月10日　《中国科学院科技工作者科学行为准则（试行）》印发。修订后的《中国科学院科技工作者行为准则》于2003年12月9日印发。

11月13日　中国科学院对科技奖励制度进行重大改革，设立“中国科学院杰出科技成就奖”，奖励在科技创新活动中做出重大科技创新成果的个人和集体，不再设立科技成果奖。

12月9日　中国科学院学部联合中国共产党中央委员会宣传部、教育部、科学技术部、中国工程院和中国科学技术协会共同创办“科学与中国”院士专家巡讲团活动。

2003年

2月　经国务院批准，中国科学院和中国银行共同出资成立陈嘉庚科学奖基金会，设立陈嘉庚科学奖。该奖项的前身为1988年设立的陈嘉庚奖。

3月12日　国家经贸委、教育部和中国科学院批准中国科学院北京国家技术转移中心、沈阳分院国家技术转移中心、上海分院国家技术转移中心成立。国家技术转移中心是专门从事技术转移、科技成果转化的高科技服务机构。

4月20日　中共中央总书记胡锦涛视察中国科学院北京基因组研究所，对在防治非典型肺炎斗争中取得重大科技成果的科研人员表示感谢和敬意，勉励科研人员再接再厉、坚定信心，继续发扬爱国奉献、勇攀高峰、为民造福的精神，为战胜疫病、保护人民的身体健康和生命安全作出更大的贡献。

5月13日　胡锦涛视察中国科学院光电技术研究所和成都地奥制药集团有限公司。

5月15日　《中国科学院关于实施新时期发展战略的指导意见》印发。这是在2002年中国科学院确定新时期办院方针的基础上，进一步推进知识创新工程试点的重要文件。

10月16日　中国科学院联合科学技术部、中国工程院、国家自然科学基金委员会、中国科学技术协会等单位共同主办第三世界科学院第14届院士大会、第9次学术会议暨建院20周年纪念大会，以及第三世界科学组织网络（TWNSO）第8届大会。胡锦涛出席开幕式并致辞。

10月24日　“卢嘉锡科学教育基金会”成立，用以奖励在化学及其他科技领域作出突出贡献的科技工作者、教育工作者和热爱祖国、立志献身科学的优秀学子。

2004 年

1 月 17 日　中共中央政治局常委、国务院总理温家宝视察中国科学院电子学研究所和自动化研究所，观看航天与遥感技术和计算机与网络成果汇报展览。

1 月 28 日　在中法两国政府于法国巴黎举行的双边合作协议签字仪式上，中国科学院与法国巴斯德研究所签署在上海共建中国巴斯德研究所的框架合作意向书。

3 月 19 日　首届中国科学院杰出科技成就奖颁奖，8 个研究集体和个人获奖。

5 月 15 日　胡锦涛视察中国科学院长春光学精密机械与物理研究所。

6 月 16 日　作为“中国科学院东北振兴科技行动计划”的一部分，“东北之春”人才培养计划启动实施。

6 月 30 日　中国科学院学部向国家中长期科学和技术发展规划领导小组报送《国家中长期科学和技术发展规划战略研究咨询报告》。

7 月 26 日　胡锦涛视察中国科学院上海药物研究所。

10 月 12 日　中国科学院、教育部和安徽省政府签署了《中国科学院、教育部、安徽省人民政府关于继续重点共建中国科学技术大学协议》。

12 月 29 日　胡锦涛视察中国科学院，参观“中国科学院知识创新成就展”，听取中国科学院工作汇报，充分肯定了中国科学院知识创新工程试点取得的成绩，希望“中国科学院作为国家战略科技力量，不仅要创造一流的成果、一流的效益、一流的管理，更要造就一流的人才”。

2005 年

1 月 13 ～ 14 日　吴邦国、贾庆林、曾庆红、黄菊、吴官正、李长春、罗干等中央领导视察“中国科学院知识创新成就展”。

2 月 5 日　中国科学院 ARP 项目试点上线启动。

4 月 26 日　中国科学院印发《关于加强与国家创新体系各单元联合与合作的指导意见》《关于加强创新队伍建设的指导意见》《关于推进研究所改革与发展的指导意见》《关于加强国际科技交流合作的指导意见》《关于加强创新文化建设的指导意见》等。

6 月 3 日　庆祝中国科学院学部成立 50 周年“走中国特色自主创新之路”院士座谈会在人民大会堂举行，胡锦涛等党和国家领导人会见与会代表，胡锦涛作重要讲话。

6 月 17 日　温家宝视察联想集团。

7 月 6 日　温家宝视察中国科学院西双版纳热带植物园。

7 月 19 日　温家宝主持召开国家科技教育领导小组第 3 次全体会议，审议通过了《中科院关于实施知识创新工程试点第三阶段的汇报》，肯定了中国科学院知识创新工程试点取得的重大成果。知识创新工程三期于 2006 年 3 月全面启动。

9 月 12 日　温家宝视察中国科学院广州生物医药与健康研究院（筹）。

2006 年

3 月 19 日　中国科学院召开新闻发布会，发布《中国科学院章程》。

3月20日　中国科学院召开新闻发布会，发布《中国科学院中长期发展规划纲要（2006—2020年）》。

5月14日　胡锦涛视察中国科学院昆明植物研究所。

6月15日　《中国科学院院士章程》印发。

2007年

1月28日　胡锦涛视察中国科学院长春应用化学研究所。

4月27日　中国科学院和中国科学院学部主席团发布《关于科学理念的宣言》，倡议科技界共同践行正确的科学理念，承担科学的社会责任，努力创造和维护风正气清、求真求实、严谨严肃、和谐融洽的学术环境。

6月26日　首批18位国外青年学者入选中国科学院“外籍青年访问学者奖学金计划”。

10月11日　中国科学院召开“重点科技领域发展路线图专题研讨会”，若干重点科技领域发展路线图战略研究正式启动。

10月13日　中国科学院和新加坡媒体发展局在新加坡设立“中国－新加坡数字媒体研究院”。这是中国科学院所属研究所在海外的第一个分支研究机构。

10月22日　《中国科学院关于进一步加强知识产权工作的指导意见》印发。

11月5日　中国科学院与国家外国专家局联合批准建立首批16个“创新团队国际合作伙伴计划”，吸引了103位海外学者参加相应团队与国内学者进行合作研究。

11月27日　中国科学技术协会、中国科学院签署共建学会协议。

2008 年

3 月 24 日　《中国科学院研究所综合管理条例》印发，从建立现代科研院所制度、构建中国科学院科学规范制度体系的要求出发，指导研究所建立综合管理基本制度。

3 月 26 日　中国科学院在北京颁发首届中国科学院国际科技合作奖。美国斯坦福大学国际研究所罗斯高教授和瑞士联邦理工大学洛塔·雷教授获奖。

6 月 6 日　国家发展和改革委员会批准中国科学院建设甲醇制烯烃（中国科学院大连化学物理研究所）、中药标准化技术（中国科学院上海药物研究所）、工业酶（中国科学院微生物研究所）3 个国家工程实验室。这是中国科学院第一批建设的国家工程实验室。

7 月 6 日　温家宝视察上海光源。

7 月 23 日　中国科学院党的建设工作领导小组成立。

9 月 12 日　温家宝视察中国科学院广州生物医药与健康研究院。

9 月 27 日　胡锦涛致信祝贺中国科学技术大学建校 50 周年，指出“中国科学技术大学为党和国家培养了一大批科技人才，取得了一系列具有世界先进水平的原创性科技成果，为推动我国科教事业发展和社会主义现代化建设作出了重要贡献”。

10 月 5 日　中国科学院向国务院呈报《关于建设国家实验室的几点建议》。

11 月 4 日　温家宝视察中国科学院高能物理研究所北京正负电子对撞机重大改造工程，并与科学家座谈。

12 月 13 日　胡锦涛视察中国科学院金属研究所和新松机

器人自动化股份有限公司。

2009年

1月16日　中国科学院向党中央、国务院呈报《迎接新科技革命挑战，支持科学与持续发展——关于中国面向2050年科技发展战略的思考》研究报告。

2月10日　中国科学院人才工作领导小组成立。

2月17日　国家自然科学基金委员会-中国科学院“大科学装置科学研究联合基金”设立。该基金鼓励支持我国科学家依托国家重大科技基础设施，在前沿科学领域、多学科交叉研究领域进行创新性研究。

4月16日　中国科学院与国家自然科学基金委员会联合启动“2011—2020年学科发展战略研究”。历时2年，完成数学、物理学、化学、天文学、地球科学、生物学、农业科学、医学、自然与环境科学、能源科学、海洋科学等19个学科领域专题研究报告和学科发展战略研究总报告。

6月10日　中国科学院召开新闻发布会，发布“创新2050：科学技术与中国的未来”路线图研究系列报告。

7月26日　温家宝视察中国科学院长春光学精密机械与物理研究所。

8月7日　温家宝视察中国科学院无锡高新微纳传感网工程技术研究中心。

9月1日　中国科学院启动“人才培养引进系统工程”，进一步完善人才计划体系和人才制度体系。

9月22日　中国科学院党组召开专题扩大会议，审议通过

《知识创新工程2020：科技创新跨越方案》。该方案系统规划了未来10年的发展战略、发展目标、主要任务和重要改革举措。

10月17日　温家宝视察中国科学院寒区旱区环境与工程研究所。

10月30日　中国科学院建院60周年纪念会在北京举行。胡锦涛致信祝贺，肯定中国科学院为我国经济发展、社会进步、国家安全作出了彪炳史册的重大贡献，要求中国科学院在建设创新型国家进程中进一步发挥“火车头”作用。

11月2日　温家宝到中国科学院奥运科技园区参观“与科学共进，与祖国同行——中国科学院建院60周年展”，并听取中国科学院自主创新工作汇报。

11月3日　在中国科学院建院60周年之际，温家宝在人民大会堂向首都科技界发表题为“让科技引领中国可持续发展”重要讲话。

11月28日　温家宝视察中国科学院上海硅酸盐研究所。

2010年

1月16日　胡锦涛视察上海光源。

3月31日　温家宝主持召开国务院第105次常务会议，听取了中国科学院关于实施知识创新工程进展情况的汇报，充分肯定了实施知识创新工程13年来取得的进展和成绩，决定2011～2020年继续深入实施知识创新工程（“创新2020”）。会议决定由中国科学院组织实施战略性先导科技专项。

5月14日　温家宝视察天津曙光计算机产业有限公司。

9月5日　胡锦涛视察中国科学院深圳先进技术研究院。

9月12日　温家宝视察中国科学院天津工业生物技术研究所。

9月25日　中国科学院召开战略性先导科技专项咨询评议会议，战略性先导科技专项启动实施。

2011年

2月28日　白春礼任中国科学院院长、党组书记。

6月17日　中国科学院青年创新促进会成立。340名35岁以下优秀青年科技工作者成为首批会员。

7月3日　温家宝视察中国科学院沈阳科学仪器研制中心有限公司。

7月25日　中国科学院召开夏季党组扩大会议，确立“民主办院、开放兴院、人才强院”的发展战略，提出构建和实施院所两级“一三五”规划体系，在院所发展规划中明确“一个定位、三个重大突破、五个重点培育方向”。

12月19日　温家宝视察中国科学院苏州纳米技术与纳米仿生研究所。

2012年

7月16日　经教育部批准，中国科学院研究生院更名为中国科学院大学。中国科学院大学实行“科教融合、育人为本、协同创新、服务国家”的办学方针，汇聚中国科学院优质科教资源，培养造就高素质创新人才。

8月29日　中国科学院与教育部联合启动“科教结合协同

育人行动计划”，中共中央政治局委员、国务院副总理刘延东出席启动仪式并讲话。

9月18日　发展中国家科学院（TWAS）第23届院士大会在天津举行。胡锦涛出席开幕式并发表主旨演讲。白春礼当选发展中国家科学院新任院长，这是发展中国家科学院成立近30年来首位中国科学家担任院长。

12月8日　中国科学院与全国17家地方科学院签署《全国科学院联盟成立北京宣言》，组建全国科学院联盟。

12月13日　温家宝视察联想集团。

2013年

1月1日　白春礼就任TWAS院长。中国科学院启动实施“发展中国家科教合作拓展工程”。

1月21日　中国科学院召开2013年度工作会议，提出并启动实施“国际化推进战略”。

5月10日　中国科学院召开院机关干部会议，启动实施院机关科研管理改革工作。

6月7日　中国科学院决定成立中国科学院发展咨询委员会、学术委员会、科学思想库建设委员会、教育委员会等4个委员会，强化院层面决策咨询和统筹协调。

6月20日　中国科学院召开新闻发布会，发布《科技发展新态势与面向2020年的战略选择》研究报告。

7月2日　国家发展和改革委员会与中国科学院联合印发《科技助推西部地区转型发展行动计划（2013—2020年）》，加强科技创新对西部地区经济社会发展的支撑能力，助推西部地区转型发展。

7月17日　中共中央总书记习近平视察中国科学院，在高能物理研究所考察了北京正负电子对撞机，参观了中国科学院科技创新成果展，在中国科学院大学与科研人员座谈，并发表重要讲话，充分肯定中国科学院60多年的创新成就，高度评价中国科学院是“一支党、国家、人民可以依靠、可以信赖的国家战略科技力量”，要求中国科学院“率先实现科学技术跨越发展，率先建成国家创新人才高地，率先建成国家高水平科技智库，率先建设国际一流科研机构”。

8月23日　中国科学院学术委员会成立。

9月24日　中国科学院发展咨询委员会成立，白春礼任主任，国家有关部门和单位及部分高校负责人为成员。

9月24日　中国科学院教育委员会成立。

9月30日　教育部批复同意中国科学院与上海市政府共同建立上海科技大学。

10月21日　中国科学院科学思想库建设委员会成立。

11月20日　《中国科学院战略性先导科技专项管理办法》及5个实施细则印发。

2014年

1月　中国科学院启动实施“科技服务网络计划”，重点支持院属研究机构以市场化机制整合创新资源和要素，集成开展科技促进经济社会发展的研发工作。

1月15日　中国科学院量子信息与量子科技前沿卓越创新中心在中国科学技术大学成立。这是中国科学院成立的首个卓越创新中心。2016 年，更名为中国科学院量子信息与量子科技创新研究院。

2 月 14 日　教育部批准中国科学院大学招收本科生。

3 月 24 日　中国科学院发展咨询委员会召开第二次会议，就中国科学院组织实施“率先行动”计划和全面深化改革总体思路和重点任务进行咨询研讨。

4 月 16 日　中国科学院在京召开“率先行动”计划暨全面深化改革纲要有关重大问题战略研讨会。

5 月 23 日　中共中央政治局委员、国务院副总理汪洋在山东考察科学技术部和中国科学院联合相关省市共同实施的“渤海粮仓”科技示范工程，听取中国科学院关于农业科技创新工作的汇报。

5 月 26 日　中国科学院学部主席团在全球研究理事会北京会议上，发布《追求卓越科学》宣言。

6 月 11 日　中国科学院第十七次院士大会表决通过了《中国科学院院士章程》修订稿，院士制度改革取得重大进展。

7 月 7 日　刘延东主持召开国家科技体制改革和创新体系建设领导小组第七次会议，审议通过《中国科学院“率先行动”计划暨全面深化改革纲要》。

7 月 31 日　中央第十巡视组专项巡视中国科学院工作动员会召开。专项巡视至 9 月 5 日结束。

8 月 8 日　习近平对《中国科学院“率先行动”计划暨全面深化改革纲要》作出重要批示，指出“‘率先行动’计划有目标、有思路、有举措、有部署，总的是好的，关键是要抓好落实，早日使构想变为现实”，强调“中国科学院实现‘四个率先’目标，目的是积极抢占科技竞争和未来发展制高点，争取在重要科技领域成为领跑者、在新兴前沿交叉领域成为开拓者，全力打造高端科技这个现代的国之利器，为经济社会发展、保障和改善民生、保障国防安全提供有力科技支撑”，并进一步要求中国科学院“面向世界科技前沿，面向国家重大需求，面向国民经济主战场”，抓好“率先行动”计划的贯彻落实，为把我国建成世界科技强国作出贡献。

8 月 18 日　中国科学院召开实施“率先行动”计划动员部署大会，“率先行动”计划启动实施。

11 月 2 ～ 3 日　中央第十巡视组向中国科学院反馈巡视情况，并就巡视整改工作提出要求。

11 月 26 日　《“中国科学院特聘研究员”计划管理办法（试行）》印发。首批“特聘研究员”共 218 人。

2015 年

1 月 26 日　中国科学院党组向中央巡视工作领导小组报送《中共中国科学院党组关于中央专项巡视整改情况的报告》，并于 29 日向社会通报巡视整改情况。

2 月 12 日　中国科学院发布以“三个面向”“四个率先”为内容的新时期办院方针，即“面向世界科技前沿，面向国家重大需求，面向国民经济主战场，率先实现科学技术跨越发展，率先建成国家创新人才高地，率先建成国家高水平科技智库，率先建设国际一流科研机构”。

2 月 15 日　习近平视察中国科学院西安光学精密机械研究所。

4 月　中国科学院启动研究所“十二五”规划任务书验收工作，对全院 104 个研究机构“十二五”期间的 316 项重大突破和524项重点培育方向进行评估验收。

5月7日　中共中央政治局常委、国务院总理李克强视察中国科学院物理研究所。

5月27日　《中国科学院关于深入实施“中国科学院人才培养引进系统工程”的意见》印发。

7月27日　在中国科学院学部成立60周年之际，李克强出席国家科技战略座谈会，并作重要讲话。

9月12日　中国科学院“两弹一星”纪念馆在中国科学院大学雁栖湖校区建成开放。

10月19日　汪洋在山东烟台考察中国科学院与山东省合作建设的海洋生态牧场示范基地，听取中国科学院关于农业科技创新进展的汇报。

11月18日　发展中国家科学院第26届院士大会在奥地利维也纳召开，白春礼连任发展中国家科学院院长，任期为2016～2018年。

12月1日　中国科学院被确定为首批10家综合类国家高端智库建设试点单位之一。

2016年

1月18日　中国科学院科技“一带一路”工作研讨会在北京召开。此后，制定实施《中国科学院“一带一路”国际科技合作行动计划》，推动“一带一路”科技合作与协同创新。

2月16日　中国科学院结合中央事业单位分类改革，启动实施“预聘－长聘”制度。

3月31日　中国科学院启动实施“促进科技成果转移转化

专项行动”，设立科技成果转移转化重点专项（“弘光专项”）。

4 月 26 日　习近平视察中国科学技术大学，考察合肥先进技术研究院，观看高新技术企业科技成果集中展示，并深入实验室、图书馆看望师生。

5 月 30 日　全国科技创新大会、中国科学院第十八次院士大会、中国工程院第十三次院士大会、中国科学技术协会第九次全国代表大会在京召开，习近平出席并发表重要讲话，发出建设世界科技强国的号召。

5～6 月　中国科学院决定选择网络空间安全、量子信息、空间科学与前沿技术、洁净能源、深海技术等重大创新领域和上海张江重大科技基础设施集群，结合研究所分类改革，谋划推动国家实验室建设。

7 月 20 日　中国科学院夏季党组扩大会议审议通过修订后的《中国科学院章程》。

7 月 27 日　中国科学院成立“中国科学院知识产权运营管理中心”。

8 月 22 日　中国科学院与科学技术部联合印发《中国科学院关于新时期加快促进科技成果转移转化指导意见》。

8 月 25 日　中国科学院与安徽省政府签署《中国科学院安徽省人民政府全面创新合作协议》，支持中国科学技术大学创建世界一流大学。

8 月 29 日　汪洋在内蒙古呼伦贝尔考察中国科学院与呼伦贝尔农垦集团联合开展的生态草牧业试验区阶段性成果，听取中国科学院关于“十二五”农业科技主要进展和“十三五”农业科技部署工作的汇报。

9 月 25 日　中国科学院国家天文台“500 米口径球面射电

望远镜”落成启用仪式在贵州省平塘县举行。习近平发来贺信，勉励科技工作者再接再厉，高水平管理和运行好这一重大科学基础设施，“早出成果、多出成果，出好成果、出大成果”。刘延东出席仪式并致辞。

11月7日　中国科学院发起组织召开首届“一带一路”科技创新国际研讨会，沿线37个国家的国家科学院及科研机构共350余位代表出席论坛。会议发布了《北京宣言》，并倡议组织“一带一路”国际科学组织联盟。

11月17日　刘延东在北京召开科技创新中心建设领导小组第一次会议和上海张江综合性国家科学中心理事会第一次会议。

2017年

1月11日　国家发展和改革委员会、科学技术部联合批复同意安徽省政府、中国科学院共同编制的《合肥综合性国家科学中心建设方案》。

1月12日　中国科学院启动“前沿科学重点研究计划”，稳定支持拔尖科学家开展国际一流的基础前沿科学研究。

1月23日　中国科学院启动实施院属高校“率先建成世界一流大学”行动计划。

4月21日　修订后的《中国科学院综合管理条例》印发。

4月24日　中国科学院召开“抢抓机遇，深化改革，加快实施‘率先行动’计划动员会”，部署推进参与建设北京、上海具有全球影响力的科技创新中心和共建北京怀柔、上海张江和安徽合肥等综合性国家科学中心等重点工作。

5月9日　《中国科学院关于参与建设科技创新中心和共

建综合性国家科学中心的指导意见》印发。

5 月 25 日　国家发展和改革委员会、科学技术部联合批复同意北京市政府、中国科学院共同编制的《北京怀柔综合性国家科学中心建设方案》。

6 月 15 日　《中国科学院关于近期深入推进研究所分类改革的实施意见》印发。

6 月 19 日　“率先行动、砥砺奋进——‘十八大’以来中国科学院创新成果展”试开展。展览以“三个面向”和“四个率先”为主线，集中展示、系统反映了党的十八大以来中国科学院实施“率先行动”计划、加快改革创新发展取得的主要新进展和新成就。

6 月 22 日　李克强主持国务院党组理论学习中心组学习讲座，就新一轮世界科技革命和产业变革若干前沿领域发展态势进行专题学习。白春礼、潘云鹤、潘建伟、周琪分别围绕世界新科技革命和产业变革总体态势及人工智能、量子科学、基因编辑等专题作讲解，并提出相关政策建议。

6 月 23 日　中国科学院与河北省政府会谈并签署《中国科学院河北省人民政府关于支持雄安新区规划建设和全面深化合作协议》。

7 月 3 日　中国共产党中国科学院直属机关召开第一次党的代表大会，选举产生了第一届直属机关党委和纪委。

8 月 19 日　第二次青藏高原综合科学考察研究在拉萨启动，习近平发来贺信，刘延东出席启动仪式并讲话。

8 月 25 日　北京怀柔综合性国家科学中心理事会第一次会议在京召开。白春礼和北京市代市长陈吉宁任理事长。

9 月 14 日　中国科学院设立“科技成果转移转化基金”，

由中国科学院控股有限公司投资发起，面向社会募集资金，提供资本支持和增值服务，构建覆盖全院、辐射全国的成果转移转化投资服务网络。

9月26日　中国科学院、上海市政府在沪举行张江实验室揭牌仪式。中共中央政治局委员、上海市委书记韩正和白春礼共同为张江实验室揭牌。

10月31日　刘延东参观“率先行动、砥砺奋进——‘十八大’以来中科院创新成果展”，召开座谈会并讲话。

11月17日　中国共产党中央委员会宣传部追授中国科学院国家天文台研究员、500米口径球面射电望远镜首席科学家兼总工程师南仁东为“时代楷模”荣誉称号。中国共产党中央委员会宣传部、中国科学院等于2018年9月和10月分别在北京和贵州为南仁东树立塑像。

11月21日　在筹建国家实验室基础上，科学技术部批准组建6个国家研究中心，其中北京分子科学国家研究中心、北京凝聚态物理国家研究中心、沈阳材料科学国家研究中心、合肥微尺度物质科学国家研究中心等4个由中国科学院牵头组建或共建。

12月8日　中国科学院曼谷创新合作中心揭牌。这是中国科学院第一个以促进科技合作和成果转移转化为主要目的的非营利性境外机构。

2018年

1月9日　中国科学院在北京召开中长期发展规划战略研究动员会。

2月23日　合肥综合性国家科学中心理事会成立大会暨第一次会议在合肥召开。白春礼和安徽省委书记李锦斌任理事长。

3月22日　中国科学院召开纪念“科学的春天”40周年座谈会。

4月2日　中共中央政治局委员、国务院副总理刘鹤在中国科学院调研，听取中国科学院工作汇报，就科技系统大力实施创新驱动发展战略，深入推进科技体制改革，不断增强国家创新能力，提出若干重大问题。中国科学院随即组织开展相关战略研究，并于7月向国务院提交了专题研究报告。

4月12日　习近平视察中国科学院深海科学与工程研究所，考察深海科技创新情况，并看望科技人员。

7月19日　中国科学院首届“率先杯”未来技术创新大赛在深圳颁奖，30个项目获得优胜奖励。

8月15日　国务院粤港澳大湾区建设领导小组会议宣布，支持中国科学院在香港建立院属研究机构。中国科学院全面启动香港创新研究院筹建工作。11月8日，中国科学院与香港特别行政区政府签署备忘录，确定中国科学院将在香港设立院属机构。

11月4日　中国科学院发起的“一带一路”国际科学组织联盟成立大会暨第二届“一带一路”科技创新国际研讨会在北京召开，习近平向大会致贺信，刘鹤出席大会并讲话。

后　记

为总结改革开放四十年来中国科学院改革创新发展取得的重大进展、成就和经验，承前启后，继往开来，更好地推进新时代改革开放和创新发展，加快实现“四个率先”目标，中国科学院组织编写了《中国科学院改革开放四十年》一书。

全书分三篇。第一篇为“改革创新发展历程”，共四章，分别介绍了中科院率先拨乱反正，迎来“科学的春天”（1977—1980年）；积极全面探索，带动国家科技体制改革（1981—1997年）；实施知识创新工程，引领国家创新体系建设（1998—2010年）；实施“率先行动”计划，迈入改革创新发展新时代（2011年至今）等四个历史时期的改革创新发展历程，力图勾勒出改革开放四十年来中科院的总体发展脉络。

第二篇为“主要改革创新发展成就”，共八章，分别从科技布局与创新能力建设、重大科技创新成果、学部与科学思想库建设、创新人才队伍建设、科教融合与教育改革发展、知识产权与科技成果转化、对外开放与交流合作、党建工作与创新文化建设等八个方面，系统介绍、全面展示了改革开放四十年来中科院各项事业取得的重大进展和显著成就。

第三篇为“基本经验与展望”，分两章，分析总结了中科院四十年改革开放的基本经验，并介绍了面向未来深入实施“率先行动”计划、加快改革开放和创新发展的主要思路。

本书还收录了中科院改革开放四十年来取得的“40项标志性重大科技成果”和“中国科学院改革开放四十年大事记”。其中附录一收录的40项标志性重大科技成果，是本书编委会以“三个面向”为线索，组织中科院机关有关部门在系统梳理改革开放四十年来中科院广大科研人员取得的众多重要科技成果的基础上，经综合凝练归纳提出的具有代表性的重大科技成果。院学术委员会委员对此进行了审核把关。这部分内容还通过网络向院属单位和社会进行了公示，超过15万人次的社会各界人士参与了遴选和评议。编委会广泛吸纳了院内外意见建议，做了修改完善。

本书编写工作是在中科院党组领导下进行的。中科院院长、党组书记、学部主席团执行主席白春礼担任主编，部署指导编写工作，审定书稿并作序言。中科院领导班子成员、部分院老领导和有关专家审阅了书稿。汪克强、曹效业负责全书组织策划和审改统稿工作。由中科院机关各部门及有关单位负责人组成的编委会成员，分别参与了相关章节的编写和审稿。中科院发展规划局负责编务组织和协调。编写组成员在繁忙的日常工作之余，分工协作，编研撰稿，大家以史为鉴，钩沉索隐，匡谬补苴，同时面向未来，阐幽发微，覃思致远，倾注了大量心血，付出了巨大努力，经过深入研讨和反复修改，数易其稿，顺利完成了编写任务。科学出版社为本书编辑出版提供了高质量、高效率的支撑保障。

改革开放四十年，我国发生了翻天覆地的历史巨变，中科院各项事业也与时俱进、日新月异。这一时期时代背景宏阔，变革端绪繁多，时间跨度大，涉及面广，很多资料一时难以详细考证，有些观点和看法还需经过时间沉淀和实践验证，同时编写工作时间紧、任务重、要求高，加上编写人员能力和水平有限，难免存在不少疏漏、不当甚至讹误之处，敬请读者批评指正，以便将来以适当方式修订勘误或补充完善。

值本书付梓之际，谨向参与本书编写出版工作的全体同仁和关心、支持、指导本书编写工作的各位领导、专家表示衷心感谢！

本书编写组

2018 年 11 月

编委会

编写组

组　长： 汪克强　曹效业

副组长： 谢鹏云　陶宗宝　蔡长塔　王扬宗

成　员（以姓氏笔画为序）：

刁丽颖　王　雪　王文杰　王振宇　尹高磊　甘　泉
田永生　吕连清　刘　涛　刘　鑫　刘晓东　李　园
李　斌　杨　旭　杨　鹏　杨永峰　张月鸿　陈志谦
陈明奇　林　彬　罗　雯　周俊旭　钟少颖　侯宏飞
贾宝余　徐雁龙　郭晓勇　曹　恒　彭良强　彭　颖
曾　钢　谢光锋　潘　韬